確率・統計解析の基礎

久保木久孝 著

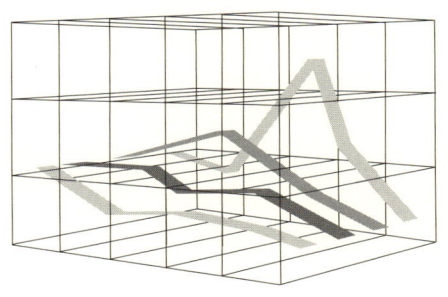

朝倉書店

ま え が き

　本書は，理工系学部で情報・通信・経営・金融などの科目を履修する上で必須となる確率および統計のための通年用の教科書として執筆された．教科書としては分量が多めであるが，余力のある読者の進んだ学習のため，あるいは後日必要に応じて自習するための参考書としても利用できるよう，限られた授業時間内では触れる機会の少ないやや高度な話題も述べてみた．

　理工系大学生に対して，企業は統計学の知識の習得を期待しているというアンケート結果がある．このように，社会が統計学を重要な学問の一つと認めていることは，この分野の教師として教育のしがいがある嬉しいことではあるが，実際の教育においては，なかなか学生諸君に統計学の考え方を理解してもらえないことに苦慮している．それは確率と統計の間に大きな視点の違いがあり，学生諸君はその隔たりに戸惑っているところに一因があるようである．本書では，それを念頭に確率と統計のギャップが解消されるような記述を工夫したつもりではあるが，はたして幾分でも成功しているかどうか，ご批判いただければ幸いである．

　本書は筆者が電気通信大学電気通信学部，早稲田大学理工学部・政治経済学部などで2年，3年次学生を対象に行ってきた確率統計関係の講義ノートを全面的に加筆し，さらにいくつかの話題を追加したものである．通年で確率統計を学習するとすれば，確率に半年，統計に半年の期間を割り当てることになると思う．本書では1章から7章までが確率の話題である．週2回（講義1回，演習1回）の授業で確率を学習するとすれば，半年でこの範囲を消化することは可能であろうが，週1回の場合は7章は省略されることになるであろう．しかし，この章の内容であるマルコフ連鎖は，通信・経営などの科目を学ぶ上で必要になる知識である．余力があれば自習していただきたい．8章から10章までが統計の内容である．週1回の講義で学習できる分量であろう．ただ，本書

では統計の理論面の説明に力点を置いたので，データ解析の実際についてはほとんど触れることはできなかった．また紙幅の都合上，最も重要な統計的技法である回帰分析についてはまったく記述できなかった．これらについては良書が数多く出版されているのでそれらで学んでいただきたい．もし，半年で確率と統計の基礎を学ぶとすれば，7章を除く8章までから適宜内容を選択することになるであろう．

　本文の理解を助けるため各章末に問題を配したが，これらの中にはいわゆる演習問題だけでなく，本文の補充的内容をもったものが少なくないので，解かないまでも一応目を通してから先に進まれることを希望する．大部分の問題については巻末に略解を載せておいた．

　本書の執筆にあたっては，岳父 森村英典東京工業大学名誉教授の著書で絶版になって久しい『確率・統計（理工学基礎講座 4)』（朝倉書店）を参考にさせていただいた．とくに，7章の内容については一部をそのまま利用させていただいたところもあるので深く感謝申し上げたい．また，本書執筆の契機となる講義ノート整理の機会を与えていただいた早稲田大学理工学術院の鈴木 武教授ならびに本書の原稿を講義で試用して間違い等を指摘下さった同僚の椿 美智子助教授に感謝の意を表したい．最後に，本書の企画出版にご尽力下さった朝倉書店編集部に心よりお礼申し上げる．

　2007年1月

久保木 久孝

目　　次

1. 確率の基礎概念 …………………………………………………… 1
   1.1 事　　　象 ……………………………………………………… 1
   1.2 確　　　率 ……………………………………………………… 4
   1.3 条件つき確率，独立性 ………………………………………… 7
   　　問　　題 ………………………………………………………… 11

2. 確率変数と分布関数 ……………………………………………… 13
   2.1 確率変数，確率分布 …………………………………………… 13
   2.2 分　布　関　数 ………………………………………………… 15
   2.3 確率関数，確率密度関数 ……………………………………… 16
   2.4 期　待　値 ……………………………………………………… 20
   　　問　　題 ………………………………………………………… 25

3. 確率ベクトルと分布関数 ………………………………………… 27
   3.1 確率ベクトル，確率分布 ……………………………………… 27
   3.2 分布関数，確率関数，確率密度関数 ………………………… 28
   3.3 確率変数の独立性 ……………………………………………… 33
   3.4 期　待　値 ……………………………………………………… 36
   3.5 モーメント母関数 ……………………………………………… 41
   3.6 条件つき分布 …………………………………………………… 44
   　　問　　題 ………………………………………………………… 46

4. 大数の法則，中心極限定理 ……………………………………… 50
   4.1 独立な確率変数列 ……………………………………………… 50

| 4.2　大数の法則 $\cdots\cdots\cdots\cdots\cdots\cdots\cdots\cdots\cdots\cdots\cdots\cdots\cdots\cdots\cdots\cdots\cdots\cdots\cdots$ 52
　　　4.3　中心極限定理 $\cdots\cdots\cdots\cdots\cdots\cdots\cdots\cdots\cdots\cdots\cdots\cdots\cdots\cdots\cdots\cdots$ 55
　　　問　　題 $\cdots\cdots\cdots\cdots\cdots\cdots\cdots\cdots\cdots\cdots\cdots\cdots\cdots\cdots\cdots\cdots\cdots\cdots\cdots\cdots\cdots\cdots$ 58

5. 確率分布（離散型） $\cdots\cdots\cdots\cdots\cdots\cdots\cdots\cdots\cdots\cdots\cdots\cdots\cdots$ 59
　　　5.1　ベルヌーイ分布 $\cdots\cdots\cdots\cdots\cdots\cdots\cdots\cdots\cdots\cdots\cdots\cdots\cdots\cdots$ 59
　　　5.2　二 項 分 布 $\cdots\cdots\cdots\cdots\cdots\cdots\cdots\cdots\cdots\cdots\cdots\cdots\cdots\cdots\cdots\cdots\cdots$ 60
　　　5.3　幾 何 分 布 $\cdots\cdots\cdots\cdots\cdots\cdots\cdots\cdots\cdots\cdots\cdots\cdots\cdots\cdots\cdots\cdots\cdots$ 62
　　　5.4　負の二項分布 $\cdots\cdots\cdots\cdots\cdots\cdots\cdots\cdots\cdots\cdots\cdots\cdots\cdots\cdots\cdots$ 63
　　　5.5　ポアソン分布 $\cdots\cdots\cdots\cdots\cdots\cdots\cdots\cdots\cdots\cdots\cdots\cdots\cdots\cdots\cdots$ 65
　　　問　　題 $\cdots\cdots\cdots\cdots\cdots\cdots\cdots\cdots\cdots\cdots\cdots\cdots\cdots\cdots\cdots\cdots\cdots\cdots\cdots\cdots\cdots\cdots$ 68

6. 確率分布（連続型） $\cdots\cdots\cdots\cdots\cdots\cdots\cdots\cdots\cdots\cdots\cdots\cdots\cdots$ 70
　　　6.1　指 数 分 布 $\cdots\cdots\cdots\cdots\cdots\cdots\cdots\cdots\cdots\cdots\cdots\cdots\cdots\cdots\cdots\cdots\cdots$ 70
　　　6.2　正 規 分 布 $\cdots\cdots\cdots\cdots\cdots\cdots\cdots\cdots\cdots\cdots\cdots\cdots\cdots\cdots\cdots\cdots\cdots$ 72
　　　6.3　確率変数の変換 $\cdots\cdots\cdots\cdots\cdots\cdots\cdots\cdots\cdots\cdots\cdots\cdots\cdots\cdots$ 75
　　　6.4　2 変量正規分布 $\cdots\cdots\cdots\cdots\cdots\cdots\cdots\cdots\cdots\cdots\cdots\cdots\cdots\cdots$ 78
　　　6.5　標 本 分 布 $\cdots\cdots\cdots\cdots\cdots\cdots\cdots\cdots\cdots\cdots\cdots\cdots\cdots\cdots\cdots\cdots\cdots$ 81
　　　　　6.5.1　χ^2 分 布 $\cdots\cdots\cdots\cdots\cdots\cdots\cdots\cdots\cdots\cdots\cdots\cdots\cdots\cdots\cdots$ 81
　　　　　6.5.2　t 分 布 $\cdots\cdots\cdots\cdots\cdots\cdots\cdots\cdots\cdots\cdots\cdots\cdots\cdots\cdots\cdots\cdots$ 83
　　　　　6.5.3　F 分 布 $\cdots\cdots\cdots\cdots\cdots\cdots\cdots\cdots\cdots\cdots\cdots\cdots\cdots\cdots\cdots\cdots$ 84
　　　問　　題 $\cdots\cdots\cdots\cdots\cdots\cdots\cdots\cdots\cdots\cdots\cdots\cdots\cdots\cdots\cdots\cdots\cdots\cdots\cdots\cdots\cdots\cdots$ 86

7. 従属性のある確率変数列（有限マルコフ連鎖） $\cdots\cdots\cdots\cdots\cdots$ 88
　　　7.1　確 率 過 程 $\cdots\cdots\cdots\cdots\cdots\cdots\cdots\cdots\cdots\cdots\cdots\cdots\cdots\cdots\cdots\cdots\cdots$ 88
　　　7.2　有限マルコフ連鎖と推移行列 $\cdots\cdots\cdots\cdots\cdots\cdots\cdots\cdots\cdots$ 90
　　　7.3　高次推移確率と状態確率分布 $\cdots\cdots\cdots\cdots\cdots\cdots\cdots\cdots\cdots$ 92
　　　7.4　状 態 空 間 $\cdots\cdots\cdots\cdots\cdots\cdots\cdots\cdots\cdots\cdots\cdots\cdots\cdots\cdots\cdots\cdots\cdots$ 95
　　　　　7.4.1　連結による組分け $\cdots\cdots\cdots\cdots\cdots\cdots\cdots\cdots\cdots\cdots\cdots$ 95
　　　　　7.4.2　状態の分類 $\cdots\cdots\cdots\cdots\cdots\cdots\cdots\cdots\cdots\cdots\cdots\cdots\cdots\cdots$ 98
　　　　　7.4.3　組の性質 $\cdots\cdots\cdots\cdots\cdots\cdots\cdots\cdots\cdots\cdots\cdots\cdots\cdots\cdots\cdots$ 103

7.5　定常分布 ………………………………………………… 105
　7.6　吸収的マルコフ連鎖 …………………………………… 108
　問　題 ……………………………………………………………… 112

8. 統計的推測の基礎 ……………………………………………… 115
　8.1　統計モデル ……………………………………………… 115
　8.2　尤度関数と最尤推定量 ………………………………… 117
　8.3　十　分　性 ……………………………………………… 120
　8.4　推定量の評価 …………………………………………… 124
　8.5　区　間　推　定 ………………………………………… 129
　8.6　仮　説　検　定 ………………………………………… 133
　問　題 ……………………………………………………………… 143

9. 正規母集団に関する統計的推測 ……………………………… 146
　9.1　正規母集団の母数の推定 ……………………………… 146
　　9.1.1　母平均の推定 ……………………………………… 146
　　9.1.2　母分散の推定 ……………………………………… 148
　　9.1.3　2つの正規母集団の推定による比較 …………… 150
　9.2　正規母集団の母数の検定 ……………………………… 154
　　9.2.1　母平均に関する検定 ……………………………… 154
　　9.2.2　母分散に関する検定 ……………………………… 159
　　9.2.3　2つの正規母集団の検定による比較 …………… 160
　9.3　2変量正規母集団に関する統計的推測 ……………… 164
　　9.3.1　母数の推定 ………………………………………… 164
　　9.3.2　母数に関する検定 ………………………………… 166
　問　題 ……………………………………………………………… 167

10. 母集団比率に関する統計的推測 ……………………………… 169
　10.1　ベルヌーイ分布の母数の推定 ………………………… 169
　　10.1.1　母集団比率の推定 ………………………………… 169
　　10.1.2　2つの母集団比率の推定による比較 …………… 170

10.2 ベルヌーイ分布の母数の検定 ································ 172
10.2.1 母集団比率に関する検定 ······························ 172
10.2.2 2つの母集団比率の検定による比較 ···················· 172
10.3 適合度の検定 ·· 174
10.3.1 多項分布の適合の検定 ································ 174
10.3.2 分割表による独立性の検定 ·························· 178
問　題 ·· 180

問題の略解 ·· 182

数　値　表 ·· 196

索　引 ·· 203

1 確率の基礎概念

われわれは常日頃，面積や体積を測るなどの行為を何の疑念もいだかず行っている．しかし，ものごとの起こる"可能性"を測ろうとすると，おそらく戸惑いを感じるであろう．はたして可能性という実体のないものを測定できるのであろうか．

数学には，面積や体積を測る"はかり"のもつ性質を抽象化することで，汎用的なはかりとは何かを議論する測度論とよばれる理論がある．本書では，天下りではあるが，まずものごとの起こる可能性を測る"確率"という概念を，測度論を使って定義し，それがわれわれが確率に対してもっている直観的な理解と合致していることをみていく．

1.1 事　　象

さいころを 1 回振る，カードを 1 枚引くなどの実験を無作為に**試行**した結果は，われわれがコントロールできない偶然に依存しているため，それを一意に予測することはできない．このような実験に対し，可能な結果のすべてからなる集合を，その実験の**標本空間** (sample space) といい，Ω で表す．たとえば，さいころを振る実験では，目 $1, 2, \ldots, 6$ のどれかが出るから

$$\Omega = \{1, 2, 3, 4, 5, 6\}$$

であり，カード（ジョーカーは除く）を引く実験では 52 個の要素からなる集合

$$\Omega = \{\clubsuit A, \ldots, \clubsuit K, \diamondsuit A, \ldots, \diamondsuit K, \heartsuit A, \ldots, \heartsuit K, \spadesuit A, \ldots, \spadesuit K\} \tag{1.1}$$

である．標本空間は，これらの例のように有限個の要素からなっている場合もあるが，無限個の要素からなる場合もある．

多くの実際問題では，われわれは個々の結果にとくに興味があるわけでなく，ある特定の結果の集合に属する結果が起こるか否かに興味をもつ．たとえば，

さいころを振って偶数の目が出るかどうか，カードを引いてエースまたはキングが得られるかどうかということに関心があるといった場合である．そのためには，標本空間 Ω の一部の要素からなる**部分集合**の"集まり"というものを考える必要がある．Ω の部分集合を要素とする集合を Ω の**集合族**という．なお，まったく要素を含まない集合（**空集合**といい $\emptyset$ で表す）と Ω 自身（**全集合**という）も Ω の部分集合であると考える．

なお，A が Ω の部分集合であることを $A \subset \Omega$ と表し，ω が A の要素であることを $\omega \in A$，A の要素でないことを $\omega \notin A$ のように表す．また，$A, B \subset \Omega$ に対し，A の**余集合** $A^c = \{\omega : \omega \notin A \text{ かつ } \omega \in \Omega\}$，$A$ と B の**和集合** $A \cup B = \{\omega : \omega \in A \text{ または } \omega \in B\}$，$A$ と B の**積集合** $A \cap B = \{\omega : \omega \in A \text{ かつ } \omega \in B\}$ は，ベン図とよばれる図 1.1, 1.2, 1.3, 1.4 のような図式で視覚的に理解できるであろう．

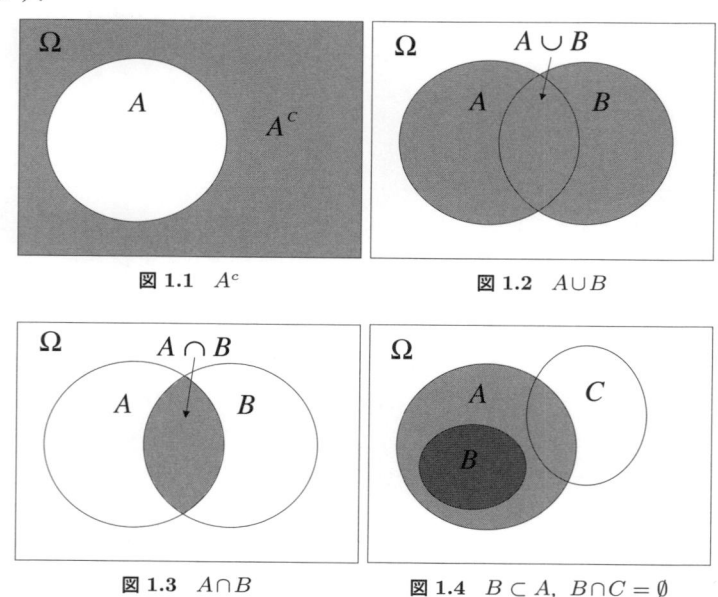

図 1.1 A^c　　　　図 1.2 $A \cup B$

図 1.3 $A \cap B$　　　　図 1.4 $B \subset A$, $B \cap C = \emptyset$

例 1.1 さいころを振る実験では，標本空間 $\Omega = \{1, 2, 3, 4, 5, 6\}$ のすべての部分集合からなる集合族 $\mathscr{A}$ は次で与えられる：

$$\mathscr{A} = \left\{ \begin{array}{l} \emptyset, \\ \{1\}, \{2\}, \ldots, \{6\}, \\ \{1,2\}, \{1,3\}, \ldots, \{5,6\}, \\ \{1,2,3\}, \{1,2,4\}, \ldots, \{4,5,6\}, \\ \{1,2,3,4\}, \{1,2,3,5\}, \ldots, \{3,4,5,6\}, \\ \{1,2,3,4,5\}, \{1,2,3,4,6\}, \ldots, \{2,3,4,5,6\}, \\ \Omega \end{array} \right\}$$

$\mathscr{A}$ は $\binom{6}{0} + \binom{6}{1} + \binom{6}{2} + \binom{6}{3} + \binom{6}{4} + \binom{6}{5} + \binom{6}{6} = (1+1)^6 = 64$ 個の部分集合を要素とする集合である．さらに，この $\mathscr{A}$ は次の性質をもつことに注意する：

(A1) $\Omega \in \mathscr{A}$

(A2) $A \in \mathscr{A}$ ならば $A^c \in \mathscr{A}$

(A3) $A, B \in \mathscr{A}$ ならば $A \cup B \in \mathscr{A}$

(A4) $\emptyset \in \mathscr{A}$

(A5) $A, B \in \mathscr{A}$ ならば $A \cap B \in \mathscr{A}$

たとえば，$A = \{1,2\}$, $B = \{1,3\}$ とすると，$A^c = \{3,4,5,6\}$, $A \cup B = \{1,2,3\}$, $A \cap B = \{1\}$ であり，これらはすべて $\mathscr{A}$ の要素である．

一般に，標本空間 Ω の部分集合の族 $\mathscr{A}$ が，上記の条件 (A1), (A2), (A3) をみたすとき，$\mathscr{A}$ を**有限加法族**という．この 3 つの条件から，(A4), (A5) は自動的に得られる．

これは，測定できる集合という概念を抽象化したものである．たとえば，平面上に長方形 Ω を考え，$\mathscr{A}$ を面積が測定できる Ω 内の図形の全体とする．図 1.5 のように，Ω 内に四角形 A

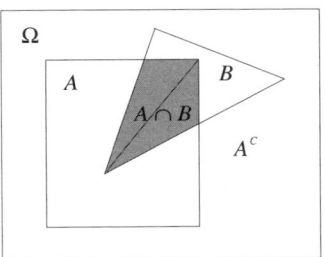

図 1.5 面積が測定できる図形

と三角形 B をつくると，明らかに $\Omega, A, B \in \mathscr{A}$. A^c の面積は全体から A の面積を引いて求まるから，$A^c \in \mathscr{A}$. $A \cap B$ の面積は図のように 2 つの三角形に分けて計算できるから，$A \cap B \in \mathscr{A}$. $A \cup B$ の面積は A の面積と B の面積の和から $A \cap B$ の面積を引いて求まるから，$A \cup B \in \mathscr{A}$. しかし，面積の測定

できる図形は三角形や四角形のような単純な図形だけではない．多少複雑でも，互いに重ならないような微小な三角形や四角形でできるだけ精確に覆うことができるような図形であれば，その面積は，それら微小な図形の面積の和で近似できるであろう．そこで，できるだけ精確に覆うことができるという概念を

(A3′) $A_1, A_2, \ldots \in \mathscr{A}$ ならば $A_1 \cup A_2 \cup \cdots \in \mathscr{A}$

のように定式化する．

標本空間 Ω の部分集合からなる集合族 $\mathscr{A}$ が (A1), (A2) および (A3′) の3つの条件をみたすとき，$\mathscr{A}$ を **σ–加法族** または **完全加法族** という．もちろん，σ–加法族は有限加法族である．そして，$\mathscr{A}$ に属する集合を **$\mathscr{A}$–可測集合** または単に **可測集合** (measurable set) という．とくに，確率を議論する場合には，$\mathscr{A}$ に属する集合を"可能性が測定できる集合"という意味で **事象** (event) とよぶ．

以後，$\mathscr{A}$ は σ–加法族であるとし，これに応じ，Ω を **全事象**，$\emptyset$ を **空事象** という．また，$A, B \in \mathscr{A}$ に対し，A^c を A の **余事象** (図 1.1)，$A \cup B$ を A と B の **和事象** (図 1.2)，$A \cap B$ を A と B の **積事象** (図 1.3) という．さらに，$A, B, C \in \mathscr{A}$ が 図 1.4 のような配置 ($B \subset A$ および $B \cap C = \emptyset$) にあるとき，B は A の **部分事象**，B と C は互いに **排反** (disjoint) な事象という．

1.2 確　　率

確率 P とは，事象の起こる可能性の程度を測定する"装置"あるいは"はかり"である．すなわち，事象 $A \in \mathscr{A}$ を P という装置にかけると，A の起こる可能性の程度が数値 $P(A)$ として表示される．数学的には，P は集合族 $\mathscr{A}$ を定義域とし，実数 $\boldsymbol{R}$ に値をとる関数 $P : \mathscr{A} \mapsto \boldsymbol{R}$ である．ただし，はかりである以上，一定の規約が必要である．

数学的確率の公理

(P1) 任意の事象 $A \in \mathscr{A}$ に対して $0 \leqq P(A) \leqq 1$

(P2) 全事象 Ω に対しては $P(\Omega) = 1$

(P3) 互いに排反な事象 $A_1, A_2, \ldots \in \mathscr{A}$ ($A_i \cap A_j = \emptyset, i \neq j$) に対して

$$P(A_1 \cup A_2 \cup \cdots) = P(A_1) + P(A_2) + \cdots$$

関数 $P : \mathscr{A} \mapsto \boldsymbol{R}$ がこの公理をみたすとき，P を $(\Omega, \mathscr{A})$ 上の**確率測度** (probability measure) または単に**確率** (probability) といい，値 $P(A)$ を事象 A の確率という．そして，標本空間 Ω，その部分集合の族 $\mathscr{A}$，その上の確率測度 P の 3 つ組 $(\Omega, \mathscr{A}, P)$ を**確率空間** (probability space) という．なお，族 $\mathscr{A}$ の要素の個数が有限個の場合には，公理 (P3) にかえて

(P3′) 互いに排反な事象 $A, B \in \mathscr{A}$ に対して

$$P(A \cup B) = P(A) + P(B)$$

としてよい．また，$\mathscr{A}$ 上の確率測度は 1 つとは限らないことを注意しておく．同じ $\mathscr{A}$ 上に無数の確率測度が存在する．しかし，実用上意味のある確率測度は限られている．これらについては後の章で学ぶ．

例 1.1（続き）　さいころは公正であるとする．これは，事象 $\{1\}, \{2\}, \ldots, \{6\}$ に対する確率 P の値を

$$P(\{1\}) = P(\{2\}) = \cdots = P(\{6\}) = \frac{1}{6}$$

と仮定することである．このとき，他の事象に対する P の値は，公理から

$$P(\{1,2\}) = P(\{1,3\}) = \cdots = P(\{5,6\}) = \frac{2}{6}$$
$$P(\{1,2,3\}) = P(\{1,2,4\}) = \cdots = P(\{4,5,6\}) = \frac{3}{6}$$
$$P(\{1,2,3,4\}) = P(\{1,2,3,5\}) = \cdots = P(\{3,4,5,6\}) = \frac{4}{6}$$
$$P(\{1,2,3,4,5\}) = P(\{1,2,3,4,6\}) = \cdots = P(\{2,3,4,5,6\}) = \frac{5}{6}$$
$$P(\Omega) = 1$$

となる．

表 1.1 は実際にさいころを 600 回振り，各目の出た相対度数を試行回数順に並べたものである．相対度数の試行回数ごとの変化を見てみると，試行回数が増えるとともに，全体的に値が $\frac{1}{6} = 0.166\cdots$ の近くで変動している様子がわかる．本来なら，このような実験を何回も繰り返し経験的に各目の出る確率を決めるべきであろうが，公理的確率論では，まず確率を仮定し，その仮定が正

表 1.1 さいころの実験

試行回数	相対度数					
	目1	目2	目3	目4	目5	目6
100	0.180	0.120	0.170	0.140	0.230	0.160
200	0.165	0.145	0.175	0.165	0.195	0.155
300	0.160	0.150	0.177	0.170	0.186	0.157
400	0.157	0.158	0.170	0.168	0.187	0.160
500	0.166	0.148	0.172	0.162	0.184	0.168
600	0.157	0.152	0.177	0.167	0.175	0.172

しいかどうかは，経験的に確認できるはずであるという立場に立つ (4.2 節 "大数の法則")．

なお，σ-加法族 $\mathscr{A}$ の性質および確率の公理から，確率測度 P は次のような演算規則をもつことがわかる．

定理 1.1 $A, B, A_1, A_2, \ldots, A_n \in \mathscr{A}$ とし，P は公理 (P1) – (P3) をみたすとする．このとき，

(1) 空事象 $\emptyset$ に対し $P(\emptyset) = 0$

(2) $A_1, A_2, \ldots, A_n$ が互いに排反なら

$$P(A_1 \cup A_2 \cup \cdots \cup A_n) = P(A_1) + P(A_2) + \cdots + P(A_n)$$

(3) $A \subset B$ なら $P(B \cap A^c) = P(B) - P(A)$，したがって $P(A) \leqq P(B)$

(4) A の余事象 A^c に対し $P(A^c) = 1 - P(A)$

(5) （**加法法則**）A, B に対し

$$P(A \cup B) = P(A) + P(B) - P(A \cap B)$$

証明 ベン図を書きながら証明を読むと理解しやすいであろう．

(1) $\Omega \cap \emptyset = \emptyset$ および $\emptyset \cap \emptyset = \emptyset$ であることに注意する．$\Omega = \Omega \cup \emptyset \cup \emptyset \cup \cdots$ と (P2), (P3) から

$$1 = P(\Omega) = P(\Omega) + P(\emptyset) + P(\emptyset) + \cdots = 1 + P(\emptyset) + P(\emptyset) + \cdots$$

したがって $P(\emptyset) = 0$．

(2) 前と同様，$A_1, A_2, \ldots, A_n, \emptyset$ は互いに排反であることに注意する．このとき，$A_1 \cup A_2 \cup \cdots \cup A_n = A_1 \cup A_2 \cup \cdots \cup A_n \cup \emptyset \cup \emptyset \cup \cdots$ と (P3) および (1) の結果を使うと

$$P(A_1 \cup A_2 \cup \cdots \cup A_n)$$
$$= P(A_1) + P(A_2) + \cdots + P(A_n) + P(\emptyset) + P(\emptyset) + \cdots$$
$$= P(A_1) + P(A_2) + \cdots + P(A_n)$$

(3) $B = A \cup (B \cap A^c)$ かつ $A \cap (B \cap A^c) = \emptyset$ であるから，(2) の結果を適用すると
$$P(B) = P(A) + P(B \cap A^c)$$
移項すれば，前半が示される．後半は，$P(B \cap A^c) \geqq 0$ ((P1) より) からわかる．

(4) (3) の前半の結果において $B = \Omega$ とおき，(P2) を使えばよい．

(5) $A \cup B = A \cup (B \cap A^c)$ かつ $A \cap (B \cap A^c) = \emptyset$ であるから，(2) の結果から
$$P(A \cup B) = P(A) + P(B \cap A^c)$$
一方，$A \cap B \subset B$ であるから，$B \cap (A \cap B)^c = B \cap A^c$ に注意して (3) の結果の前半を使うと
$$P(B \cap A^c) = P(B \cap (A \cap B)^c) = P(B) - P(A \cap B)$$
これを前の式に代入すれば，示すべき式が得られる．∎

1.3 条件つき確率, 独立性

ある事象 A が起こったという条件のもと，いろいろな事象 B の起こる確率を求めることを考えよう．この確率を測る測度を，A は"固定"されているということを強調するため，P_A と表すことにする．それでは，これをどう定義したらよいか．

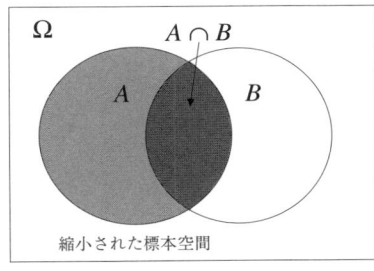

図 1.6 新旧の標本空間 A, Ω

少なくとも事象 A, B は同時に起こるのだから，$P_A(B) = P(A \cap B)$ としてよさそうな気がする．しかし，B を全事象 Ω とすると，$P_A(\Omega) = P(A \cap \Omega) = P(A)$ であるから，一般にその値は 1 より小さい．すなわち，関数 $P_A : \mathscr{A} \mapsto \boldsymbol{R}$ は，前節で述べた確率の公理 (P2) に反する．これは，こ

の場合の全事象は A （A が起こったという条件のもと，A が起こるのは確実）であるということを無視したためである．すなわち，A は新しい（縮小された）標本空間（図 1.6）の役割をはたす．

以上の考察から，$P(A) \neq 0$ なる A に対し，P_A を次のように定義する：

$$P_A(B) = \frac{P(A \cap B)}{P(A)}, \qquad B \in \mathscr{A} \tag{1.2}$$

これを，A を与えたときの B の**条件つき確率** (conditional probability) という（問題 1.4 参照）．同様に，$P(B) \neq 0$ なる B に対し，B を与えたときの A の条件つき確率は

$$P_B(A) = \frac{P(A \cap B)}{P(B)}, \qquad A \in \mathscr{A}$$

で定義される．なお，$P_A(B), P_B(A)$ はそれぞれ $P(B|A), P(A|B)$ と表記される方が多い．本書でも以後この表記を使うことにする．

この 2 つの定義式を書き換えると次の定理を得る：

定理 1.2（乗法法則） $A, B \in \mathscr{A}$ とする．もし，$P(A) \neq 0, P(B) \neq 0$ なら

$$P(A \cap B) = P(A)P(B|A) = P(B)P(A|B) \tag{1.3}$$

ところで，この式の左辺が $P(A)P(B)$ と等しくなる場合が，確率論において重要である．もし，$A, B \in \mathscr{A}$ に対し，

$$P(A \cap B) = P(A)P(B) \tag{1.4}$$

が成り立つとき，A と B は互いに**独立** (independent) な事象であるという．$P(A) \neq 0, P(B) \neq 0$ の場合には，式 (1.3) より，

$$P(B|A) = P(B), \qquad P(A|B) = P(A) \tag{1.5}$$

と式 (1.4) とは同値であることがわかる．この式は，A, B の互いにおいて，それぞれの確率は他方が起こったという事実に影響を受けないということを意味しており，"独立" という感じを表している．したがって，$P(A) \neq 0, P(B) \neq 0$ の場合には，式 (1.5) を独立の定義としてもよい．

一般に n 個の事象 $A_1, A_2, \ldots, A_n \in \mathscr{A}$ については，そのうちの任意の m 個の事象 $A_{i_1}, A_{i_2}, \ldots, A_{i_m}$ $(1 \leqq i_1 < i_2 < \cdots < i_m \leqq n;\ m = 2, 3, \ldots, n)$ に対して

$$P(A_{i_1} \cap A_{i_2} \cap \cdots \cap A_{i_m}) = P(A_{i_1}) P(A_{i_2}) \cdots P(A_{i_m})$$

が成り立つとき，これらの事象は互いに**独立**であるという．

例 1.2 2 個のさいころ D_1, D_2 を振る実験を考える．実験結果を出た目の組 (D_1 の目, D_2 の目) と表すことにすると，標本空間は 36 組の要素からなる

$$\Omega = \{(i, j) : i = 1, 2, \ldots, 6;\ j = 1, 2, \ldots, 6\}$$

である．この Ω のすべての部分集合からなる有限加法族 $\mathscr{A}$ を考え，その上の確率 P を

$$P(\{(i, j)\}) = \frac{1}{36}, \qquad i = 1, 2, \ldots, 6;\ j = 1, 2, \ldots, 6$$

と与える．いま，次のような 3 つの事象を考えよう (# は集合の要素数を表す)：

$$A = \{(i, j) : i = 1, 3, 5;\ j = 1, 2, \ldots, 6\}, \qquad \#A = 18$$
$$B = \{(i, j) : i = 1, 2, \ldots, 6;\ j = 1, 3, 5\}, \qquad \#B = 18$$
$$C = \{(i, j) : i+j = 3, 5, 7, 9, 11\}, \qquad \#C = 18$$

すなわち，A は D_1 の目が奇数という事象，B は D_2 の目が奇数という事象，C は D_1 と D_2 の目の和が奇数という事象である．これらの積事象をつくると

$$A \cap B = \{(i, j) : i = 1, 3, 5;\ j = 1, 3, 5\}, \qquad \#(A \cap B) = 9$$
$$A \cap C = \{(i, j) : i = 1, 3, 5;\ j = 2, 4, 6\}, \qquad \#(A \cap C) = 9$$
$$B \cap C = \{(i, j) : i = 2, 4, 6;\ j = 1, 3, 5\}, \qquad \#(B \cap C) = 9$$
$$A \cap B \cap C = \emptyset, \qquad \#(A \cap B \cap C) = 0$$

確率の公理から，それぞれの事象の確率は #事象 $\times \frac{1}{36}$ で計算できる．よって

$$P(A) = \frac{1}{2}, \qquad P(B) = \frac{1}{2}, \qquad P(C) = \frac{1}{2}$$
$$P(A \cap B) = \frac{1}{4}, \qquad P(A \cap C) = \frac{1}{4}, \qquad P(B \cap C) = \frac{1}{4}$$
$$P(A \cap B \cap C) = 0$$

これより

$$P(A\cap B) = P(A)P(B), \quad P(A\cap C) = P(A)P(C), \quad P(B\cap C) = P(B)P(C)$$

しかし

$$P(A\cap B\cap C) \neq P(A)P(B)P(C)$$

すなわち，A と B，A と C，B と C はそれぞれ互いに独立であるが，3 つの事象 A, B, C は互いに独立ではない．

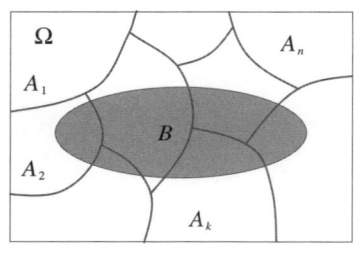

図 1.7 ベイズの定理

条件つき確率に関しては，初等的ではあるが統計学に大きな影響を与えた重要な定理がある．いま，事象 $A_1, A_2, \ldots, A_n$ は

$$\begin{aligned} A_i \cap A_j &= \emptyset \quad (i \neq j) \\ A_1 \cup A_2 \cup \cdots \cup A_n &= \Omega \end{aligned} \quad (1.6)$$

をみたすとする（図 1.7）．このとき，ある事象 B が起こったという"情報"は A_k の起こる可能性の予想にどのような変化をもたらすであろうか．次の定理は，確率 $P(A_k)$ と条件つき確率 $P(A_k|B)$（前者を**事前確率** (prior probability)，後者を**事後確率** (posterior probability) とよぶことがある）の関係を述べたものである．

定理 1.3（ベイズ（Bayes）の定理）　事象 $A_1, A_2, \ldots, A_n$ は式 (1.6) をみたすとする．このとき，任意の事象 B に対して，$P(B) \neq 0$ なら

$$P(A_k|B) = \frac{P(A_k)P(B|A_k)}{\sum_{i=1}^{n} P(A_i)P(B|A_i)}, \quad k = 1, 2, \ldots, n$$

が成り立つ．

証明　A_i $(i = 1, 2, \ldots, n)$ は互いに排反だから，$A_i \cap B$ $(i = 1, 2, \ldots, n)$ も互いに排反である．よって，分配法則（問題 1.1）と乗法則（定理 1.2）から

$$\begin{aligned} P(B) &= P(\Omega \cap B) \\ &= P((A_1 \cup A_2 \cup \cdots \cup A_n) \cap B) \end{aligned}$$

$$= P((A_1 \cap B) \cup (A_2 \cap B) \cup \cdots \cup (A_n \cap B))$$
$$= P(A_1 \cap B) + P(A_2 \cap B) + \cdots + P(A_n \cap B)$$
$$= \sum_{i=1}^{n} P(A_i) P(B|A_i) \tag{1.7}$$

が成り立つ[1]. したがって,

$$P(A_k|B) = \frac{P(A_k \cap B)}{P(B)} = \frac{P(A_k) P(B|A_k)}{\sum_{i=1}^{n} P(A_i) P(B|A_i)} \quad \blacksquare$$

問 題

1.1 集合 A, B, C に対して次の法則が成り立つことを示せ.
 (1) 分配法則
$$A \cup (B \cap C) = (A \cup B) \cap (A \cup C)$$
$$A \cap (B \cup C) = (A \cap B) \cup (A \cap C)$$

 (2) ド・モルガンの法則
$$(A \cup B)^c = A^c \cap B^c, \qquad (A \cap B)^c = A^c \cup B^c$$

1.2 カード(ジョーカーは除く)を引く実験の標本空間 Ω は式 (1.1) で与えられる. どのカードも無作為に(すなわち,同じ確率 $\frac{1}{52}$ で)引かれると仮定するとき,
 (1) ♣ のカードを引く確率を求めよ.
 (2) A, J, Q, K のカードのどれかを引く確率を求めよ.
 (3) ♣A, ♣J, ♣Q, ♣K のどれかを引く確率を求めよ.
 (4) ♣ のカードが引かれたという条件のもとで,A, J, Q, K のカードのどれかを引く確率を求めよ.

1.3 事象 A, B, C について,次の式を示せ:
 (1) $P(A \cup B \cup C) = P(A) + P(B) + P(C) - P(A \cap B)$
   $\qquad\qquad\qquad - P(B \cap C) - P(C \cap A) + P(A \cap B \cap C)$
 (2) $P(A \cup B) \leqq P(A) + P(B)$
 (3) $P(A \cap B) \geqq 1 - \{P(A^c) + P(B^c)\}$ [2]

---

[1] この関係式はしばしば**全確率の公式** (total probability rule) とよばれる.
[2] 一般に $P\left(\bigcap_{i=1}^{n} A_i\right) \geqq 1 - \sum_{i=1}^{n} P(A_i^c)$ が成り立つ(ボンフェロニ (Bonferroni) の**不等式**).

1.4 式 (1.2) で定義した条件つき確率 P_A は次をみたすことを示せ：
(1) 任意の事象 $B \in \mathscr{A}$ に対し，$0 \leqq P_A(B) \leqq 1$
(2) $P_A(\Omega) = 1$
(3) 互いに排反な事象 $B, C \in \mathscr{A}$ に対し，$P_A(B \cup C) = P_A(B) + P_A(C)$

1.5 事象 A と 事象 B が互いに独立なら，次の事象も互いに独立であることを示せ：
(1) A と B^c，(2) A^c と B，(3) A^c と B^c

1.6 青・赤・黄の 3 色の袋がそれぞれ 2, 2, 1 個ずつある．3 色の袋の中にはそれぞれ白球と黒球が表に書かれた個数入っている．いま，無作為に選ばれた袋から無作為に球 1 個を取り出したところ，白球であったという結果を知らされた．この白球が黄色の袋から取り出されたものである確率を，ベイズの定理を用いて求めよ．

	青袋	赤袋	黄袋
白球	2 個	1 個	4 個
黒球	3 個	4 個	1 個

2 確率変数と分布関数

標本空間は問題ごとに異なった集合となるので,その上で確率を考えようとすると個々に対応しなければならず,大変面倒である.そこで,標本空間の差違を意識せずに確率を議論するための"装置"を導入しよう.それは,標本空間の各点を"数の世界"というモニターに映し出す装置である.そうすれば,確率はモニター上で"数学"を使って計算すればよいことになる.

2.1 確率変数,確率分布

数直線 (1 次元のユークリッド空間) を $\boldsymbol{R}$ とし,$\boldsymbol{R}$ の中のすべての区間を含む最小の σ–加法族を $\mathscr{B}$ とする.ここで,区間とは次のタイプの集合をさす(これらは長さが測定できる"可測集合"):

$$\begin{cases} (a,b) = \{x : a < x < b\} \\ (a,b] = \{x : a < x \leqq b\} & (b \neq \infty) \\ [a,b) = \{x : a \leqq x < b\} & (a \neq -\infty) \\ [a,b] = \{x : a \leqq x \leqq b\} & (a \neq -\infty, b \neq \infty) \end{cases}$$

もちろん,$\boldsymbol{R} = (-\infty, \infty)$ である.直観的にいうならば,$\mathscr{B}$ は数直線上の長さの測定できる集合からなる族である.この $\mathscr{B}$ をとくに**ボレル (Borel) 集合族**ともいう.

確率空間 $(\Omega, \mathscr{A}, P)$ が与えられているとき,Ω の各点 ω に $\boldsymbol{R}$ の 1 つの値 $X(\omega)$ を対応させる写像 $X : \Omega \mapsto \boldsymbol{R}$ を導入しよう.この X で Ω 上の確率構造を $\boldsymbol{R}$ に移し,すべての議論を (抽象的な $(\Omega, \mathscr{A}, P)$ は忘れ) $\boldsymbol{R}$ の上だけで展開できるようにしたいというのが目的である.そのためには,X に写像の"可測性"という条件が要求される.それは次のようなものである:すべての $B \in \mathscr{B}$ に対し,写像 $X : \Omega \mapsto \boldsymbol{R}$ によるその逆像 (原像) は"事象"である.すなわち

$$X^{-1}(B) = \{\omega : X(\omega) \in B\} \in \mathscr{A} \tag{2.1}$$

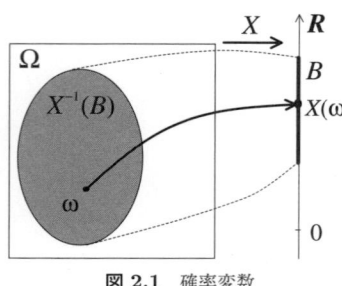

図 2.1 確率変数

が成り立つ（図 2.1）．これをみたすような X を Ω 上の**確率変数** (random variable) という．

いま，$(\Omega, \mathscr{A}, P)$ を確率空間，X を Ω 上の確率変数とする．このとき，$\mathscr{B}$ を定義域とし，実数 $\boldsymbol{R}$ に値をとる関数 $P^X : \mathscr{B} \mapsto \boldsymbol{R}$ を次で定義する：

$$P^X(B) = P(X^{-1}(B)) = P(X \in B), \qquad B \in \mathscr{B} \tag{2.2}$$

なお，右辺最後の項は $P(\{\omega : X(\omega) \in B\})$ を $P(X \in B)$ と簡約して表記したものである．このとき，$P^X : \mathscr{B} \mapsto \boldsymbol{R}$ は確率の公理 (P1) – (P3) をみたすことがわかる．すなわち，P^X は $(\boldsymbol{R}, \mathscr{B})$ 上の確率測度となる．つまり式 (2.2) は，元の空間 $(\Omega, \mathscr{A})$ 上の確率を，X という装置を使い $(\boldsymbol{R}, \mathscr{B})$ 上に移すための方法を定式化したものである．確率測度 P^X を X の**確率分布** (probability distribution) または単に**分布**とよぶ．

例 2.1（例 1.2 続き） 写像 $X : \Omega \mapsto \boldsymbol{R}$ を次のように定義する：各 $(i, j) \in \Omega$ に対し，

$$X((i,j)) = \begin{cases} 1 & (i > j \text{ のとき}) \\ 0 & (i = j \text{ のとき}) \\ -1 & (i < j \text{ のとき}) \end{cases}$$

X が確率変数であることは容易に確認できる．たとえば，1, 0, -1 のいずれも含まないような区間 B に対しては，$X^{-1}(B) = \emptyset \in \mathscr{A}$；1, 0 を含むが -1 は含まないような区間 B に対しては，$X^{-1}(B) = \{(i,j) : 1 \leqq j \leqq i \leqq 6\} \in \mathscr{A}$ となる．そして，X の分布 P^X は $\boldsymbol{R}$ の点 $k = -1, 0, 1$ においてのみ正の値をもち，他の点では 0 となる．具体的には

$$P^X(\{-1\}) = P(X^{-1}(-1)) = \frac{\#X^{-1}(-1)}{36} = \frac{15}{36} = \frac{5}{12}$$

$$P^X(\{0\}) = P(X^{-1}(0)) = \frac{\#X^{-1}(0)}{36} = \frac{6}{36} = \frac{1}{6}$$

$$P^X(\{1\}) = P(X^{-1}(1)) = \frac{\#X^{-1}(1)}{36} = \frac{15}{36} = \frac{5}{12}$$

で与えられる．X が区間 B に入る確率 $P^X(B)$ は

$$P^X(B) = P^X(\{-1\})I_B(-1) + P^X(\{0\})I_B(0) + P^X(\{1\})I_B(1) \qquad (2.3)$$

で計算される．ここで，$I_B(k)$ は $k \in B$ であれば値 1，$k \notin B$ であれば値 0 をとる関数である．

2.2 分布関数

標本空間 $(\Omega, \mathscr{A})$ 上の確率 P は，確率変数 X を使い数空間 $(\boldsymbol{R}, \mathscr{B})$ 上の確率分布 P^X に変換されることがわかった．これは，P を構成するかわりに P^X を与えることで，間接的に P の構造の一部が実現できることを意味している．P^X をつくるには，すべての $B \in \mathscr{B}$ に対し値 $P^X(B)$ を与える必要はない．$B = (-\infty, x]$ というタイプの区間だけを考えればよい．

確率空間 $(\Omega, \mathscr{A}, P)$ 上の確率変数 X に対し，$\boldsymbol{R}$ 上の実数値関数

$$F_X(x) = P^X((-\infty, x]) = P(X \leqq x), \qquad x \in \boldsymbol{R}$$

を X の**累積分布関数** (cumulative distribution function) または単に**分布関数**という．

定理 2.1 X の分布関数 $F_X(x)$ は次の性質をみたす：
(D1) （非減少性）$x_1 \leqq x_2$ ならば，$F_X(x_1) \leqq F_X(x_2)$
(D2) （右連続性）$F_X(x+) = \lim_{h \to +0} F_X(x+h) = F_X(x)$
(D3) （有界性）$F_X(-\infty) = \lim_{x \to -\infty} F_X(x) = 0$, $F_X(\infty) = \lim_{x \to \infty} F_X(x) = 1$

証明 (D2), (D3) を示すには確率測度 P の連続性が必要となるので，ここでは証明を省く（問題 2.9）．(D1) を示すには，$x_1 \leqq x_2$ なら

$$\{\omega : X(\omega) \leqq x_1\} \subset \{\omega : X(\omega) \leqq x_2\}$$

であることに注意して，定理 1.1 (3) を適用すればよい．■

なお，確率測度 P の連続性から

$$F_X(x-) = \lim_{h \to +0} F_X(x-h) = P(X < x)$$

を示すことができる．この式と定理 1.1 (3) から

$$P(X = x) = P(X \leqq x) - P(X < x) = F_X(x) - F_X(x-)$$

となることがわかるので，$P(X = x) \neq 0$ なら $F_X(x)$ は点 x において左不連続となる．もちろん，$P(X = x) = 0$ なら $F_X(x)$ は点 x において連続である．

分布関数 $F_X(x)$ が与えられると，X が任意の区間 B に入る確率 $P^X(B)$ はそれを使って計算できる．たとえば，

$$P^X((a,b]) = P(a < X \leqq b) = P(X \leqq b) - P(X \leqq a) = F_X(b) - F_X(a)$$
$$P^X([a,b]) = P(a \leqq X \leqq b) = P(X \leqq b) - P(X < a) = F_X(b) - F_X(a-)$$

となる．もし，$x = a$ において $F_X(x)$ が不連続なら，$P^X((a,b]) \neq P^X([a,b])$ である（図 2.2）．

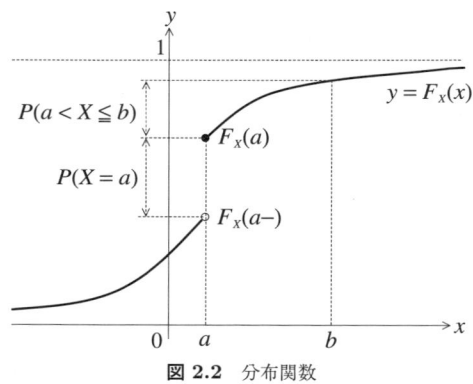

図 2.2　分布関数

以後，元の確率空間は表に出さず，最初から確率変数 X とその確率分布 P^X，同等であるが分布関数 $F_X(x)$ を与え，X は分布 P^X あるいは分布 F_X に "したがう"[1] といって議論を始めることが多くなる．

2.3 確率関数，確率密度関数

分布関数は数直線上の実数値関数である．したがって，微分積分などの解析的な手法を使い確率の計算が可能となる．

---

[1] しばしば，これは記号的に $X \sim P^X$ あるいは $X \sim F_X$ と表される．

確率変数 X の確率分布を P^X, 分布関数を F_X とする. X のとる値が高々可算無限個のとき, すなわち有限または可算無限個の要素からなる集合 $D = \{x_k : k = 1, 2, \ldots\}$ が存在して $P^X(D) = 1$ となるとき, X または P^X は**離散型** (discrete type) であるという. そして, 関数

$$f_X(x) = \begin{cases} P^X(\{x\}) & (x \in D \text{ のとき}) \\ 0 & (x \notin D \text{ のとき}) \end{cases}$$

を X または P^X の**確率関数** (probability function) とよぶ. 明らかに f_X は次の性質をもつ:

(i) $f_X(x_k) \geqq 0, \quad k = 1, 2, \ldots$
(ii) $\sum_{k=1}^{\infty} f_X(x_k) = 1$

また, 分布関数と確率関数の間には

$$F_X(x) = \sum_{k : x_k \leqq x} f_X(x_k) \tag{2.4}$$

という関係がある. 確率分布 $P^X(B)$ は

$$P^X(B) = \sum_{k : x_k \in B} f_X(x_k) \tag{2.5}$$

で計算される.

逆に (i), (ii) をみたす任意の数列 $\{f(x_k) : k = 1, 2, \ldots\}$ が与えられると, 式 (2.4) を使い (D1) – (D3) をみたす関数 $F(x)$ を構成することができ, さらにこれを分布関数とする $(\boldsymbol{R}, \mathscr{B})$ 上の確率分布が構成できる.

例 2.1（続き）　X は式 (2.3) で与えられた確率分布 P^X にしたがうとする. このとき, X は離散型で, その確率関数 $f_X(x)$ と分布関数 $F_X(x)$ は, それぞれ

$$f_X(x) = \begin{cases} \dfrac{5}{12} & (x = -1) \\ \dfrac{1}{6} & (x = 0) \\ \dfrac{5}{12} & (x = 1) \\ 0 & (x \notin \{-1, 0, 1\}) \end{cases} \qquad F_X(x) = \begin{cases} 0 & (x < -1) \\ \dfrac{5}{12} & (-1 \leqq x < 0) \\ \dfrac{7}{12} & (0 \leqq x < 1) \\ 1 & (1 \leqq x) \end{cases}$$

となる. これを図示したものが図 2.3 である.

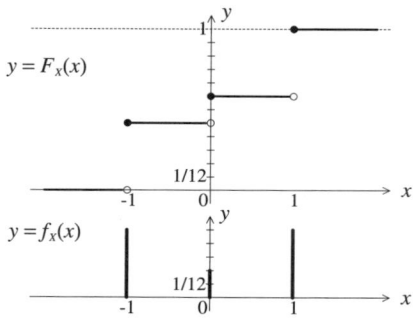

図 2.3 離散型分布：確率関数と分布関数

確率変数 X の確率分布を P^X，分布関数を F_X とする．X のとる値が連続量で，F_X が

$$F_X(x) = \int_{-\infty}^{x} f_X(t)\,dt \tag{2.6}$$

のようにある関数 f_X の積分で表されるとき，X または P^X は**連続型** (continuous type) であるといい，被積分関数 $f_X(x)$ を X または P^X の**確率密度関数** (probability density function) とよぶ．式 (2.6) は，ほとんどすべての点において

$$\frac{d}{dx}F_X(x) = f_X(x)$$

が成り立つことを意味している．そして確率分布 $P^X(B)$ は

$$P^X(B) = \int_B f_X(x)\,dx \tag{2.7}$$

で計算される．なお，X が連続的な場合，区間 B に端点が含まれるか否かは確率の計算に影響を与えない．なぜなら，各点 $a \in \mathbf{R}$ において，常に

$$P^X(\{a\}) = F_X(a) - F_X(a-) = \int_{a-}^{a} f_X(x)\,dx = 0$$

(図 2.2 において $F_X(a) = F_X(a-)$ の場合) が成り立つからである．明らかに $f_X(x)$ は次の性質をもつ：

(iii) $f_X(x) \geqq 0, \quad -\infty < x < \infty$
(iv) $\displaystyle\int_{-\infty}^{\infty} f_X(x)\,dx = 1$

性質 (iv) は，曲線 $y = f_X(x)$ と x 軸とで挟まれた領域の面積が 1 であることを意味している．$P^X(B)$ は，図 2.4 において，曲線 $y = f_X(x)$ と区間 B およ

びその両端の垂直線とで囲まれた領域の面積である．もし，区間 $[a, a+\Delta]$ の幅 Δ が極めて小さいなら，X がその区間に入る確率は

$$P(a \leqq X \leqq a+\Delta) = P^X([a, a+\Delta]) = \int_a^{a+\Delta} f_X(x)\,dx \fallingdotseq f_X(a)\Delta$$

と，図 2.4 中の矩形の面積で近似できる．

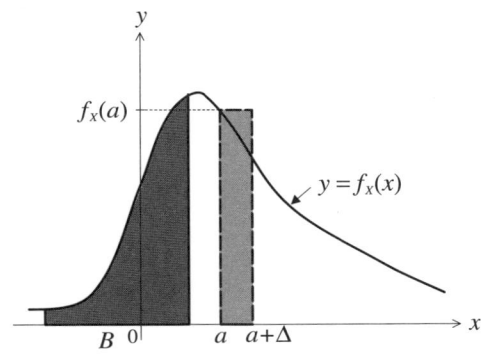

図 2.4 連続型分布：確率密度関数

連続型の場合も (iii),(iv) をみたす $\boldsymbol{R}$ の任意の関数 $f(x)$ が与えられると，式 (2.6) を使い (D1) – (D3) をみたす関数 $F(x)$ を構成することができ，さらにこれを分布関数とする $(\boldsymbol{R}, \mathscr{B})$ 上の確率分布が構成できる．

例 2.2　0 と 1 の間の"一様乱数"を発生させる．この場合の標本空間は

$$\Omega = \{\omega : 0 \leqq \omega \leqq 1\}$$

であり，集合族 $\mathscr{A}$ は区間 $[0,1]$ の部分区間からなる最小の σ–加法族である．一様ということは，$[0,1]$ の部分区間 I に属する乱数の発生する確率 P が

$$P(I) = |I| \qquad (|I| \text{ は区間 } I \text{ の長さ})$$

で与えられることを意味している．確率変数 $X : [0,1] \mapsto \boldsymbol{R}$ を

$$X(\omega) = \omega \qquad (\omega \in [0,1])$$

で定義する　このとき，X の分布関数は

$$F_X(x) = P(\{\omega : X(\omega) \leqq x\}) = \begin{cases} P(\emptyset) = 0 & (x < 0) \\ P([0,x]) = x & (0 \leqq x \leqq 1) \\ P([0,1]) = 1 & (x > 1) \end{cases}$$

となり，確率密度関数はこれを $x = 0, 1$ 以外の点で微分して

$$f_X(x) = \begin{cases} 1 & (0 \leqq x \leqq 1) \\ 0 & (x < 0 \text{ または } x > 1) \end{cases}$$

のように，$[0, 1]$ 上で一定の値をもつ矩形型関数となることがわかる．この分布関数あるいは確率密度関数をもつ分布を区間 $[0, 1]$ 上の**一様分布** (uniform distribution) といい，記号 U(0,1) で表す．実際には，一様乱数は小数以下何桁かの精度でしか観測できない．その場合には X は離散型であり，分布関数は例 2.1 のような階段状になる．

2.4 期 待 値　●●●●

確率分布は，確率変数のとる値の出現状態を完全に記述しているという意味で，それ以上に付け加えるものはない．しかし，分布のもつ"情報"の一部を犠牲にしても，分布の特徴を端的に把握できれば便利なこともある．分布を特徴づける代表的な指標に"位置"と"広がり"がある．

これらの指標を定義するため，実用上便利な演算記号を導入する．関数 $F(x)$ は分布関数のように単調非減少で右連続であるとする．このとき，関数 $\varphi(x)$ を $F(x)$ に関して積分してみよう．この積分を記号的に

$$\int_{-\infty}^{\infty} \varphi(x)\, dF(x)$$

と表し，$F(x)$ に関する**スティルチェス** (Stieltjes) **積分**とよぶ．$F(x) = x$ の場合が普通の積分である．ここでわれわれが興味があるのは，$F(x)$ が非負の関数 $f(x)$ を使い

$$F(x) = \begin{cases} \displaystyle\sum_{k:x_k \leqq x} f(x_k) & (離散型) \\ \displaystyle\int_{-\infty}^{x} f(t)\, dt & (連続型) \end{cases}$$

と表される場合である．それぞれの場合，スティルチェス積分の値は

$$\int_{-\infty}^{\infty} \varphi(x)\,dF(x) = \begin{cases} \displaystyle\sum_{k=1}^{\infty} \varphi(x_k) f(x_k) & \text{(離散型)} \\ \displaystyle\int_{-\infty}^{\infty} \varphi(x) f(x)\,dx & \text{(連続型)} \end{cases}$$

で計算される．もちろん，これは右辺の値が有限のときに意味がある．スティルチェス積分に関しても，普通の積分とまったく同じ演算公式が成り立つ．たとえば，関数 $\varphi(x), \psi(x)$ と定数 α, β に対し

$$\int_{-\infty}^{\infty} \{\alpha\varphi(x) + \beta\psi(x)\}\,dF(x) = \alpha \int_{-\infty}^{\infty} \varphi(x)\,dF(x) + \beta \int_{-\infty}^{\infty} \psi(x)\,dF(x)$$

が成り立つ．スティルチェス積分の記号を使うと，表記上は離散型に対する総和と連続型に対する積分とを区別しないで取り扱うことができる．実際の計算のときに

$$dF(x) = \begin{cases} f(x), & x = x_1, x_2, \ldots & \text{(離散型)} \\ f(x)\,dx & & \text{(連続型)} \end{cases}$$

と置き換えて総和あるいは積分を求めればよい．

確率変数 X の分布関数を $F_X(x)$ とする．実数値関数 $\varphi : \boldsymbol{R} \mapsto \boldsymbol{R}$ は，任意の $B \in \mathscr{B}$ に対し

$$\varphi^{-1}(B) = \{x : \varphi(x) \in B\} \in \mathscr{B} \tag{2.8}$$

という性質をもつとする．このような φ は**可測関数** (measurable function) とよばれる．このとき，$\varphi(X) : \Omega \mapsto \boldsymbol{R}$ は再び確率変数となる．実際，任意の $B \in \mathscr{B}$ に対し式 (2.1) と (2.8) から

$$\{\omega : \varphi(X(\omega)) \in B\} = \{\omega : X(\omega) \in \varphi^{-1}(B)\} \in \mathscr{A}$$

がいえる．いま，$\varphi(X)$ に対し，その**期待値** (expectation) あるいは**平均**(**値**) (mean) とよばれる量を

$$E[\varphi(X)] = \int_{-\infty}^{\infty} \varphi(x)\,dF_X(x)$$

で定義する．この積分の値は $\displaystyle\int_{-\infty}^{\infty} |\varphi(x)|\,dF_X(x) < \infty$ のとき確定する．

例 2.3 X の確率分布 P^X も期待値で表すことができる．いま，関数 φ として $B \in \mathscr{B}$ の定義関数

$$I_B(x) = \begin{cases} 1 & (x \in B \text{ のとき}) \\ 0 & (x \notin B \text{ のとき}) \end{cases}$$

を考えてみる．そうすると式 (2.5) または (2.7) から

$$E[I_B(X)] = \int_{-\infty}^{\infty} I_B(x) \, dF_X(x) = \int_B dF_X(x) = P^X(B)$$

となる．とくに，$B = \boldsymbol{R}$ とすると，$I_{\boldsymbol{R}}(x) \equiv 1$ なので 2.3 節の (ii) または (iv) から

$$E(1) = \int_{-\infty}^{\infty} dF_X(x) = 1 \tag{2.9}$$

が成り立つ．

よく使われる関数は $\varphi(x) = (x-c)^n$ $(n = 0, 1, 2, \ldots)$ である．$c = 0$ としたとき，

$$E(X^n) = \int_{-\infty}^{\infty} x^n \, dF_X(x)$$

を X の n 次の**積率**または**モーメント** (moment) という．とくに，$\mu = E(X)$ を X または $F_X(x)$ の**平均**(値) (mean) という．この μ に対し，

$$E[(X-\mu)^n] = \int_{-\infty}^{\infty} (x-\mu)^n \, dF_X(x)$$

は X の平均のまわりの n 次の**積率**(モーメント)または n 次の**中心積率** (central moment) とよばれる．とくに，$\sigma^2 = E[(X-\mu)^2]$ を X または $F_X(x)$ の**分散** (variance) という．定義から明らかに，$X \equiv \mu$ でないなら $\sigma^2 > 0$ である（問題 2.2 および定理 3.3 (2) 参照）．X の分散は通常 $V(X)$ で表される．すなわち

$$V(X) = E[\{X - E(X)\}^2]$$

である．分散の正の平方根

$$\sigma = \sqrt{V(X)}$$

は X または $F_X(x)$ の**標準偏差** (standard deviation) とよばれる．分散を計算するには次の関係式が便利である（問題 2.8）：

$$V(X) = E(X^2) - \{E(X)\}^2 \tag{2.10}$$

確率変数 X の平均 $E(X)$ と分散 $V(X)$ は，それぞれ確率分布 P^X の"中心的位置"と"広がり"を表している．例を通してこれを確認してみよう．

例 2.4 例 2.2 で取り扱った一様分布 $\mathrm{U}(0,1)$ を拡張して，区間 $[a,b]$ 上の一様分布 $\mathrm{U}(a,b)$ を考える．それは，確率密度関数が

$$f(x) = \begin{cases} \dfrac{1}{b-a} & (a \leqq x \leqq b) \\ 0 & (x < a \text{ または } x > b) \end{cases}$$

であるような分布である．この分布の平均は

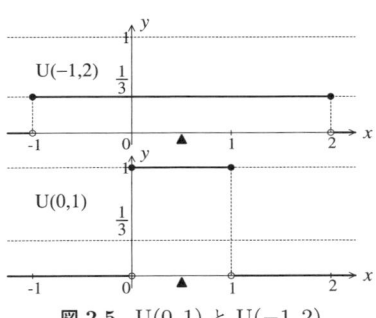

図 2.5 $\mathrm{U}(0,1)$ と $\mathrm{U}(-1,2)$

$$\mu = \int_{-\infty}^{\infty} x f(x)\,dx = \int_a^b \frac{x}{b-a}\,dx = \frac{a+b}{2}$$

となる．これは区間 $[a,b]$ の中点である（問題 2.3 参照）．分散は

$$\sigma^2 = \int_{-\infty}^{\infty} (x-\mu)^2 f(x)\,dx = \int_a^b \left(x - \frac{a+b}{2}\right)^2 \frac{1}{b-a}\,dx = \frac{(b-a)^2}{12}$$

である．たとえば，$\mathrm{U}(0,1)$ の場合は $\mu = \dfrac{1}{2}$, $\sigma^2 = \dfrac{1}{12}$; $\mathrm{U}(-1,2)$ の場合は $\mu = \dfrac{1}{2}$, $\sigma^2 = \dfrac{3}{4}$ となる．図 2.5 は μ が分布の中心的位置の指標，σ^2 が分布の広がりの指標となることを例示している．

1 次関数 $\varphi(x) = ax+b$ $(a \neq 0)$ で確率変数 X を変換すると，その平均，分散に対し次の公式が成り立つ：

定理 2.2 確率変数 X の 1 次変換 $Y = aX+b$ $(a \neq 0, b$ は定数$)$ に対し
(1) $E(Y) = aE(X)+b$
(2) $V(Y) = a^2 V(X)$
が成り立つ．

証明 X の分布関数を $F_X(x)$ とする．
(1) 積分に関する基本的性質と式 (2.9) から

$$E(Y) = E(aX+b) = \int_{-\infty}^{\infty} (ax+b) \, dF_X(x)$$
$$= a \int_{-\infty}^{\infty} x \, dF_X(x) + b \int_{-\infty}^{\infty} dF_X(x)$$
$$= aE(X) + b$$

(2) 上の結果より,$Y - E(Y) = (aX+b) - (aE(X)+b) = a(X - E(X))$ となる.よって

$$V(Y) = E[(Y-E(Y))^2] = E[a^2(X-E(X))^2]$$
$$= a^2 \int_{-\infty}^{\infty} (x-E(X))^2 \, dF_X(x)$$
$$= a^2 E[(X-E(X))^2] = a^2 V(X) \qquad \blacksquare$$

系 2.1(確率変数の標準化) 確率変数 X の平均を μ, 分散を σ^2 とする.このとき

$$Z = \frac{X-\mu}{\sigma}$$

と変換すると常に $E(Z) = 0$, $V(Z) = 1$ となる.

確率変数 X の分散が小さいならその分布の広がりが狭いから,X は平均のまわりに集中して現れることが予想される.それは次の重要な不等式で確認できる.

定理 2.3(チェビシェフ (Chebychev) の不等式) 確率変数 X の平均を μ, 分散を σ^2 とする.このとき任意の実数 $\varepsilon > 0$ に対し

$$P\{|X-\mu| \geqq \varepsilon\} \leqq \frac{\sigma^2}{\varepsilon^2}$$

が成り立つ.

証明 X の分布関数を $F_X(x)$ とする.分散 σ^2 の計算を 2 つの部分 $\{x : |x-\mu| < \varepsilon\}$ と $\{x : |x-\mu| \geqq \varepsilon\}$ に分けて行おう.いま

$$I_1 = \int_{\{x:|x-\mu|<\varepsilon\}} (x-\mu)^2 \, dF_X(x), \quad I_2 = \int_{\{x:|x-\mu|\geqq\varepsilon\}} (x-\mu)^2 \, dF_X(x)$$

とおく.$I_1 \geqq 0$, $I_2 \geqq 0$ および領域 $\{x : |x-\mu| \geqq \varepsilon\}$ においては $(x-\mu)^2 \geqq \varepsilon^2$ であることに注意すると,

$$\sigma^2 = I_1 + I_2 \geqq I_2 \geqq \varepsilon^2 \int_{\{x:|x-\mu|\geqq\varepsilon\}} dF_X(x) = \varepsilon^2 P\{|X-\mu|\geqq\varepsilon\}$$

が得られる．この両辺を ε^2 で割ればよい． ∎

問　題

2.1　確率変数 X の分布関数を $F_X(x)$ とする．X の 1 次変換 $Y=aX+b\,(a\neq 0)$ の分布関数を $F_Y(y)$ とするとき，次を示せ：

$$F_Y(y) = \begin{cases} F_X\left(\dfrac{y-b}{a}\right) & (a>0 \text{ のとき}) \\ 1-F_X\left(\left(\dfrac{y-b}{a}\right)-\right) & (a<0 \text{ のとき}) \end{cases}$$

とくに X は連続型であるとし，X,Y の確率密度関数をそれぞれ $f_X(x), f_Y(y)$ とするとき，次を示せ：

$$f_Y(y) = \frac{1}{|a|}f_X\left(\frac{y-b}{a}\right)$$

2.2　すべての $\omega\in\Omega$ に対し $X(\omega)=a$ のとき，X は a に "退化" した確率変数であるという．このとき，
 (1) X の確率関数 $f_X(x)$ を求めよ．
 (2) X の分布関数 $F_X(x)$ を求め，そのグラフを図示せよ．
 (3) X の平均と分散を求めよ．

2.3　確率変数 X の確率関数あるいは確率密度関数を $f_X(x)$ とする．もしすべての x に対し

$$f_X(c+x) = f_X(c-x)$$

が成り立つなら，X の分布は $x=c$ に関して "対称" であるという．このとき，平均が存在するなら $E(X)=c$ であることを示せ．

2.4　確率変数 X の確率密度関数を

$$f_X(x) = \begin{cases} ce^{-2x} & (x>0 \text{ のとき}) \\ 0 & (x\leqq 0 \text{ のとき}) \end{cases}$$

とする．このとき，
 (1) 定数 c の値を求めよ．
 (2) $G_X(x)=P(X\geqq x)$ を求め，そのグラフを図示せよ．
 (3) X の平均 μ を求め，$\mu=\displaystyle\int_0^\infty G_X(x)\,dx$ が成り立つことを示せ．
 (4) X の分散を求めよ．

2.5 正の値しかとらない確率変数 X の期待値は

$$E(X) = \int_0^\infty (1 - F_X(x))\,dx$$

で与えられることを示せ．ここで $F_X(x)$ は X の分布関数である．

2.6 確率変数 X が連続型のとき，定理 2.2 (1) を問題 2.1 の結果を使って示せ．すなわち

$$E(Y) = \int_{-\infty}^\infty y f_Y(y)\,dy \quad \text{と} \quad aE(X) + b = a\int_{-\infty}^\infty x f_X(x)\,dx + b$$

が等しいことを示せ．

2.7 系 2.1 を証明せよ．

2.8 確率変数 X の分散は X の 1 次と 2 次のモーメントを使い，式 (2.10) 右辺で計算できることを示せ．

2.9 一般に，$(\Omega, \mathscr{A})$ 上の確率測度 P は連続性：
 (i) 事象列 $A_1, A_2, \ldots$ が単調増大 $(A_1 \subset A_2 \subset \cdots)$ なら

$$P(A_1 \cup A_2 \cup \cdots) = \lim_{n \to \infty} P(A_n)$$

 (ii) 事象列 $A_1, A_2, \ldots$ が単調減少 $(A_1 \supset A_2 \supset \cdots)$ なら

$$P(A_1 \cap A_2 \cap \cdots) = \lim_{n \to \infty} P(A_n)$$

をもつ．確率変数 X の分布関数を $F_X(x)$ とするとき，
 (1) 任意の $x \in \boldsymbol{R}$ に対し事象列 $A_n = \left\{\omega : X(\omega) \leqq x + \dfrac{1}{n}\right\}$ $(n = 1, 2, \ldots)$ を考え，$F_X(x)$ の右連続性 $F_X(x+) = F_X(x)$ を示せ．
 (2) 事象列 $A_n = \{\omega : X(\omega) \leqq n\}$ と $A_{-n} = \{\omega : X(\omega) \leqq -n\}$ $(n = 1, 2, \ldots)$ を考え，$F_X(x)$ の有界性 $F_X(-\infty) = 0, F_X(\infty) = 1$ を示せ．

3 確率ベクトルと分布関数

確率変数は標本空間 Ω から1次元の実数空間 $\boldsymbol{R}$ への写像であるから，その像は標本空間に関する"情報"をかなり失っている．これは，モニターを1つしか用意しないからであって，ω のさまざまな側面を個別に映し出す複数個のモニターを用意すれば，それらを同時に観測することで Ω に関する多くの情報を得ることができる．すなわち，各 ω に k 個の実数 $X_1(\omega), X_2(\omega), \ldots, X_k(\omega)$ を対応させればよい．

3.1 確率ベクトル，確率分布

議論を簡単にするため，主に $k=2$ の場合を取り扱うが，一般性を失うことはない．また，$k=1$ の場合と同様な結果はその要点だけを述べることにする．

平面（2次元ユークリッド空間）$\boldsymbol{R}^2 = \boldsymbol{R} \times \boldsymbol{R}$ の中のすべての区間を含む最小の σ–加法族を $\mathscr{B}^2$ とする．ここで，$\boldsymbol{R}^2$ の区間とは，$\boldsymbol{R}$ の任意の区間 I_1, I_2 に対し

$$I_1 \times I_2 = \{(x_1, x_2) : x_1 \in I_1, x_2 \in I_2\}$$

で与えられる集合である．直観的にいえば，$\mathscr{B}^2$ は平面上の面積の測定できる集合からなる族である．

確率空間 $(\Omega, \mathscr{A}, P)$ が与えられているとき，Ω の各点 ω に $\boldsymbol{R}^2$ の1つの値 $\boldsymbol{X}(\omega) = (X_1(\omega), X_2(\omega))$ を対応させる写像 $\boldsymbol{X} : \Omega \mapsto \boldsymbol{R}^2$ を考える．もし，任意の $B \in \mathscr{B}^2$ に対し

$$\boldsymbol{X}^{-1}(B) = \{\omega : \boldsymbol{X}(\omega) \in B\} \in \mathscr{A}$$

が成り立つなら，$\boldsymbol{X} = (X_1, X_2)$ を Ω 上の（2次元）**確率ベクトル** (random vector) とよぶ．このとき，任意の $B_1, B_2 \in \mathscr{B}$ に対し $B_1 \times B_2 \in \mathscr{B}^2$ であるから

$$\boldsymbol{X}^{-1}(B_1 \times B_2) = \{\omega : X_1(\omega) \in B_1\} \cap \{\omega : X_2(\omega) \in B_2\} \in \mathscr{A}$$

である.とくに $B_2 = \boldsymbol{R}$ とすると,$\{\omega : X_2(\omega) \in \boldsymbol{R}\} = \Omega$ であるから,

$$\boldsymbol{X}^{-1}(B_1 \times \boldsymbol{R}) = \{\omega : X_1(\omega) \in B_1\} \in \mathscr{A} \tag{3.1}$$

となる.したがって,X_1 は確率変数である.同様に X_2 も確率変数である.

また,確率ベクトル $\boldsymbol{X} = (X_1, X_2)$ が与えられると,

$$P^{(X_1, X_2)}(B) = P(\boldsymbol{X}^{-1}(B)) = P(\boldsymbol{X} \in B), \qquad B \in \mathscr{B}^2$$

によって $(\boldsymbol{R}^2, \mathscr{B}^2)$ 上に $\boldsymbol{X} = (X_1, X_2)$ の分布 $P^{(X_1, X_2)}$ が定義される.これを (X_1, X_2) の**同時**(または**結合**)**分布** (joint distribution) とよぶ.とくに $B_2 = \boldsymbol{R}$ の場合,式 (3.1) から

$$P^{(X_1, X_2)}(B_1 \times \boldsymbol{R}) = P(X_1 \in B_1) = P^{X_1}(B_1)$$

が成り立つ.すなわち,$(\boldsymbol{R}, \mathscr{B})$ 上の分布 P^{X_1} が $P^{(X_1, X_2)}$ より一意に定まる.この P^{X_1} を X_1 の**周辺分布** (marginal distribution) という.同様に,P^{X_2} を X_2 の周辺分布という.

3.2 分布関数,確率関数,確率密度関数 ● ●

確率空間 $(\Omega, \mathscr{A}, P)$ 上の確率ベクトル $\boldsymbol{X} = (X_1, X_2)$ に対し,$\boldsymbol{R}^2$ 上の実数値関数

$$\begin{aligned}F_{(X_1, X_2)}(x_1, x_2) &= P^{(X_1, X_2)}((-\infty, x_1] \times (-\infty, x_2]) \\ &= P(X_1 \leqq x_1, X_2 \leqq x_2), \qquad (x_1, x_2) \in \boldsymbol{R}^2\end{aligned}$$

を (X_1, X_2) の**同時**(または**結合**)**分布関数** (joint distribution function) とよぶ.なお,最後の項は $P(\{\omega : X_1(\omega) \leqq x_1\} \cap \{\omega : X_2(\omega) \leqq x_2\})$ を略記したものである.

次の定理が成り立つことは $k = 1$ の場合と同様である.

定理 3.1 (X_1, X_2) の分布関数 $F_{(X_1, X_2)}(x_1, x_2)$ は次の性質をみたす:

(D1) (非減少性) $s_1 \leqq t_1, s_2 \leqq t_2$ ならば,
$$F_{(X_1,X_2)}(s_1,s_2) \leqq F_{(X_1,X_2)}(t_1,t_2)$$

(D2) (右連続性)
$$F_{(X_1,X_2)}(x_1+,x_2+) = \lim_{h_1 \to +0, h_2 \to +0} F_{(X_1,X_2)}(x_1+h_1, x_2+h_2)$$
$$= F_{(X_1,X_2)}(x_1,x_2)$$

(D3) (有界性)
$$F_{(X_1,X_2)}(x_1,-\infty) = \lim_{x_2 \to -\infty} F_{(X_1,X_2)}(x_1,x_2) = 0$$
$$F_{(X_1,X_2)}(-\infty,x_2) = \lim_{x_1 \to -\infty} F_{(X_1,X_2)}(x_1,x_2) = 0$$
$$F_{(X_1,X_2)}(\infty,\infty) = \lim_{x_1 \to \infty, x_2 \to \infty} F_{(X_1,X_2)}(x_1,x_2) = 1$$

分布関数 $F_{(X_1,X_2)}(x_1,x_2)$ が与えられると，(X_1,X_2) が任意の区間 B に入る確率 $P^{(X_1,X_2)}(B)$ は，それを使って計算できる．たとえば,

$$\begin{aligned}
&P^{(X_1,X_2)}((a_1,b_1] \times (a_2,b_2]) \\
&= P(a_1 < X_1 \leqq b_1, a_2 < X_2 \leqq b_2) \\
&= F_{(X_1,X_2)}(b_1,b_2) - F_{(X_1,X_2)}(b_1,a_2) \\
&\quad - F_{(X_1,X_2)}(a_1,b_2) + F_{(X_1,X_2)}(a_1,a_2)
\end{aligned} \quad (3.2)$$

と計算される．

(X_1,X_2) のとる値が高々可算個のとき，すなわち，有限または可算個の要素からなる集合 $D = \{(x_{1i},x_{2j}) : i=1,2,\ldots; j=1,2,\ldots\}$ が存在して $P^{(X_1,X_2)}(D) = 1$ となるとき，(X_1,X_2) または $P^{(X_1,X_2)}$ は**離散型**であるという．このとき，

$$f_{(X_1,X_2)}(x_1,x_2) = \begin{cases} P^{(X_1,X_2)}(\{(x_1,x_2)\}) & ((x_1,x_2) \in D \text{ のとき}) \\ 0 & ((x_1,x_2) \notin D \text{ のとき}) \end{cases}$$

を (X_1,X_2) または $P^{(X_1,X_2)}$ の**同時** (または**結合**) **確率関数** (joint probability function) とよぶ．この関数は

(i) $f_{(X_1,X_2)}(x_{1i},x_{2j}) \geqq 0, \quad i=1,2,\ldots; j=1,2,\ldots$
(ii) $\sum_{i=1}^{\infty}\sum_{j=1}^{\infty} f_{(X_1,X_2)}(x_{1i},x_{2j}) = 1$

という性質をもつ．この性質をもつ関数を与えることと分布関数を与えることは同等で，両者の間には

$$F_{(X_1,X_2)}(x_1,x_2) = \sum_{i:x_{1i}\leqq x_1}\sum_{j:x_{2j}\leqq x_2} f_{(X_1,X_2)}(x_{1i},x_{2j})$$

という関係がある．確率分布 $P^{(X_1,X_2)}(B)$ は

$$P^{(X_1,X_2)}(B) = \sum_{(i,j):(x_{1i},x_{2j})\in B} f_{(X_1,X_2)}(x_{1i},x_{2j})$$

で計算される．

(X_1,X_2) のとる値が連続量で $F_{(X_1,X_2)}$ が

$$F_{(X_1,X_2)}(x_1,x_2) = \int_{-\infty}^{x_1}\int_{-\infty}^{x_2} f_{(X_1,X_2)}(t_1,t_2)\,dt_1 dt_2$$

のようにある関数 $f_{(X_1,X_2)}$ の積分で表されるとき，(X_1,X_2) または $P^{(X_1,X_2)}$ は**連続型**であるといい，被積分関数 $f_{(X_1,X_2)}(x_1,x_2)$ を (X_1,X_2) または $P^{(X_1,X_2)}$ の**同時（または結合）確率密度関数** (joint probability density function) とよぶ．上式は，ほとんどすべての点において

$$\frac{\partial^2}{\partial x_1 \partial x_2} F_{(X_1,X_2)}(x_1,x_2) = f_{(X_1,X_2)}(x_1,x_2)$$

が成り立つことを意味している．そして確率分布 $P^{(X_1,X_2)}(B)$ は

$$P^{(X_1,X_2)}(B) = \iint_B f_{(X_1,X_2)}(x_1,x_2)\,dx_1 dx_2$$

で計算される．なお，B にその境界線が含まれるか否かは，確率の計算に影響を与えない．微小な区間 $B=[a,a+\Delta_1]\times[b,b+\Delta_2]$ に (X_1,X_2) が入る確率は，次のように近似的に求めることができる：

$$\begin{aligned}
P(a \leqq X_1 &\leqq a+\Delta_1, b \leqq X_2 \leqq b+\Delta_2) \\
&= P^{(X_1,X_2)}([a,a+\Delta_1]\times[b,b+\Delta_2]) \\
&= \int_a^{a+\Delta_1}\int_b^{b+\Delta_2} f_{(X_1,X_2)}(x_1,x_2)\,dx_1 dx_2 \\
&\fallingdotseq f_{(X_1,X_2)}(a,b)\Delta_1\Delta_2
\end{aligned}$$

3.2 分布関数,確率関数,確率密度関数

確率密度関数 $f_{(X_1,X_2)}(x_1,x_2)$ は

(iii) $f_{(X_1,X_2)}(x_1,x_2) \geqq 0, \quad -\infty < x_1 < \infty, -\infty < x_2 < \infty$

(iv) $\int_{-\infty}^{\infty} \int_{-\infty}^{\infty} f_{(X_1,X_2)}(x_1,x_2)\,dx_1 dx_2 = 1$

という性質をもつ.この性質をもつ関数を与えることと分布関数を与えることは同等である.

2つの確率変数 X_1, X_2 の一方,たとえば X_1 だけを考えたい場合がある.このとき,X_2 の方は $-\infty$ と ∞ の間の"任意の値"をとってもよいということであるから,われわれは $P(a_1 < X_1 \leqq b_1, -\infty < X_2 < \infty)$ というタイプの確率のみを考慮すればよいことになる.

任意の $B \in \mathscr{B}$ に対し,$(\boldsymbol{R}, \mathscr{B})$ 上の確率分布 P^{X_1}, P^{X_2} を

$$P^{X_1}(B) = P(X_1 \in B, X_2 \in \boldsymbol{R}) = P^{(X_1,X_2)}(B \times \boldsymbol{R})$$

$$P^{X_2}(B) = P(X_1 \in \boldsymbol{R}, X_2 \in B) = P^{(X_1,X_2)}(\boldsymbol{R} \times B)$$

で定義する.前者を X_1 の**周辺分布** (marginal distribution),後者を X_2 の**周辺分布**とよぶ.この定義に対応して,

$$F_{X_1}(x_1) = F_{(X_1,X_2)}(x_1, \infty) = \lim_{x_2 \to \infty} F_{(X_1,X_2)}(x_1, x_2)$$

$$F_{X_2}(x_2) = F_{(X_1,X_2)}(\infty, x_2) = \lim_{x_1 \to \infty} F_{(X_1,X_2)}(x_1, x_2)$$

で与えられる F_{X_1}, F_{X_2} をそれぞれ X_1 の**周辺分布関数** (marginal distribution function),X_2 の**周辺分布関数**とよぶ.

(X_1, X_2) が離散型のとき,

$$F_{X_1}(x_1) = F_{(X_1,X_2)}(x_1, \infty) = \sum_{i: x_{1i} \leqq x_1} \left\{ \sum_{j=1}^{\infty} f_{(X_1,X_2)}(x_{1i}, x_{2j}) \right\}$$

であるから

$$f_{X_1}(x_1) = \sum_{j=1}^{\infty} f_{(X_1,X_2)}(x_1, x_{2j})$$

とおくと,これは 2.3 節の (i), (ii) をみたす.すなわち,$F_{X_1}(x_1)$ の確率関数である.$f_{X_1}(x_1)$ を X_1 の**周辺確率関数** (marginal probability function) とよぶ.同様に

$$f_{X_2}(x_2) = \sum_{i=1}^{\infty} f_{(X_1,X_2)}(x_{1i}, x_2)$$

を X_2 の**周辺確率関数**とよぶ．

(X_1, X_2) が連続型のとき，

$$F_{X_1}(x_1) = F_{(X_1,X_2)}(x_1, \infty) = \int_{-\infty}^{x_1} \left\{ \int_{-\infty}^{\infty} f_{(X_1,X_2)}(t_1, x_2)\, dx_2 \right\} dt_1$$

であるから

$$f_{X_1}(x_1) = \int_{-\infty}^{\infty} f_{(X_1,X_2)}(x_1, x_2)\, dx_2$$

とおくと，これは 2.3 節の (iii), (iv) をみたす．すなわち，$F_{X_1}(x_1)$ の確率密度関数である．$f_{X_1}(x_1)$ を X_1 の**周辺確率密度関数** (marginal probability density function) とよぶ．同様に

$$f_{X_2}(x_2) = \int_{-\infty}^{\infty} f_{(X_1,X_2)}(x_1, x_2)\, dx_1$$

を X_2 の**周辺確率密度関数**とよぶ．

例 3.1 確率ベクトル (X, Y) は連続型で，その同時確率密度関数は

$$f_{(X,Y)}(x,y) = \begin{cases} e^{-(2x+y/2)} & (x > 0 \text{ かつ } y > 0 \text{ のとき}) \\ 0 & (x \leqq 0 \text{ または } y \leqq 0 \text{ のとき}) \end{cases}$$

で与えられているとする．このとき，同時分布関数は

$$F_{(X,Y)}(x,y) = \begin{cases} (1-e^{-2x})(1-e^{-y/2}) & (x > 0 \text{ かつ } y > 0 \text{ のとき}) \\ 0 & (x \leqq 0 \text{ または } y \leqq 0 \text{ のとき}) \end{cases}$$

となる．これは次の計算からわかる：$x > 0$ かつ $y > 0$ に対して

$$\int_{-\infty}^{x} \int_{-\infty}^{y} f_{(X,Y)}(s,t)\, dsdt$$
$$= \int_{0}^{x} \int_{0}^{y} e^{-(2s+t/2)}\, dsdt = \int_{0}^{x} e^{-2s}\, ds \int_{0}^{y} e^{-t/2}\, dt$$
$$= \left[-\frac{1}{2} e^{-2s} \right]_{0}^{x} \left[-2 e^{-t/2} \right]_{0}^{y} = \frac{1}{2}(1-e^{-2x}) \cdot 2(1-e^{-y/2})$$

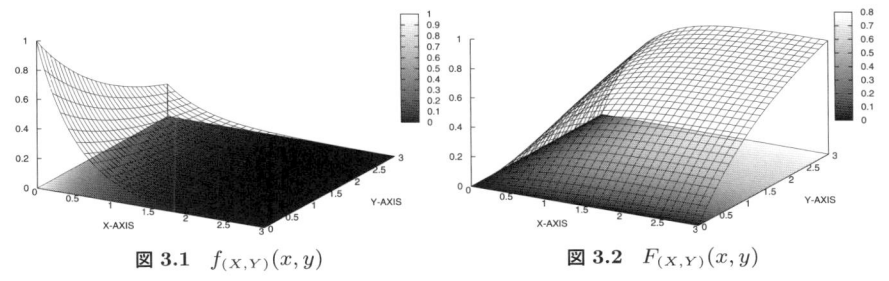

図 3.1 $f_{(X,Y)}(x,y)$　　　　　　**図 3.2** $F_{(X,Y)}(x,y)$

これらの関数を図示すると図 3.1, 図 3.2 のようになる．

さらに X, Y の周辺分布関数はそれぞれ

$$F_X(x) = F_{(X,Y)}(x, \infty) = \begin{cases} 1 - e^{-2x} & (x > 0 \text{ のとき}) \\ 0 & (x \leqq 0 \text{ のとき}) \end{cases}$$

$$F_Y(y) = F_{(X,Y)}(\infty, y) = \begin{cases} 1 - e^{-y/2} & (y > 0 \text{ のとき}) \\ 0 & (y \leqq 0 \text{ のとき}) \end{cases}$$

となる．X, Y の周辺確率密度関数は，上の式を微分すればそれぞれ

$$f_X(x) = \begin{cases} 2e^{-2x} & (x > 0 \text{ のとき}) \\ 0 & (x \leqq 0 \text{ のとき}) \end{cases}$$

$$f_Y(y) = \begin{cases} \dfrac{1}{2} e^{-y/2} & (y > 0 \text{ のとき}) \\ 0 & (y \leqq 0 \text{ のとき}) \end{cases}$$

であることがわかる．もちろん，これらは同時確率密度関数 $f_{(X,Y)}(x,y)$ をそれぞれ y と x に関し，全区間で積分して求めることもできる．

3.3 確率変数の独立性

1.3 節において "事象" の独立性という概念を定義したが，それを基に，ここでは "確率変数" の独立性という概念を導入する．

確率空間 $(\Omega, \mathscr{A}, P)$ 上で定義された確率ベクトル $\boldsymbol{X}(\omega) = (X_1(\omega), X_2(\omega))$ が，任意の $B_1, B_2 \in \mathscr{B}$ に対し

$$P(\{\omega : X_1(\omega) \in B_1\} \cap \{\omega : X_2(\omega) \in B_2\})$$
$$= P(\{\omega : X_1(\omega) \in B_1\})P(\{\omega : X_2(\omega) \in B_2\})$$

をみたすとき，X_1 と X_2 は**独立** (independent) であるという．すなわち，任意の $B_1, B_2 \in \mathscr{B}$ に対する X_1, X_2 の原像 $X_1^{-1}(B_1)$, $X_2^{-1}(B_2)$ が，独立な事象となることを意味している．この定義を簡単に書くと

$$P(X_1 \in B_1, X_2 \in B_2) = P(X_1 \in B_1)P(X_2 \in B_2) \tag{3.3}$$

であり，確率分布を使って書くと

$$P^{(X_1, X_2)}(B_1 \times B_2) = P^{X_1}(B_1)P^{X_2}(B_2) \tag{3.4}$$

となる．

2.4 節で述べたように，実数値関数 $\varphi, \psi : \boldsymbol{R} \mapsto \boldsymbol{R}$ が式 (2.8) をみたすなら，$\varphi(X_1), \psi(X_2)$ も確率変数であるから，X_1 と X_2 が独立なら

$$\begin{aligned}
P(\varphi(X_1) \in B_1, \psi(X_2) \in B_2) &= P(X_1 \in \varphi^{-1}(B_1), X_2 \in \psi^{-1}(B_2)) \\
&= P(X_1 \in \varphi^{-1}(B_1))P(X_2 \in \psi^{-1}(B_2)) \\
&= P(\varphi(X_1) \in B_1)P(\psi(X_2) \in B_2)
\end{aligned}$$

が成り立つ．すなわち，$\varphi(X_1)$ と $\psi(X_2)$ も独立となる．

X_1 と X_2 の独立性を確かめるのに，すべての $B_1, B_2 \in \mathscr{B}$ に対して式 (3.4) の成立を調べる必要はなく，分布関数，確率関数あるいは確率密度関数を使って容易に調べることができる．

定理 3.2 確率変数 X_1, X_2 の同時分布関数を $F_{(X_1, X_2)}(x_1, x_2)$，それぞれの周辺分布関数を $F_{X_1}(x_1), F_{X_2}(x_2)$ とし，同時確率関数あるいは同時確率密度関数を $f_{(X_1, X_2)}(x_1, x_2)$，それぞれの周辺確率関数あるいは周辺確率密度関数を $f_{X_1}(x_1), f_{X_2}(x_2)$ とする．このとき，次の (1) – (3) は同値である：

(1) X_1 と X_2 は独立である．
(2) 任意の $(x_1, x_2) \in \boldsymbol{R}^2$ に対し

$$F_{(X_1, X_2)}(x_1, x_2) = F_{X_1}(x_1)F_{X_2}(x_2)$$

が成り立つ．

(3) 任意の $(x_1, x_2) \in \mathbb{R}^2$ に対し

$$f_{(X_1, X_2)}(x_1, x_2) = f_{X_1}(x_1) f_{X_2}(x_2)$$

が成り立つ.

証明 (1) と (2) の同値性を示す. (2) と (3) の同値性の証明は容易である.
独立性の定義 (3.4) において, $B_1 = (-\infty, x_1]$, $B_2 = (-\infty, x_2]$ としたものが (2) である.

逆に (2) が成り立っているとする. $\mathbb{R}^2$ において $(a_1, b_1] \times (a_2, b_2]$ タイプの任意の区間を考えると, 式 (3.2) より

$$\begin{aligned}
&P(a_1 < X_1 \leqq b_1, a_2 < X_2 \leqq b_2) \\
&= F_{(X_1, X_2)}(b_1, b_2) - F_{(X_1, X_2)}(b_1, a_2) \\
&\quad - F_{(X_1, X_2)}(a_1, b_2) + F_{(X_1, X_2)}(a_1, a_2) \\
&= \{F_{X_1}(b_1) - F_{X_1}(a_1)\}\{F_{X_2}(b_2) - F_{X_2}(a_2)\} \\
&= P(a_1 < X_1 \leqq b_1) P(a_2 < X_2 \leqq b_2)
\end{aligned}$$

が成り立つ. このことより, 任意の $B_1, B_2 \in \mathscr{B}$ に対し式 (3.3) の成立がいえる (詳細は略). ■

一般の k 個の確率変数 $X_1, X_2, \ldots, X_k$ の場合にも, その**独立**の概念は

$$P(X_1 \in B_1, X_2 \in B_2, \ldots, X_k \in B_k)$$
$$= P(X_1 \in B_1) P(X_2 \in B_2) \cdots P(X_k \in B_k), \quad B_1, B_2, \ldots, B_k \in \mathscr{B}$$

で定義される. そして, それを確かめるには同値な命題

$$F_{(X_1, X_2, \ldots, X_k)}(x_1, x_2, \ldots, x_k)$$
$$= F_{X_1}(x_1) F_{X_2}(x_2) \cdots F_{X_k}(x_k), \quad (x_1, x_2, \ldots, x_k) \in \mathbb{R}^k$$

または

$$f_{(X_1, X_2, \ldots, X_k)}(x_1, x_2, \ldots, x_k)$$
$$= f_{X_1}(x_1) f_{X_2}(x_2) \cdots f_{X_k}(x_k), \quad (x_1, x_2, \ldots, x_k) \in \mathbb{R}^k$$

を使えばよい.

例 3.1（続き） 確率変数 X と Y は独立である. 事実, 任意の $(x,y) \in \mathbf{R}^2$ に対し

$$F_{(X,Y)}(x,y) = F_X(x)F_Y(y), \qquad f_{(X,Y)}(x,y) = f_X(x)f_Y(y)$$

が成り立っている.

3.4 期　待　値　　●●●●

確率ベクトル (X_1, X_2) の分布関数 $F_{(X_1,X_2)}(x_1, x_2)$ に関するスティルチェス積分の定義は, 確率変数の場合の定義と同様である. 計算のときに

$$dF_{(X_1,X_2)}(x_1,x_2) = \begin{cases} f_{(X_1,X_2)}(x_1, x_2), \quad x_1 = x_{11}, x_{12}, \ldots ; \ x_2 = x_{21}, x_{22}, \ldots & \text{（離散型）} \\ f_{(X_1,X_2)}(x_1, x_2)\, dx_1 dx_2 & \text{（連続型）} \end{cases}$$

と置き換えて, 二重和あるいは二重積分を求めればよい. なお, 周辺確率関数あるいは周辺確率密度関数の定義から

$$\begin{aligned}
\int_{-\infty}^{\infty} dF_{(X_1,X_2)}(\cdot, x_2) &= dF_{X_1}(\cdot) \\
\int_{-\infty}^{\infty} dF_{(X_1,X_2)}(x_1, \cdot) &= dF_{X_2}(\cdot) \\
\int_{-\infty}^{\infty} \int_{-\infty}^{\infty} dF_{(X_1,X_2)}(x_1, x_2) &= 1
\end{aligned} \tag{3.5}$$

であることに注意する. ここで, $\cdot$ は積分を行う際に固定された変数を表している. すなわち, 最初の式は x_2 を, 次の式は x_1 を動かしてスティルチェス積分することを意味している. また, X_1 と X_2 が"独立"なら

$$dF_{(X_1,X_2)}(x_1, x_2) = dF_{X_1}(x_1) dF_{X_2}(x_2) \tag{3.6}$$

であることにも注意する.

実数値関数 $\varphi : \mathbf{R}^2 \mapsto \mathbf{R}$ は**可測**であるとする. すなわち, 任意の $B \in \mathscr{B}$ に対し

$$\varphi^{-1}(B) = \{(x_1, x_2) : \varphi(x_1, x_2) \in B\} \in \mathscr{B}^2$$

をみたすとする.このとき,確率変数 $\varphi(X_1, X_2)$ の期待値あるいは平均(値)を

$$E[\varphi(X_1, X_2)] = \int_{-\infty}^{\infty} \int_{-\infty}^{\infty} \varphi(x_1, x_2)\, dF_{(X_1, X_2)}(x_1, x_2)$$

で定義する.この積分の値は $\int_{-\infty}^{\infty} \int_{-\infty}^{\infty} |\varphi(x_1, x_2)|\, dF_{(X_1, X_2)}(x_1, x_2) < \infty$ のとき確定する.

φ として $\varphi(x_1, x_2) = (x_1 - c_1)^m (x_2 - c_2)^n$ $(m = 0, 1, 2, \ldots;\ n = 0, 1, 2, \ldots)$ を考える.$c_1 = c_2 = 0$ としたとき

$$E(X_1^m X_2^n) = \int_{-\infty}^{\infty} \int_{-\infty}^{\infty} x_1^m x_2^n\, dF_{(X_1, X_2)}(x_1, x_2)$$

を X_1 と X_2 の同時(または結合)モーメント (joint moment) とよぶ.とくに,$n = 0$ または $m = 0$ のときはそれぞれ X_1 の(周辺分布から計算した)m 次モーメント,X_2 の(周辺分布から計算した)n 次モーメントに一致する.実際,式 (3.5) から

$$\begin{aligned} E(X_1^m X_2^0) &= \int_{-\infty}^{\infty} \int_{-\infty}^{\infty} x_1^m x_2^0\, dF_{(X_1, X_2)}(x_1, x_2) \\ &= \int_{-\infty}^{\infty} x_1^m \left\{ \int_{-\infty}^{\infty} x_2^0\, dF_{(X_1, X_2)}(x_1, x_2) \right\} \\ &= \int_{-\infty}^{\infty} x_1^m\, dF_{X_1}(x_1) = E(X_1^m) \end{aligned}$$

が成り立つ.$\mu_1 = E(X_1)$,$\mu_2 = E(X_2)$ をそれぞれ X_1,X_2 の平均(値)とよぶ.この μ_1, μ_2 に対し

$$E[(X_1 - \mu_1)^m (X_2 - \mu_2)^n] = \int_{-\infty}^{\infty} \int_{-\infty}^{\infty} (x_1 - \mu_1)^m (x_2 - \mu_2)^n\, dF_{(X_1, X_2)}(x_1, x_2)$$

を X_1 と X_2 の平均のまわりの同時(または結合)モーメントとよぶ.上と同様な計算から,$m = 2,\ n = 0$ および $m = 0,\ n = 2$ の場合はそれぞれ

$$E[(X_1 - \mu_1)^2 (X_2 - \mu_2)^0] = E[(X_1 - \mu_1)^2]$$
$$E[(X_1 - \mu_1)^0 (X_2 - \mu_2)^2] = E[(X_2 - \mu_2)^2]$$

となり，これらはそれぞれ X_1 の分散 $V(X_1)$ および X_2 の分散 $V(X_2)$ である．$m=n=1$ とすると次の新しい量が導入される：

$$\mathrm{Cov}(X_1, X_2) = E[(X_1 - E(X_1))(X_2 - E(X_2))]$$

これを X_1 と X_2 の**共分散** (covariance) とよぶ．さらに，標準化された $Z_1 = \dfrac{X_1 - E(X_1)}{\sqrt{V(X_1)}}$ と $Z_2 = \dfrac{X_2 - E(X_2)}{\sqrt{V(X_2)}}$ の同時モーメント

$$\rho(X_1, X_2) = E(Z_1 Z_2) = \frac{\mathrm{Cov}(X_1, X_2)}{\sqrt{V(X_1)}\sqrt{V(X_2)}}$$

を考え，これを X_1 と X_2 の**相関係数** (correlation coefficient) とよぶ．共分散，相関係数の意味は後で明らかになる．

定理 3.3 実数値関数 $\varphi, \psi : \boldsymbol{R}^2 \mapsto \boldsymbol{R}$ は可測であるとする．
(1) 任意の定数 a, b, c に対し

$$\begin{aligned}
&E[a\varphi(X_1, X_2) + b\psi(X_1, X_2) + c] \\
&= aE[\varphi(X_1, X_2)] + bE[\psi(X_1, X_2)] + c
\end{aligned} \tag{3.7}$$

が成り立つ．したがって，

$$E(X_1 + X_2) = E(X_1) + E(X_2) \tag{3.8}$$

$$V(X_1 + X_2) = V(X_1) + V(X_2) + 2\mathrm{Cov}(X_1, X_2) \tag{3.9}$$

が成り立つ．
(2) すべての $\omega \in \Omega$ に対し，$\varphi(X_1(\omega), X_2(\omega)) \geqq \psi(X_1(\omega), X_2(\omega))$ なら

$$E[\varphi(X_1, X_2)] \geqq E[\psi(X_1, X_2)]$$

が成り立つ．等号が成り立つのは

$$P(\varphi(X_1, X_2) = \psi(X_1, X_2)) = 1$$

の場合に限る．

証明 (1) 式 (3.7) は，スティルチェス積分の線形性と式 (3.5) からただちにわかる．式 (3.8) は，$\varphi(x_1, x_2) = x_1$，$\psi(x_1, x_2) = x_2$，$a = b = 1$，$c = 0$

に対して式 (3.7) を適用すれば得られる．式 (3.9) を示すため $\mu_1 = E(X_1)$, $\mu_2 = E(X_2)$ とおく．このとき，分散の定義と式 (3.8), (3.7) より

$$\begin{aligned}V(X_1+X_2) &= E[\{(X_1+X_2)-E(X_1+X_2)\}^2] \\ &= E[\{(X_1-\mu_1)+(X_2-\mu_2)\}^2] \\ &= E[(X_1-\mu_1)^2]+E[(X_2-\mu_2)^2]+2E[(X_1-\mu_1)(X_2-\mu_2)] \\ &= V(X_1)+V(X_2)+2\mathrm{Cov}(X_1,X_2)\end{aligned}$$

となることがわかる．

(2) $B = \{(X_1(\omega), X_2(\omega)) : \omega \in \Omega\}$ とする．すなわち，B は $(X_1, X_2) : \Omega \mapsto \boldsymbol{R}^2$ の値域である．このとき，すべての $(x_1, x_2) \in B$ に対し $\varphi(x_1, x_2) \geqq \psi(x_1, x_2)$，そして，すべての $(x_1, x_2) \notin B$ に対して $dF_{(X_1,X_2)}(x_1,x_2) = 0$ であるから

$$\begin{aligned}E[\varphi(X_1,X_2)] &- E[\psi(X_1,X_2)] \\ &= E[\varphi(X_1,X_2) - \psi(X_1,X_2)] \\ &= \iint_B \{\varphi(x_1,x_2) - \psi(x_1,x_2)\}\,dF_{(X_1,X_2)}(x_1,x_2) \geqq 0\end{aligned}$$

が成り立つ．この等号が成り立つとき，任意の $\varepsilon > 0$ に対し $D_\varepsilon = \{(x_1,x_2) : \varphi(x_1,x_2) - \psi(x_1,x_2) > \varepsilon\}$ とおくと，

$$\begin{aligned}0 &= E[\varphi(X_1,X_2) - \psi(X_1,X_2)] \\ &\geqq \iint_{D_\varepsilon} \{\varphi(x_1,x_2) - \psi(x_1,x_2)\}\,dF_{(X_1,X_2)}(x_1,x_2) \\ &\geqq \varepsilon \iint_{D_\varepsilon} dF_{(X_1,X_2)}(x_1,x_2) \\ &= \varepsilon P(\varphi(X_1,X_2) - \psi(X_1,X_2) > \varepsilon)\end{aligned}$$

よって

$$P(0 \leqq \varphi(X_1,X_2) - \psi(X_1,X_2) \leqq \varepsilon) = 1$$

となる．ここで $\varepsilon > 0$ は任意だから，定理の最後の主張が成り立つ．∎

定理 3.4 確率変数 X_1, X_2 は独立とする．このとき可測関数 $\varphi, \psi : \boldsymbol{R} \mapsto \boldsymbol{R}$ に対し

が成り立つ.

証明 式 (3.6) から

$$E[\varphi(X_1)\psi(X_2)] = \int_{-\infty}^{\infty}\int_{-\infty}^{\infty} \varphi(x_1)\psi(x_2)\,dF_{(X_1,X_2)}(x_1,x_2)$$

$$= \int_{-\infty}^{\infty}\int_{-\infty}^{\infty} \varphi(x_1)\psi(x_2)\,dF_{X_1}(x_1)dF_{X_2}(x_2)$$

$$= \int_{-\infty}^{\infty} \varphi(x_1)\,dF_{X_1}(x_1) \int_{-\infty}^{\infty} \psi(x_2)\,dF_{X_2}(x_2)$$

$$= E[\varphi(X_1)]E[\psi(X_2)]$$

となることがわかる. ∎

定理 3.5 確率変数 X_1, X_2 の相関係数 $\rho(X_1, X_2)$ に関し,次が成り立つ:
(1) $-1 \leqq \rho(X_1, X_2) \leqq 1$
(2) X_1, X_2 が独立なら,$\rho(X_1, X_2) = 0$
(3) ある定数 a, b, c ($ab \neq 0$) が存在し $aX_1 + bX_2 + c = 0$ なら,$|\rho(X_1, X_2)| = 1$. またその逆も成り立つ.

この定理は,相関係数 $\rho(X_1, X_2)$ が X_1 と X_2 の関係の程度を示す指標として利用できることを示唆している.X_1 と X_2 に極めて強い関係(線形関係)があるときには $|\rho(X_1, X_2)| = 1$ となり,無関係(独立)のときには $\rho(X_1, X_2) = 0$ となる.しかし,X_1 と X_2 の間に関数関係がある(したがって,X_1 と X_2 は独立ではない)のに $\rho(X_1, X_2) = 0$ となる場合がある(問題 3.3).すなわち,$\rho(X_1, X_2) = 0$ は必ずしも X_1 と X_2 の独立性を意味しないことに注意する必要がある.

証明 (1) $\mu_1 = E(X_1), \mu_2 = E(X_2), \sigma_1^2 = V(X_1), \sigma_2^2 = V(X_2)$ とおく.定理 3.3 (2) より

$$V\left(\frac{X_1}{\sigma_1} \pm \frac{X_2}{\sigma_2}\right) = E\left[\left\{\left(\frac{X_1}{\sigma_1} \pm \frac{X_2}{\sigma_2}\right) - \left(\frac{\mu_1}{\sigma_1} \pm \frac{\mu_2}{\sigma_2}\right)\right\}^2\right] \geqq 0$$

第 2 項を変形すると

$$\text{第 2 項} = E\left[\left\{\frac{X_1-\mu_1}{\sigma_1} \pm \frac{X_2-\mu_2}{\sigma_2}\right\}^2\right]$$

$$= \frac{E[(X_1-\mu_1)^2]}{\sigma_1^2} + \frac{E[(X_2-\mu_2)^2]}{\sigma_2^2} \pm 2\frac{E[(X_1-\mu_1)(X_2-\mu_2)]}{\sigma_1\sigma_2}$$

$$= \frac{V(X_1)}{\sigma_1^2} + \frac{V(X_2)}{\sigma_2^2} \pm 2\frac{\text{Cov}(X_1, X_2)}{\sigma_1\sigma_2}$$

$$= 2 \pm 2\rho(X_1, X_2) \geqq 0 \qquad \text{(複号同順)}$$

となり，これより $-1 \leqq \rho(X_1, X_2) \leqq 1$ がわかる．

(2) X_1, X_2 が独立なら，定理 3.4 より

$$\text{Cov}(X_1, X_2) = E[(X_1-\mu_1)(X_2-\mu_2)] = E[(X_1-\mu_1)]E[(X_2-\mu_2)] = 0$$

よって，$\rho(X_1, X_2) = 0$ となる．

(3) $X_2 = \alpha X_1 + \beta$ と表すと，分散共分散の定義から容易に

$$V(X_2) = \alpha^2\sigma_1^2, \qquad \text{Cov}(X_1, X_2) = \alpha\sigma_1^2$$

であることがわかる．よって

$$\rho(X_1, X_2) = \frac{\alpha\sigma_1^2}{\sqrt{\sigma_1^2}\sqrt{\alpha^2\sigma_1^2}} = \frac{\alpha}{|\alpha|} = \pm 1$$

となる．逆に $\rho(X_1, X_2) = \mp 1$ なら，

$$E\left[\left\{\frac{X_1-\mu_1}{\sigma_1} \pm \frac{X_2-\mu_2}{\sigma_2}\right\}^2\right] = 0$$

定理 3.3 (2) より，これは常に（確率 1 で）

$$\frac{X_1-\mu_1}{\sigma_1} \pm \frac{X_2-\mu_2}{\sigma_2} = 0$$

であることを意味している．∎

3.5 モーメント母関数

　必要な次数のモーメントを個々に計算するのは，かなり面倒である．そこで，統一的にモーメントを求めるための方法を考えよう．ただし，以下の内容は本

書の程度を超えるので，議論は数学的厳密性を無視した形式的なものにとどめておく．

確率ベクトル $\boldsymbol{X} = (X_1, X_2)$ の分布関数を $F_{(X_1,X_2)}(x_1,x_2)$ とする．$\boldsymbol{R}^2$ の原点 O のある近傍 $U = \{(t_1,t_2) : t_1^2 + t_2^2 < r^2\}$ に含まれる実ベクトル $\boldsymbol{t} = (t_1,t_2)$ に対し，$\varphi(X_1,X_2) = e^{\boldsymbol{t}\cdot X} = e^{t_1 X_1 + t_2 X_2}$ の期待値

$$M_{(X_1,X_2)}(t_1,t_2) = E\bigl(e^{t_1 X_1 + t_2 X_2}\bigr)$$
$$= \int_{-\infty}^{\infty}\int_{-\infty}^{\infty} e^{t_1 x_1 + t_2 x_2}\, dF_{(X_1,X_2)}(x_1,x_2)$$

を (X_1,X_2) あるいは $P^{(X_1,X_2)}$ の**モーメント母関数** (moment generating function) とよぶ．とくに，$t_2 = 0$ としたとき，

$$M_{X_1}(t_1) = M_{(X_1,X_2)}(t_1,0) = E\bigl(e^{t_1 X_1}\bigr)$$

を X_1 あるいは P^{X_1} のモーメント母関数とよぶ．X_2 のモーメント母関数 $M_{X_2}(t_2)$ も同様に定義される．明らかに

$$M_{(X_1,X_2)}(0,0) = 1$$

である．

いま，この関数を t_1 に関し 1 回，t_2 に関し 0 回偏微分してみよう．

$$\frac{\partial M_{(X_1,X_2)}(t_1,t_2)}{\partial t_1} = \int_{-\infty}^{\infty}\int_{-\infty}^{\infty} \frac{\partial e^{t_1 x_1 + t_2 x_2}}{\partial t_1}\, dF_{(X_1,X_2)}(x_1,x_2)$$
$$= \int_{-\infty}^{\infty}\int_{-\infty}^{\infty} x_1 e^{t_1 x_1 + t_2 x_2}\, dF_{(X_1,X_2)}(x_1,x_2)$$

ここで，$(t_1,t_2) = (0,0)$ とおくと

$$\left.\frac{\partial M_{(X_1,X_2)}(t_1,t_2)}{\partial t_1}\right|_{t_1=0, t_2=0} = E(X_1)$$

となる．次に，この関数を t_1 に関し 1 回，t_2 に関し 1 回偏微分してみると

$$\frac{\partial^2 M_{(X_1,X_2)}(t_1,t_2)}{\partial t_1 \partial t_2} = \int_{-\infty}^{\infty}\int_{-\infty}^{\infty} x_1 x_2 e^{t_1 x_1 + t_2 x_2}\, dF_{(X_1,X_2)}(x_1,x_2)$$

であるから，

$$\left.\frac{\partial^2 M_{(X_1,X_2)}(t_1,t_2)}{\partial t_1 \partial t_2}\right|_{t_1=0,t_2=0} = E(X_1 X_2)$$

となることがわかる．以上の考察から次の定理が成り立つことが予想される：

定理 3.6 確率ベクトル (X_1, X_2) のモーメント母関数 $M_{(X_1,X_2)}(t_1,t_2)$ が原点の近傍 U で存在するとき，m, n ($m = 0, 1, 2, \ldots$; $n = 0, 1, 2, \ldots$) に対し

$$\left.\frac{\partial^{m+n} M_{(X_1,X_2)}(t_1,t_2)}{\partial t_1^m \partial t_2^n}\right|_{t_1=0,t_2=0} = E(X_1^m X_2^n)$$

が成り立つ．

モーメント母関数の用途はモーメントを求めるためだけではない．分布を特定するためにも有用である．

定理 3.7 2つの確率ベクトル (X_1, X_2) と (Y_1, Y_2) のモーメント母関数が存在して原点の近傍 U で一致するなら，おのおのの確率分布 $P^{(X_1,X_2)}$ と $P^{(Y_1,Y_2)}$ も一致する．

次の 2 つの定理は定理 3.4 の特別な場合であるので，証明は問題とする．

定理 3.8 確率ベクトル (X_1, X_2) のモーメント母関数 $M_{(X_1,X_2)}(t_1,t_2)$ が存在するとし，X_1, X_2 それぞれのモーメント母関数を $M_{X_1}(t_1)$, $M_{X_2}(t_2)$ とする．このとき，X_1 と X_2 が独立なら

$$M_{(X_1,X_2)}(t_1,t_2) = M_{X_1}(t_1) M_{X_2}(t_2)$$

が成り立つ．

定理 3.9 確率変数 X_1, X_2 は独立とし，それぞれモーメント母関数 $M_{X_1}(t_1)$, $M_{X_2}(t_2)$ をもつとする．このとき，和 $Y = X_1 + X_2$ のモーメント母関数 $M_Y(t)$ は存在して

$$M_Y(t) = M_{X_1}(t) M_{X_2}(t)$$

が成り立つ．

3.6 条件つき分布

条件つき確率の定義から，2 つの確率変数のうち一方の変数の値がわかっているという条件のもとで，他方の変数の確率分布を考えることができる．

確率変数 X_1, X_2 は離散型で，その同時確率関数を $f_{(X_1,X_2)}(x_1,x_2)$，それぞれの周辺確率関数を $f_{X_1}(x_1)$, $f_{X_2}(x_2)$ とする．$X_2 = x_2^*$ であるという条件のもとで $X_1 = x_1$ となる確率を考えることは，事象 $\{\omega : X_2(\omega) = x_2^*\}$ が起こったという条件のもと，事象 $\{\omega : X_1(\omega) = x_1\}$ が起こる確率を調べることであるから，それは

$$P(X_1 = x_1 | X_2 = x_2^*) = \frac{P(X_1 = x_1, X_2 = x_2^*)}{P(X_2 = x_2^*)} = \frac{f_{(X_1,X_2)}(x_1, x_2^*)}{f_{X_2}(x_2^*)}$$

で計算される．この右辺を x_2^* を固定して x_1 の関数とみたとき，

$$f_{X_1|X_2}(x_1 | x_2^*) = \frac{f_{(X_1,X_2)}(x_1, x_2^*)}{f_{X_2}(x_2^*)}$$

とおき，これを $X_2 = x_2^*$ を与えたときの X_1 の**条件つき確率関数** (conditional probability function) とよぶ．ただし，$f_{X_2}(x_2^*) = 0$ のときは $f_{(X_1,X_2)}(x_1, x_2^*) = 0$ であるから，$f_{X_1|X_2}(x_1 | x_2^*) = 0$ と定義する．同様に

$$f_{X_2|X_1}(x_2 | x_1^*) = \frac{f_{(X_1,X_2)}(x_1^*, x_2)}{f_{X_1}(x_1^*)}$$

を，$X_1 = x_1^*$ を与えたときの X_2 の**条件つき確率関数**とよぶ．

確率変数 X_1, X_2 が連続的な場合は多少議論が必要となる．いま，X_1, X_2 の同時確率密度関数を $f_{(X_1,X_2)}(x_1,x_2)$，それぞれの周辺確率密度関数を $f_{X_1}(x_1)$, $f_{X_2}(x_2)$ とする．X_2 が区間 $[x_2^*, x_2^*+\Delta]$ に入るという条件のもと，X_1 が $B \in \mathscr{B}$ に入る条件つき確率は

$$\begin{aligned} &P(X_1 \in B | x_2^* \leqq X_2 \leqq x_2^*+\Delta) \\ &= \frac{P(X_1 \in B, x_2^* \leqq X_2 \leqq x_2^*+\Delta)}{P(x_2^* \leqq X_2 \leqq x_2^*+\Delta)} \\ &= \frac{\int_B \left\{ \int_{x_2^*}^{x_2^*+\Delta} f_{(X_1,X_2)}(x_1, x_2) \, dx_2 \right\} dx_1}{\int_{x_2^*}^{x_2^*+\Delta} f_{X_2}(x_2) \, dx_2} \end{aligned}$$

3.6 条件つき分布

で与えられる．平均値の定理より，ある $\tilde{x}_2 \in [x_2^*, x_2^*+\Delta]$ において

$$\int_{x_2^*}^{x_2^*+\Delta} f_{X_2}(x_2)\, dx_2 = f_{X_2}(\tilde{x}_2)\Delta$$

また，ある $\xi(x_1) \in [x_2^*, x_2^*+\Delta]$ において

$$\int_{x_2^*}^{x_2^*+\Delta} f_{(X_1,X_2)}(x_1,x_2)\, dx_2 = f_{(X_1,X_2)}(x_1,\xi(x_1))\Delta$$

が成り立つので，

$$P(X_1 \in B | x_2^* \leqq X_2 \leqq x_2^*+\Delta) = \int_B \frac{f_{(X_1,X_2)}(x_1,\xi(x_1))}{f_{X_2}(\tilde{x}_2)}\, dx_1$$

が導かれる．いま，$X_2 = x_2^*$ を与えたときの $X_1 \in B$ の条件つき確率 $P(X_1 \in B | X_2 = x_2^*)$ を，この式の $\Delta \to 0$ の極限として定義すると，

$$P(X_1 \in B | X_2 = x_2^*) = \int_B \frac{f_{(X_1,X_2)}(x_1,x_2^*)}{f_{X_2}(x_2^*)}\, dx_1$$

となる．よって，固定された x_2^* に対し，x_1 の関数

$$f_{X_1|X_2}(x_1|x_2^*) = \frac{f_{(X_1,X_2)}(x_1,x_2^*)}{f_{X_2}(x_2^*)}$$

は確率密度関数である．これを $X_2 = x_2^*$ を与えたときの X_1 の**条件つき確率密度関数** (conditional probability density function) とよぶ．ただし，$f_{X_2}(x_2^*) = 0$ のときは $f_{(X_1,X_2)}(x_1,x_2^*) = 0$ であるから，$f_{X_1|X_2}(x_1|x_2^*) = 0$ と定義する．同様に

$$f_{X_2|X_1}(x_2|x_1^*) = \frac{f_{(X_1,X_2)}(x_1^*,x_2)}{f_{X_1}(x_1^*)}$$

を，$X_1 = x_1^*$ を与えたときの X_2 の**条件つき確率密度関数**とよぶ．

定理 3.2 に対する次の系は明らかであろう：

系 3.1 定理 3.2 の (1) – (3) および次の (4) は同値である：
(4) 任意の $(x_1,x_2) \in \mathbf{R}^2$ に対し

$$f_{X_1|X_2}(x_1|x_2) = f_{X_1}(x_1) \quad \text{あるいは} \quad f_{X_2|X_1}(x_2|x_1) = f_{X_2}(x_2)$$

が成り立つ．

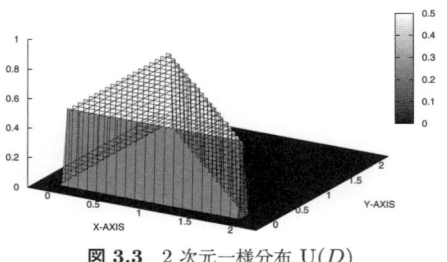

図 3.3 2 次元一様分布 $\mathrm{U}(D)$

例 3.2 確率ベクトル (X,Y) は領域

$$D = \{(x,y) : x \geqq 0,\ y \geqq 0,\ x+y \leqq 2\}$$

上の一様分布 $\mathrm{U}(D)$ にしたがうとする（図 3.3）．その確率密度関数は

$$f_{(X,Y)}(x,y) = \begin{cases} \dfrac{1}{2} & ((x,y) \in D \text{ のとき}) \\ 0 & ((x,y) \notin D \text{ のとき}) \end{cases}$$

で与えられる．Y の周辺確率密度関数は

$$\begin{aligned}
f_Y(y) &= \int_{-\infty}^{\infty} f_{(X,Y)}(x,y)\,dx \\
&= \begin{cases} \dfrac{1}{2}\int_0^{2-y} dx = \dfrac{2-y}{2} & (0 \leqq y \leqq 2 \text{ のとき}) \\ 0 & (y < 0 \text{ または } y > 2 \text{ のとき}) \end{cases}
\end{aligned}$$

となる．よって，固定された $0 \leqq y < 2$ に対し，$Y=y$ を与えたときの X の条件つき確率密度関数は

$$f_{X|Y}(x|y) = \begin{cases} \dfrac{1}{2-y} & (0 \leqq x \leqq 2-y \text{ のとき}) \\ 0 & (x < 0 \text{ または } x > 2-y \text{ のとき}) \end{cases}$$

となり，条件 y に依存する．したがって，X と Y は独立でない．

問 題

3.1 確率ベクトル (X,Y) の同時確率密度関数として，次の 2 つを考える：

$$f_{(X,Y)}(x,y) = \begin{cases} x+y & ((x,y) \in D \text{ のとき}) \\ 0 & ((x,y) \notin D \text{ のとき}) \end{cases}$$

$$g_{(X,Y)}(x,y) = \begin{cases} xy + \frac{1}{2}(x+y) + \frac{1}{4} & ((x,y) \in D \text{ のとき}) \\ 0 & ((x,y) \notin D \text{ のとき}) \end{cases}$$

ここで，$D = \{(x,y) : 0 \leqq x \leqq 1,\ 0 \leqq y \leqq 1\}$ である．このとき，
(1) これらの分布の周辺分布は同じであることを示せ．
(2) それぞれの場合において X と Y が独立であるかどうかを判定せよ．
(3) それぞれの場合において $P(X+Y<1)$ を求めよ．

3.2 2つの確率変数 X, Y の同時分布関数を $F_{(X,Y)}(x,y)$，X および Y の周辺分布関数をそれぞれ $F_X(x), F_Y(y)$ とする．これら2つの確率変数の和 $Z = X+Y$ を考え，その分布関数を $F_Z(z)$ とする．X と Y が独立のとき以下の問に答えよ．
(1) $F_Z(z)$ は次の積分で求められることを示せ：

$$F_Z(z) = \int_{-\infty}^{\infty} F_Y(z-x)\,dF_X(x) \quad \text{または} \quad \int_{-\infty}^{\infty} F_X(z-y)\,dF_Y(y)$$

（右辺のような演算は $F_X(x)$ と $F_Y(y)$ のたたみ込み (convolution) とよばれ，$F_X * F_Y$ と表される．上の式は

$$dF_Z(z) = \int_{-\infty}^{\infty} dF_Y(z-x)\,dF_X(x) \quad \text{または} \quad \int_{-\infty}^{\infty} dF_X(z-y)\,dF_Y(y)$$

と同等である．）
(2) X, Y の同時確率密度関数 $f_{(X,Y)}(x,y)$ が例 3.1 で与えられたものとするとき，$Z = X+Y$ の確率密度関数 $f_Z(z)$ を求め，そのグラフを図示せよ．

3.3 確率変数 Θ は区間 $[0, 2\pi)$ 上の一様分布 $U(0, 2\pi)$ にしたがうとする．その確率密度関数は

$$f_\Theta(\theta) = \begin{cases} \dfrac{1}{2\pi} & (\theta \in [0, 2\pi) \text{ のとき}) \\ 0 & (\theta \notin [0, 2\pi) \text{ のとき}) \end{cases}$$

で与えられる．確率ベクトル (X, Y) を $X = \cos\Theta$，$Y = \sin\Theta$ で定義すると，つねに $X^2 + Y^2 = 1$ をみたす．このとき，
(1) 第1象限にある $x^2 + y^2 = 1$ 上の任意の点 $A(x,y)$ に対し（図 3.4），$F_{(X,Y)}(x,y), F_X(x), F_Y(y)$ を求め，これより X と Y とは独立でないことを示せ．
(2) しかしながら $\rho(X, Y) = 0$ であることを示せ．

3.4 確率変数 X_1, X_2 の1次変換を

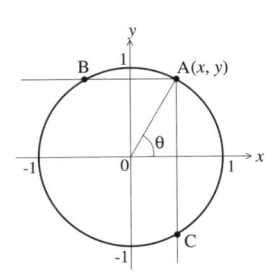

図 3.4 $x^2 + y^2 = 1$

$$Y_1 = aX_1 + b \ (a \neq 0), \quad Y_2 = cX_2 + d \ (c \neq 0)$$

とする．このとき，
(1) $\mathrm{Cov}(X_1, X_2) = E(X_1 X_2) - E(X_1)E(X_2)$ を示せ．
(2) $\rho(Y_1, Y_2) = \pm \rho(X_1, X_2)$ を示せ．

3.5 確率変数 $X_1, X_2, \ldots, X_n$ の平均，分散，相関係数は次のようにそれぞれ共通とする：

$$\mu = E(X_i), \quad \sigma^2 = V(X_i), \quad \rho = \rho(X_i, X_j) \quad (i, j = 1, 2, \ldots, n)$$

これら n 個の確率変数の算術平均（標本平均）を

$$\bar{X}_n = \frac{X_1 + X_2 + \cdots + X_n}{n}$$

とするとき，
(1) $E(\bar{X}_n) = \mu$ であることを示せ．
(2) $V(\bar{X}_n) = \dfrac{1}{n}\sigma^2 + \dfrac{n-1}{n}\rho\sigma^2$ であることを示せ．
(3) とくに $X_1, X_2, \ldots, X_n$ が独立のとき，$V(\bar{X}_n)$ を求めよ．

3.6（コーシー–シュワルツ (Cauchy–Schwarz) の不等式） 2 つの確率変数 X, Y が $E(X^2) < \infty, E(Y^2) < \infty$ をみたすなら，$E(|XY|) < \infty$ かつ

$$|E(XY)| \leqq \sqrt{E(X^2)}\sqrt{E(Y^2)}$$

が成り立つことを示せ．また，等号は適当な定数 a, b に対して $P(aX + bY = 0) = 1$ であるときに限り成り立つことを示せ．

3.7 定理 3.8 と定理 3.9 を示せ．

3.8 $X_2 = x_2^*$ を与えたときの X_1 の**条件つき分布関数** (conditional distribution function) を $F_{X_1|X_2}(x_1|x_2^*)$ とすると

$$dF_{X_1|X_2}(x_1|x_2^*) = \begin{cases} f_{X_1|X_2}(x_1|x_2^*), & x_1 = x_{11}, x_{12}, \ldots \quad \text{（離散型）} \\ f_{X_1|X_2}(x_1|x_2^*)\, dx_1 & \text{（連続型）} \end{cases}$$

となる．このとき，可測関数 $\varphi : \boldsymbol{R} \mapsto \boldsymbol{R}$ に対し，$X_2 = x_2^*$ を与えたときの $\varphi(X_1)$ の**条件つき期待値** (conditional expectation) を

$$E[\varphi(X_1)|X_2 = x_2^*] = \int_{-\infty}^{\infty} \varphi(x_1)\, dF_{X_1|X_2}(x_1|x_2^*)$$

で定義する．これは x_2^* の可測関数なので x_2^* に確率変数 X_2 を代入すると，それは再び確率変数となる．これを $E[\varphi(X_1)|X_2]$ と表し，X_2 を与えたときの $\varphi(X_1)$ の**条件つき期待値**とよぶ．このとき，可測関数 $\varphi, \psi : \boldsymbol{R} \mapsto \boldsymbol{R}$ に対し以下の関係が成り立つことを示せ．

(1) すべての $\omega \in \Omega$ に対し $\varphi(X_1(\omega)) \geqq 0$ なら，すべての $\omega \in \Omega$ に対し $E[\varphi(X_1)|X_2(\omega)] \geqq 0$
(2) $E[\varphi(X_1)\psi(X_2)|X_2] = \psi(X_2)E[\varphi(X_1)|X_2]$
(3) 定数 a, b, c に対し $E[a\varphi(X_1)+b\psi(X_2)+c|X_2] = aE[\varphi(X_1)|X_2]+b\psi(X_2)+c$
(4) $E\{E[\varphi(X_1)|X_2]\} = E[\varphi(X_1)]$
(5) X_1 と X_2 が独立なら $E[\varphi(X_1)|X_2] = E[\varphi(X_1)]$
(6) X_2 を与えたときの X_1 の**条件つき分散** (conditional variance) は

$$V(X_1|X_2) = E\big[\{X_1 - E(X_1|X_2)\}^2|X_2\big]$$

で定義される．このとき，

$$V(X_1) = E[V(X_1|X_2)] + V[E(X_1|X_2)]$$

3.9 まったく外観の同じお年玉袋 A, B, C がそれぞれ 2, 2, 1 枚ずつある．これら 3 種類のお年玉袋の中にはそれぞれ 2000 円札と 1000 円札が表のような枚数入っている．

	A	B	C
2000 円	1 枚	2 枚	3 枚
1000 円	3 枚	2 枚	1 枚

(1) お年玉袋を 1 枚選ぶとき獲得できる金額の期待値を求めよ．
(2) 選んだ袋の中から無作為に札を 1 枚取り出したところ 2000 円であった．このとき獲得できる金額の期待値を求めよ．

4
大数の法則,中心極限定理

統計において標本(データ)とは,ある母集団分布にしたがう有限個あるいは無限個の独立な確率変数(ベクトル)の実現値であるとみなされる.そして,例1.1において,われわれが想定している確率分布が妥当か否かは標本から経験的に確認できる可能性があるということを,さいころの実験を挙げて例示した.本章では,これらを数学的に定式化し統計学の基礎となる2つの定理を議論する.なお,統計に関する用語は8.1節を参照願いたい.

4.1 独立な確率変数列

与えられた確率空間 $(\Omega, \mathscr{A}, P)$ に対し,$X : \Omega \mapsto \boldsymbol{R}$ をその上の確率変数,P^X を X の分布,$F_X(x)$ をその分布関数とする.

この確率空間の "コピー" を無限個用意し,それらに番号をつけ $(\Omega_n, \mathscr{A}_n, P_n)$ $n = 1, 2, \ldots$ とする.これらは,同じ実験を互いに無関係に何回も繰り返すことができると想定した場合の1回目,2回目,... の実験に対応する確率空間である.このとき,無限回の試行における標本空間は

$$\Omega^\infty = \Omega_1 \times \Omega_2 \times \cdots = \{\omega^\infty = (\omega_1, \omega_2, \ldots) : \omega_1 \in \Omega_1, \omega_2 \in \Omega_2, \ldots\}$$

で与えられる.Ω^∞ の可測集合(事象)の全体は

$$A_1 \times A_2 \times \cdots \times A_n \times \Omega_{n+1} \times \Omega_{n+2} \times \cdots ;$$
$$A_1 \in \mathscr{A}_1, A_2 \in \mathscr{A}_2, \ldots, A_n \in \mathscr{A}_n, \quad n = 1, 2, \ldots$$

というタイプの集合からなる最小の σ–加法族である.これを $\mathscr{A}^\infty$ と表す.そして $\mathscr{A}^\infty$ 上の確率測度 P^∞ を,次をみたすように構成する:

$$P^\infty(A_1 \times A_2 \times \cdots \times A_n \times \Omega_{n+1} \times \Omega_{n+2} \times \cdots)$$
$$= P_1(A_1)P_2(A_2)\cdots P_n(A_n); \tag{4.1}$$
$$A_1 \in \mathscr{A}_1,\ A_2 \in \mathscr{A}_2,\ \ldots,\ A_n \in \mathscr{A}_n, \quad n=1,2,\ldots$$

詳細は省くが,このような確率測度 P^∞ は確かに存在し,しかも一意であることが示される.この式は,n 回目までの事象の確率は P^∞ から周辺確率として計算でき,かつそれら n 個の事象は独立であることを意味している.このようにして,実験の無限回の繰り返しに対応する確率空間 $(\Omega^\infty, \mathscr{A}^\infty, P^\infty)$ が導入される.

この確率空間上に確率変数列 $X_1, X_2, \ldots$ を次で定義する:

$$X_n(\omega^\infty) = X\bigl(\pi_n(\omega^\infty)\bigr), \qquad n=1,2,\ldots$$

ここで,$\pi_n : \Omega^\infty \mapsto \Omega_n$ は第 n 座標への射影

$$\pi_n(\omega^\infty) = \pi_n(\omega_1, \omega_2, \ldots, \omega_n, \ldots) = \omega_n$$

である.すなわち,X_n は n 回目の実験結果 $\omega_n \in \Omega_n$ に対応する確率変数である.ところで,$\pi_n^{-1}(\omega_n) = \Omega_1 \times \Omega_2 \times \cdots \times \Omega_{n-1} \times \{\omega_n\} \times \Omega_{n+1} \times \Omega_{n+2} \times \cdots$ であるから,任意の $B \in \mathscr{B}$ に対し,

$$X_n^{-1}(B) = \Omega_1 \times \Omega_2 \times \cdots \times \Omega_{n-1} \times X^{-1}(B) \times \Omega_{n+1} \times \Omega_{n+2} \times \cdots$$

したがって,式 (4.1) から $n=1,2,\ldots$ に対し

$$\begin{aligned}P^\infty(X_n^{-1}(B)) &= P_1(\Omega_1)P_2(\Omega_2)\cdots P_{n-1}(\Omega_{n-1})P_n(X^{-1}(B)) \\ &= P_n(X^{-1}(B)) \\ &= P^X(B)\end{aligned} \tag{4.2}$$

が成り立つ.これは,$X_1, X_2, \ldots$ は同じ分布関数 $F_X(x)$ にしたがって分布していることを意味している.さらに,任意の $B_1, B_2, \ldots, B_n \in \mathscr{B}$ に対し,式 (4.2) から

$$P^\infty(X_1^{-1}(B_1) \cap X_2^{-1}(B_2) \cap \cdots \cap X_n^{-1}(B_n))$$
$$= P^\infty(X_1^{-1}(B_1) \times X_2^{-1}(B_2) \times \cdots \times X_n^{-1}(B_n) \times \Omega_{n+1} \times \Omega_{n+2} \times \cdots)$$
$$= P_1(X_1^{-1}(B_1))P_2(X_2^{-1}(B_2)) \cdots P_n(X^{-1}(B))$$
$$= P^\infty(X_1^{-1}(B_1))P^\infty(X_2^{-1}(B_2)) \cdots P^\infty(X_n^{-1}(B_n))$$

が成り立つ．これは，各 $n = 1, 2, \ldots$ に対し，$X_1, X_2, \ldots, X_n$ は独立であることを意味している．

以上より，$X_1, X_2, \ldots$ は独立な確率変数列で共通の分布 $F_X(x)$ にしたがうことが示された．実は，この $X_1, X_2, \ldots, X_n$ が統計における母集団分布 $F_X(x)$ からの大きさ n の**無作為標本** (random sample) の数学的な定義である．

独立な確率変数列 $X_1, X_2, \ldots$ を考える場合には，基礎となる確率空間として上記の $(\Omega^\infty, \mathscr{A}^\infty, P^\infty)$ を考えているが，これを改めて $(\Omega, \mathscr{A}, P)$ とおき，$\{\omega^\infty : X_1(\omega^\infty) + X_2(\omega^\infty) + \cdots + X_n(\omega^\infty) \leqq x\}$ を $\{\omega : X_1(\omega) + X_2(\omega) + \cdots + X_n(\omega) \leqq x\}$，$P^\infty(X_1 + X_2 + \cdots + X_n \leqq x)$ を $P(X_1 + X_2 + \cdots + X_n \leqq x)$ などと表す．

4.2 大数の法則

統計の目的は，標本に基づき母集団分布あるいはその分布を特徴づける量を特定することである．以下の諸定理は，原理的にはこれが可能であることを述べている．

確率変数列 $X_1, X_2, \ldots$ に対し，最初の n 個の算術平均を
$$\bar{X}_n = \frac{X_1 + X_2 + \cdots + X_n}{n}$$
とおく．この量を**標本平均** (sample mean) とよぶ．

定理 4.1（**大数の弱法則** (weak law of large numbers)） 確率変数列 $X_1, X_2, \ldots$ は独立で共通の分布にしたがうとし，その平均 $\mu = E(X_1) = E(X_2) = \cdots$ が存在するとする．このとき，任意の $\varepsilon > 0$ に対し
$$P(|\bar{X}_n - \mu| \geqq \varepsilon) \to 0 \qquad (n \to \infty)$$
が成り立つ．

この定理の収束が成り立つとき，$\bar{X}_n$ は μ に**確率収束** (convergence in probability) するという．なお，この定理では分散 $\sigma^2 = V(X_1) = V(X_2) = \cdots$ の存在 ($\sigma^2 < \infty$) を前提としていないことに注意する．しかしこの仮定なしにそれを証明をすることは本書の程度を超えている．分散の存在を仮定すると次のように証明は容易である．

証明 $V(X_1) = V(X_2) = \cdots = \sigma^2 < \infty$ を仮定する．$X_1, X_2, \ldots, X_n$ の独立性から

$$E(\bar{X}_n) = \mu, \qquad V(\bar{X}_n) = \frac{\sigma^2}{n}$$

であることがわかる（問題 3.5）．したがって，$\bar{X}_n$ にチェビシェフの不等式（定理 2.3）を適用すると，任意の $\varepsilon > 0$ に対し

$$P(|\bar{X}_n - \mu| \geqq \varepsilon) \leqq \frac{\sigma^2}{n\varepsilon^2} \to 0 \qquad (n \to \infty)$$

よって定理の主張が成り立つ．■

上の定理は，$\bar{X}_n$ と μ との間に ε 以上のずれの生ずる可能性（確率）がデータ数 n とともに 0 に減少していくことを述べているが，実はもっと強いことがいえる．$\bar{X}_n$ は常に（確率 1 で）μ に近づくのである．これを $\bar{X}_n$ は μ に**概収束** (almost sure convergence) するという．この事実は次の定理であるが，証明は省略する．

定理 4.2（大数の強法則 (strong law of large numbers)） 確率変数列 $X_1, X_2, \ldots$ は独立で共通の分布にしたがうとし，その平均 $\mu = E(X_1) = E(X_2) = \cdots$ が存在するとする．このとき，

$$P\left(\lim_{n \to \infty} \bar{X}_n = \mu\right) = 1$$

が成り立つ[1]．

例 4.1（例 1.1 続き） 確率変数 $X : \{1, 2, \ldots, 6\} \mapsto \boldsymbol{R}$ を $X(\{k\}) = k$ ($k = 1, 2, \ldots, 6$) と定義し，その分布 P^X の確率関数を

$$f_X(1) = p_1, \quad f_X(2) = p_2, \quad \ldots, \quad f_X(6) = p_6$$

---

[1] 正確に表現すると，$P^\infty\left(\{\omega^\infty : \lim_{n \to \infty} \bar{X}_n(\omega^\infty) = \mu\}\right) = 1$ が成り立つ．

とする．もちろん，$p_1+p_2+\cdots+p_6=1$ である．確率変数列 $X_1, X_2, \ldots$ は独立で X と同じ分布にしたがうとする．すなわち，X_i $(i=1,2,\ldots)$ は i 回目のさいころ投げの結果を表す確率変数である．このとき，n 回のさいころ投げにおいて目 k の出る相対度数 $R_{k,n}$ は，クロネッカー (Kronecker) のデルタ

$$\delta_{kX} = \begin{cases} 1 & (X=k \text{ のとき}) \\ 0 & (X \neq k \text{ のとき}) \end{cases}$$

を使うと

$$R_{k,n} = \frac{1}{n}\sum_{i=1}^{n}\delta_{kX_i}$$

と表すことができる．明らかに $\delta_{kX_1}, \delta_{kX_2}, \ldots$ は独立で δ_{kX} と同じ分布にしたがい，

$$E[\delta_{kX}] = \sum_{j=1}^{6}\delta_{kj}f_X(j) = p_k$$
$$V[\delta_{kX}] = \sum_{j=1}^{6}(\delta_{kj}-p_k)^2 f_X(j) = p_k(1-p_k)$$

であるから，任意の $\varepsilon > 0$ に対し

$$P(|R_{k,n}-p_k| \geqq \varepsilon) \to 0 \qquad (n \to \infty)$$

が成り立つ（大数の弱法則）．この場合にはさらに強い結果

$$P\left(\lim_{n\to\infty} R_{k,n} = p_k\right) = 1$$

も成り立つ（大数の強法則）．

1.2 節の表 1.1 からは，試行回数が増えるにしたがい各目の相対度数 $R_{k,n}$ $(k=1,2,\ldots,6)$ が収束していく様子が見てとれる．しかし，$p_1=p_2=\cdots=p_6=\frac{1}{6}$ とみなせるかどうかには別の検証が必要である．

この例は次のように一般化することができる．確率変数列 $X_1, X_2, \ldots$ は独立で X と同じ分布 $F_X(x)$ にしたがうとする．大きさ n の標本 $X_1, X_2, \ldots, X_n$ を観測したとき x 以下の値が出現する相対度数は，区間 $[X, \infty)$ の定義関数

$$I_{[X,\infty)}(x) = \begin{cases} 1 & (X \leqq x \text{ のとき}) \\ 0 & (X > x \text{ のとき}) \end{cases}$$

を使って

$$\hat{F}_n(x) = \frac{1}{n}\sum_{i=1}^{n} I_{[X_i,\infty)}(x)$$

と表される．この関数を**経験分布関数** (empirical distribution function) とよぶ．任意に固定した x に対し，$I_{[X_i,\infty)}(x)$ $(i=1,2,\ldots)$ は独立な確率変数列で $I_{[X,\infty)}(x)$ と同じ分布にしたがい，

$$E[I_{[X,\infty)}(x)] = \int_{-\infty}^{\infty} I_{[t,\infty)}(x)\,dF_X(t) = \int_{-\infty}^{\infty} I_{(-\infty,x]}(t)\,dF_X(t)$$
$$= \int_{-\infty}^{x} dF_X(t) = F_X(x)$$

であるから，大数の強法則から各固定した x に対し

$$P\Big(\lim_{n\to\infty} \hat{F}_n(x) = F_X(x)\Big) = 1$$

が成り立つことがわかる．これは，標本数が増えるにしたがい，各 x における母集団分布の様相がはっきりとわかってくることを意味している．しかし，われわれに必要なのは，$\hat{F}_n(x)$ が x 全体で均一的に $F_X(x)$ に近づく，すなわち $\sup\limits_{-\infty < x < \infty} |\hat{F}_n(x) - F_X(x)| \to 0$ $(n\to\infty)$ という保証である．次の定理はそれを述べたものである．この定理の証明も本書の範囲を超えているので省略する．

定理 4.3（グリベンコ–カンテリ (Glivenko–Cantelli) の定理） 確率変数列 $X_1, X_2, \ldots$ は独立で共通の分布 $F(x)$ にしたがうとする．このとき

$$P\Big(\lim_{n\to\infty} \sup_{-\infty < x < \infty} |\hat{F}_n(x) - F(x)| = 0\Big) = 1$$

が成り立つ．

4.3 中心極限定理

大数の弱法則は，$\bar{X}_n$ と μ との間に ε 以上のずれが生ずる確率を具体的に計算しているわけではない．ここではその計算を少し強い条件のもとで考えてみる．

確率変数列 $X_1, X_2, \ldots$ は独立で共通の分布にしたがうとし，その平均 $\mu = E(X_1) = E(X_2) = \cdots$ と分散 $\sigma^2 = V(X_1) = V(X_2) = \cdots$ が存在するとする．このとき，$E(\bar{X}_n) = \mu, V(\bar{X}_n) = \dfrac{\sigma^2}{n}$ であることに注意し，$\bar{X}_n$ を標準化した確率変数

$$Z_n = \frac{\bar{X}_n - \mu}{\sigma/\sqrt{n}} = \frac{X_1 + X_2 + \cdots + X_n - n\mu}{\sqrt{n}\sigma}$$

を考えると，つねに $E(Z_n) = 0, V(Z_n) = 1$ であることが系 2.1 からわかる．さらに，Z_n の分布の収束について次の定理が成り立つ．これを証明するには準備にかなりの紙数を要するので，ここでは概略を述べるにとどめる．

定理 4.4（中心極限定理 (central limit theorem)） 確率変数列 $X_1, X_2, \ldots$ は独立で共通の分布にしたがうとし，その平均 $\mu = E(X_1) = E(X_2) = \cdots$ と分散 $\sigma^2 = V(X_1) = V(X_2) = \cdots$ が存在するとする．このとき，すべての x に対し

$$P\left\{\frac{X_1 + X_2 + \cdots + X_n - n\mu}{\sqrt{n}\sigma} \leqq x\right\} \to \int_{-\infty}^{x} \frac{1}{\sqrt{2\pi}} e^{-t^2/2}\, dt \quad (n \to \infty)$$

が成り立つ．

証明（概略） $Y_i = \dfrac{X_i - \mu}{\sigma}$ とおき，そのモーメント母関数を $M(t)$（原点 $t = 0$ の近傍での存在を仮定）とする．独立な確率変数の和 $Z_n = \sum_{i=1}^{n} \dfrac{Y_i}{\sqrt{n}}$ に定理 3.9 を適用し，$M(0) = 1, M'(0) = E(Y_i) = 0$ および $M''(t) \to E(Y_i^2) = 1$ $(t \to 0)$ を使うと，Z_n のモーメント母関数 $M_{Z_n}(t)$ は，$n \to \infty$ のとき

$$\begin{aligned}
M_{Z_n}(t) &= \prod_{i=1}^{n} E\left(e^{tY_i/\sqrt{n}}\right) = \left\{M\left(\frac{t}{\sqrt{n}}\right)\right\}^n \\
&= \left\{1 + \frac{t^2}{n} \int_0^1 \int_0^1 vM''\left(\frac{uvt}{\sqrt{n}}\right) du\,dv\right\}^n \\
&\to \exp\left\{\lim_{n \to \infty} t^2 \int_0^1 \int_0^1 vM''\left(\frac{uvt}{\sqrt{n}}\right) du\,dv\right\} = \exp\left\{\frac{t^2}{2}\right\}
\end{aligned}$$

となる[2]．上式の最後の項は，後で述べる標準正規分布 $N(0,1)$ のモーメント

---

[2] $M\left(\dfrac{t}{\sqrt{n}}\right)$ にテーラー (Taylor) の定理

$$f(x_0 + t) = f(x_0) + tf'(x_0) + t^2 \int_0^1 \int_0^1 vf''(x_0 + uvt)\, du\,dv$$

を適用した．次に，$\lim_{n \to \infty} na_n$ が存在する任意の数列 $\{a_n\}$ に対して $(1 + a_n)^n \to \exp\{\lim_{n \to \infty} na_n\}$ が成り立つという事実を使った．

母関数である（式 (6.2) 参照）．よって Z_n の分布は $n \to \infty$ のとき $N(0,1)$ に収束する（定理 3.7 に注意）． ∎

定理の右辺の被積分関数を

$$\phi(x) = \frac{1}{\sqrt{2\pi}} e^{-x^2/2}, \qquad -\infty < x < \infty$$

とおくと，$\phi(x) > 0$ でかつ

$$\int_{-\infty}^{\infty} \phi(x)\, dx = 1 \tag{4.3}$$

であることが示される（問題 4.1）．よって $\phi(x)$ は確率密度関数である．この

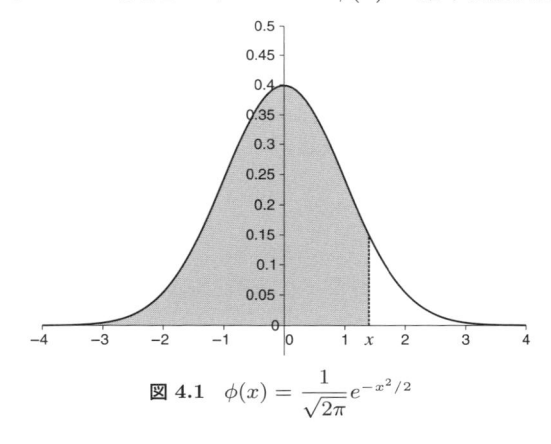

図 4.1 $\phi(x) = \dfrac{1}{\sqrt{2\pi}} e^{-x^2/2}$

関数は図 4.1 に示したような左右対称な形をしている．この確率密度関数に対応する累積分布関数

$$\Phi(x) = \int_{-\infty}^{x} \phi(t)\, dt \tag{4.4}$$

は，曲線 $y = \phi(x)$ と区間 $(-\infty, x]$ およびその右端の垂直線とで囲まれた領域の面積である．なお，密度関数 $\phi(x)$ あるいは分布関数 $\Phi(x)$ をもつ確率分布を**標準正規分布** (standard normal distribution) とよび，$N(0,1)$ と略記する．正規分布については 6.2 節で詳しく解説する．

中心極限定理は，$\bar{X}_n$ の標準化 Z_n の分布が，元の分布の違い（たとえば，離散型と連続型）にもかかわらず同じ正規分布 $N(0,1)$ で近似できることを述べている．しかし，元の分布の違いは近似の精度などに現れる．

この定理を利用すると，$P(|\bar{X}_n - \mu| \leqq \varepsilon)$ は近似的に次の式で求めることができる：

$$P(|\bar{X}_n - \mu| \leqq \varepsilon) \fallingdotseq 2\Phi\left(\frac{\varepsilon}{\sigma/\sqrt{n}}\right) - 1 \tag{4.5}$$

この近似式は，元の分布の分散 σ^2 が $\bar{X}_n$ の平均 μ のまわりの集中確率にどのようにかかわるかを，大数の弱法則よりずっと明示的に表している．

問題

4.1 二重積分
$$I = \int_{-\infty}^{\infty} \int_{-\infty}^{\infty} e^{-(x^2+y^2)/2}\,dxdy$$
を極座標に変換して計算することにより式 (4.3) を示せ．

4.2 式 (4.4) で定義される標準正規分布 $\mathrm{N}(0,1)$ の分布関数 $\Phi(x)$ は，任意の $x > 0$ に対して $\Phi(-x) = 1 - \Phi(x)$ をみたすことを示せ．

4.3 近似式 (4.5) を示せ．

4.4 X はコイン投げの結果を表す確率変数（表なら $X = 1$，裏なら $X = 0$）で $P(X = 1) = 0.2$ とする．いまこのコインを 25 回投げその結果を $X_1, X_2, \ldots, X_{25}$ としたとき，表の出た回数 $S_{25} = X_1 + X_2 + \cdots + X_{25}$ を考える．

(1) 中心極限定理を利用して $P(3 \leqq S_{25} \leqq 6)$ の近似値を求めよ．

S_{25} の分布は離散型であるので，このようなときは区間を左右に $\frac{1}{2}$ ずつ広げ，S_{25} が区間 $\left[3-\frac{1}{2},\ 6+\frac{1}{2}\right]$ に入ると補正して中心極限定理を適用した方が近似の精度がよいことが知られている．これを**連続補正** (continuity correction) とよぶ．

(2) 連続補正をして $P(3 \leqq S_{25} \leqq 6)$ の近似値を求めよ．

標準正規分布 $\mathrm{N}(0,1)$ の分布関数 $\Phi(x)$

x	$\Phi(x)$	x	$\Phi(x)$	x	$\Phi(x)$	x	$\Phi(x)$
0.00	0.500	0.55	0.709	1.10	0.864	1.60	0.945
0.05	0.520	0.60	0.726	1.15	0.875	1.64	0.950
0.10	0.540	0.65	0.742	1.20	0.885	1.65	0.951
0.15	0.560	0.70	0.758	1.25	0.894	1.70	0.955
0.20	0.579	0.75	0.773	1.28	0.900	1.75	0.960
0.25	0.599	0.80	0.788	1.30	0.903	1.80	0.964
0.30	0.618	0.85	0.802	1.35	0.911	1.85	0.968
0.35	0.637	0.90	0.816	1.40	0.919	1.90	0.971
0.40	0.655	0.95	0.829	1.45	0.926	1.95	0.974
0.45	0.674	1.00	0.841	1.50	0.933	1.96	0.975
0.50	0.691	1.05	0.853	1.55	0.939	2.00	0.977

5 確率分布（離散型）

確率的な実験としてまず思い浮かぶのはコイン投げであろう．この実験を記述する簡単な確率分布から出発し，次第に複雑な分布を構成していこう．

5.1 ベルヌーイ分布

確率変数 X のとる値は 0 または 1 のみとし，その確率分布が

$$P^X(\{1\}) = P(X=1) = p, \quad P^X(\{0\}) = P(X=0) = 1-p$$

のとき，X はベルヌーイ分布 (Bernoulli distribution) $\mathrm{Bi}(1,p)$ にしたがうという．この記号の 1 は試行の回数，p は成功 ($X=1$) の確率を表している．この分布の確率関数は

$$f_X(x) = \begin{cases} p^x(1-p)^{1-x} & (x=0,1 \text{ のとき}) \\ 0 & (\text{それ以外のとき}) \end{cases}$$

で与えられる．たとえば，表の出る確率が p のコイン投げにおいて，表が出たら $X=1$，裏が出たら $X=0$ と定義すれば，X は $\mathrm{Bi}(1,p)$ にしたがう．

X の平均，分散は容易に求めることができ

$$E(X) = 0 \times f_X(0) + 1 \times f_X(1) = p$$
$$V(X) = (0-p)^2 \times f_X(0) + (1-p)^2 \times f_X(1) = p(1-p)$$

となる．これらはまた X のモーメント母関数

$$M_X(t) = pe^t + 1 - p \tag{5.1}$$

からも求めることができる．

コインを次々に何度も投げる試行を考えよう．このとき，X_i を i 回目の試行結果を表す確率変数とすると，$X_1, X_2, \ldots$ は独立に同じベルヌーイ分布 $\mathrm{Bi}(1, p)$ にしたがう確率変数列となる．このような確率変数列を独立な**ベルヌーイ試行列** (Bernoulli trials) とよぶ．

5.2　二項分布

独立なベルヌーイ試行列 $X_1, X_2, \ldots$ において，n 回目までの和

$$X = X_1 + X_2 + \cdots + X_n \tag{5.2}$$

を考える．X は $X_1, X_2, \ldots, X_n$ の中の 1 の個数を表しているから，n 回の試行における成功の回数を表す確率変数である．そのとりうる値は $0, 1, \ldots, n$ の $n+1$ 個である．

X の分布を求めよう．$X_1 = x_1$, $X_2 = x_2$, $\ldots$, $X_n = x_n$ の起こる確率は，$X_1, X_2, \ldots$ の独立性から

$$\begin{aligned}
&f_{(X_1, X_2, \ldots, X_n)}(x_1, x_2, \ldots, x_n) \\
&= f_{X_1}(x_1) f_{X_2}(x_2) \cdots f_{X_n}(x_n) \\
&= p^{x_1 + x_2 + \cdots + x_n} (1-p)^{n - (x_1 + x_2 + \cdots + x_n)}
\end{aligned} \tag{5.3}$$

である．各 x_i の値は 0 または 1 であるから，$x_1 + x_2 + \cdots + x_n = k$ となるような値 $x_1, x_2, \ldots, x_n$ の出方は $\binom{n}{k}$ 通りである．事象 $\{X = k\}$ は，このような排反な事象 $\{X_1 = x_1, X_2 = x_2, \ldots, X_n = x_n\}$ の和事象であるから，

$$\begin{aligned}
P^X(\{k\}) &= P(X = k) \\
&= \sum_{\substack{(x_1, x_2, \cdots, x_n): \\ x_1 + x_2 + \cdots + x_n = k}} p^{x_1 + x_2 + \cdots + x_n} (1-p)^{n - (x_1 + x_2 + \cdots + x_n)} \\
&= \binom{n}{k} p^k (1-p)^{n-k}, \qquad k = 0, 1, \ldots, n
\end{aligned}$$

となることがわかる．この分布を**二項分布** (binomial distribution) とよび $\mathrm{Bi}(n, p)$ で表す．この記号の n は試行回数である．X の確率関数は

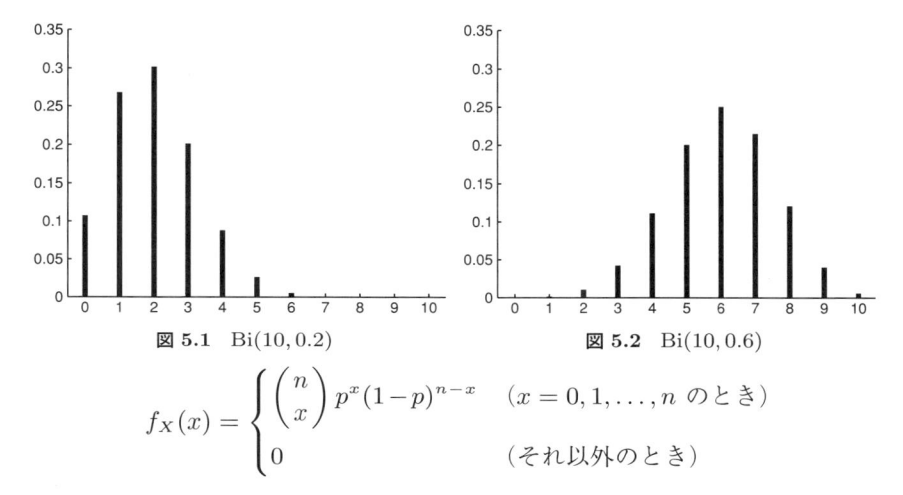

図 5.1 Bi(10, 0.2)　　**図 5.2** Bi(10, 0.6)

$$f_X(x) = \begin{cases} \binom{n}{x} p^x (1-p)^{n-x} & (x = 0, 1, \ldots, n \text{ のとき}) \\ 0 & (\text{それ以外のとき}) \end{cases}$$

で与えられる．図 5.1, 図 5.2 はこの関数の形状である．

X の平均は次の計算で求めることができる：

$$\begin{aligned}
E(X) &= \sum_{x=0}^{n} x f_X(x) = \sum_{x=0}^{n} x \binom{n}{x} p^x (1-p)^{n-x} \\
&= \sum_{x=1}^{n} \frac{n!}{(x-1)!(n-x)!} p^x (1-p)^{n-x} \\
&= np \sum_{y=0}^{n-1} \frac{(n-1)!}{y!(n-1-y)!} p^y (1-p)^{n-1-y} \\
&= np \sum_{y=0}^{n-1} \binom{n-1}{y} p^y (1-p)^{n-1-y} = np
\end{aligned}$$

ここで，4番目の等式は置換 $y = x-1$ から得られ，最後の等式は Bi$(n-1, p)$ の全確率が 1 からわかる．同様な計算によって $E(X^2)$ を求め，それから $V(X)$ を求めることができるが，やや計算は面倒である．むしろ X の定義 (5.2) から求める方が簡単である．

いま，定理 3.3 の式 (3.8), (3.9) を n 個の場合に拡張して利用する．$E(X_i) = p$, $V(X_i) = p(1-p)$ および独立性から $\text{Cov}(X_i, X_j) = 0$ $(i \neq j)$ であることに注意すると，

$$E(X) = \sum_{i=1}^{n} E(X_i) = np$$

$$V(X) = \sum_{i=1}^{n} V(X_i) + \sum_{i \neq j} \mathrm{Cov}(X_i, X_j) = np(1-p)$$

が得られる．また，定理 3.9 を利用すると，X のモーメント母関数は

$$M_X(t) = (pe^t + 1 - p)^n \tag{5.4}$$

であることがわかるので，これから平均，分散などを求めることもできる．

5.3 幾何分布

独立なベルヌーイ試行列 $X_1, X_2, \ldots$ において，最初の成功が起こるまでに失敗した試行の回数 X を考えよう．すなわち，X は

$$\{X = k\} \Leftrightarrow \{X_1 = 0,\ X_2 = 0,\ \ldots,\ X_k = 0,\ X_{k+1} = 1\}, \quad k = 0, 1, 2, \ldots$$

で定義される確率変数である．$X = 0$ は $X_1 = 1$ と同等である．X は成功が起こるまでの"待ち時間（回数）"を表す確率変数とも解釈される．

X の分布は，式 (5.3) から

$$\begin{aligned} P^X(\{k\}) &= P(X = k) \\ &= f_{(X_1, X_2, \ldots, X_k, X_{k+1})}(0, 0, \ldots, 0, 1) \\ &= p(1-p)^k, \quad k = 0, 1, 2, \ldots \end{aligned}$$

となる．この分布を**幾何分布** (geometric distribution) とよび G(p) と表す．X の確率関数は

$$f_X(x) = \begin{cases} p(1-p)^x & (x = 0, 1, 2, \ldots \text{ のとき}) \\ 0 & (\text{それ以外のとき}) \end{cases}$$

で与えられる．この関数を図示すると図 5.3, 図 5.4 のようになる．

X の平均は，厳密な証明は省くが次のように求めることができる．いま $q = 1 - p$ とおくと，

図 5.3　G(0.2)　　　　図 5.4　G(0.6)

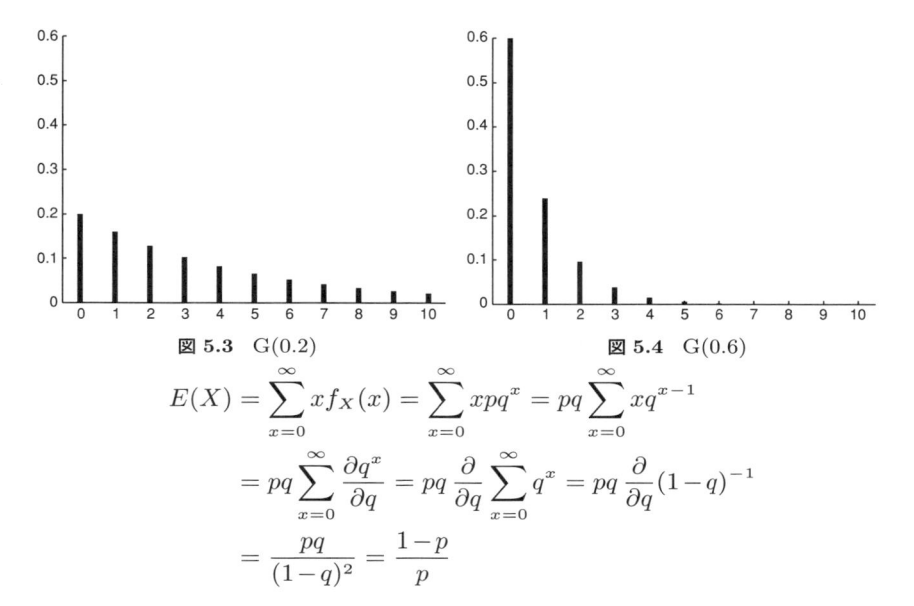

$$E(X) = \sum_{x=0}^{\infty} x f_X(x) = \sum_{x=0}^{\infty} x p q^x = pq \sum_{x=0}^{\infty} x q^{x-1}$$

$$= pq \sum_{x=0}^{\infty} \frac{\partial q^x}{\partial q} = pq \frac{\partial}{\partial q} \sum_{x=0}^{\infty} q^x = pq \frac{\partial}{\partial q} (1-q)^{-1}$$

$$= \frac{pq}{(1-q)^2} = \frac{1-p}{p}$$

X の 2 次のモーメント $E(X^2)$ も同様に求めることができ,それを使うと分散は

$$V(X) = E(X^2) - \{E(X)\}^2 = \frac{1-p}{p^2}$$

であることがわかるが,それらは X のモーメント母関数

$$M_X(t) = \frac{p}{1-(1-p)e^t}, \qquad t < \log(1-p)^{-1} \tag{5.5}$$

から容易に求めることができる.

5.4　負の二項分布

独立なベルヌーイ試行列 $X_1, X_2, \ldots$ において,r 回の成功がはじめて起こるまでに失敗した試行の回数を X とする.$X = k$ は,試行番号 $k+r-1$ までに $r-1$ 回の成功が起こり,ちょうど $k+r$ 番目の試行において r 回目の成功が起こるという事象であるから,X は

$$\{X = k\} \Leftrightarrow \{X_1 + X_2 + \cdots + X_{k+r-1} = r-1, X_{k+r} = 1\} \tag{5.6}$$

で定義される確率変数である．また，$Y_1, Y_2, \ldots, Y_r$ を同一の幾何分布 $G(p)$ にしたがう独立な確率変数列とすると，Y_1 ははじめて成功が起こるまでの失敗数，（最初の成功の後，改めてベルヌーイ試行を行ったと考えて）Y_2 は次の成功が起こるまでの失敗数というように解釈できるので，X は

$$X = Y_1 + Y_2 + \cdots + Y_r \tag{5.7}$$

とも定義できることがわかる．

X の分布はベルヌーイ試行列の独立性と定義 (5.6) から，

$$\begin{aligned}
P^X(\{k\}) &= P(X = k) \\
&= P(X_1 + X_2 + \cdots + X_{k+r-1} = r-1)P(X_{k+r} = 1) \\
&= \binom{k+r-1}{r-1} p^{r-1}(1-p)^k \cdot p^1 (1-p)^0 \\
&= \binom{k+r-1}{k} p^r (1-p)^k \\
&= \binom{-r}{k} p^r (-1+p)^k = \binom{-r}{k} \tilde{p}^k (1-\tilde{p})^{-r-k}, \quad k = 0, 1, 2, \ldots
\end{aligned}$$

となる．ここで，$\tilde{p} = 1 - p^{-1}$ であり，負の二項係数 $\binom{-r}{k}$ は

$$\binom{-r}{k} = \begin{cases} \dfrac{(-r)(-r-1)\cdots(-r-k+1)}{k!} & (k = 1, 2, \ldots \text{ のとき}) \\ 1 & (k = 0 \text{ のとき}) \end{cases}$$

で定義されるものである．この分布を**負の二項分布** (negative binomial distribution) とよび $\mathrm{NB}(r, p)$ と表す．明らかに $\mathrm{NB}(1, p)$ は $G(p)$ である．X の確率関数は

$$f_X(x) = \begin{cases} \binom{-r}{x} p^r (-1+p)^x & (x = 0, 1, 2, \ldots \text{ のとき}) \\ 0 & (\text{それ以外のとき}) \end{cases}$$

で与えられる．この関数を図示すると図 5.5, 図 5.6 のようになる．

X の平均，分散は定義式 (5.7) から容易に

$$E(X) = \frac{r(1-p)}{p}, \qquad V(X) = \frac{r(1-p)}{p^2} \tag{5.8}$$

5.5 ポアソン分布

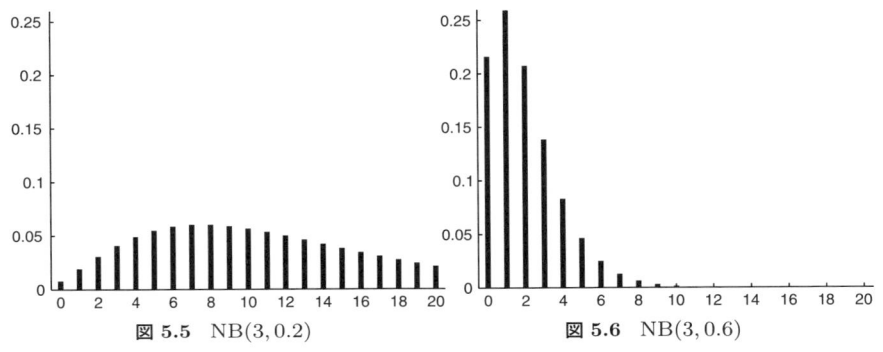

図 5.5 NB(3, 0.2)　　**図 5.6** NB(3, 0.6)

となることがわかる．また，定理 3.9 を利用すると，X のモーメント母関数は

$$M_X(t) = \left\{\frac{p}{1-(1-p)e^t}\right\}^r, \qquad t < \log(1-p)^{-1}$$

であることがわかる．

5.5　ポアソン分布

任意の時点ででたらめに起こる現象 E を単位時間観察するとき，E の生起回数 X はどのような確率法則にしたがうであろうか．これを独立なベルヌーイ試行列を利用して求めてみよう．このために，現象 E は次の 3 条件をみたすものとする．

(i) **独立性**：ある瞬間（厳密には長さ h の極めて短い時間内）に E の起こる確率は，過去の起こり方には無関係である．

(ii) **定常性**：上の確率は時点によっても変わらない．

(iii) **稀少性**：時間 h の間に 2 回以上 E の起こる確率は無視できる（厳密には，その確率は h よりも高次の無限小 $o(h)$ である）．

図 5.7 では，一番上の軸が実際の時間軸で，単位時間において黒丸のついている時点で現象 E が起こったものとしよう．その下の「スケール 1」は，単位時間を 4 等分し，各区間で起こるか（○は 1 回，◎は 2 回以上）起こらないか（無印）を示したものである．「スケール 2」以下は，単位時間をさらに 2 等分する操作を繰り返したものである．「スケール 4」においては同一区間内で 2 回以上 E が起こることはない．かくして，(iii) の稀少性がみたされていることがわかる．(i), (ii) の性質があるので，○と無印の系列は独立なベルヌーイ試行

列とみることができよう．これは，さらに分割を細かくすれば，実時間における E の生起数の確率がベルヌーイ試行の成功数の確率で近似的に計算できることを示唆している．

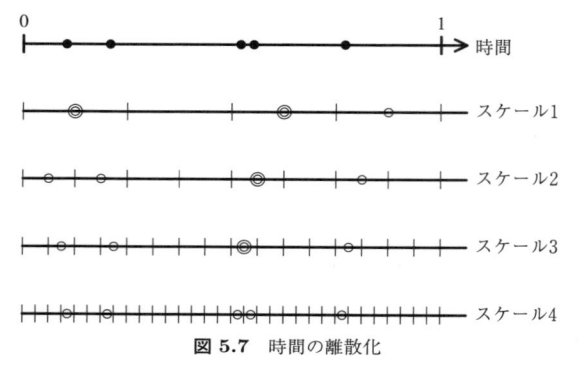

図 5.7 時間の離散化

いま，単位時間を n 等分しよう．時間区間の幅を h とすると $nh = 1$ である．時間 h の間に現象 E の起こる確率を p_h とすると，二項分布の性質から単位時間における平均生起数は np_h である．現象 E が起こる確率はもともと時間のスケールとは無関係の概念なので，スケールを変えようとも，単位時間あたりの平均生起数は変わらない．そこでこの値を λ とおく．したがって，

$$np_h = \lambda \quad \text{すなわち} \quad p_h = \frac{\lambda}{n}$$

となる．このとき，単位時間において E が k 回起こる確率 $P(X = k)$ は

$$\binom{n}{k} p_h^k (1-p_h)^{n-k}$$

$$= \frac{n(n-1)\cdots(n-k+1)}{k!} \frac{\lambda^k}{n^k} \left(1 - \frac{\lambda}{n}\right)^{n-k}$$

$$= \frac{\lambda^k}{k!} 1 \left(1 - \frac{1}{n}\right) \cdots \left(1 - \frac{k-1}{n}\right) \left(1 - \frac{\lambda}{n}\right)^{-k} \left\{\left(1 - \frac{\lambda}{n}\right)^{-n/\lambda}\right\}^{-\lambda}$$

で近似できるであろう．ここで $n \to \infty$ とすると，右辺の最後の項は $e^{-\lambda}$ に収束し，これと第 1 項以外はすべて 1 に近づくから，上式の極限は

$$\frac{\lambda^k}{k!} e^{-\lambda}, \quad k = 0, 1, 2, \ldots$$

となる．これが分布の資格をもつことは，

図 5.8 Poi(2.5)   **図 5.9** Poi(5.0)

$$\sum_{k=0}^{\infty} \frac{\lambda^k}{k!} e^{-\lambda} = e^{-\lambda} \sum_{k=0}^{\infty} \frac{\lambda^k}{k!} = e^{-\lambda} e^{\lambda} = 1$$

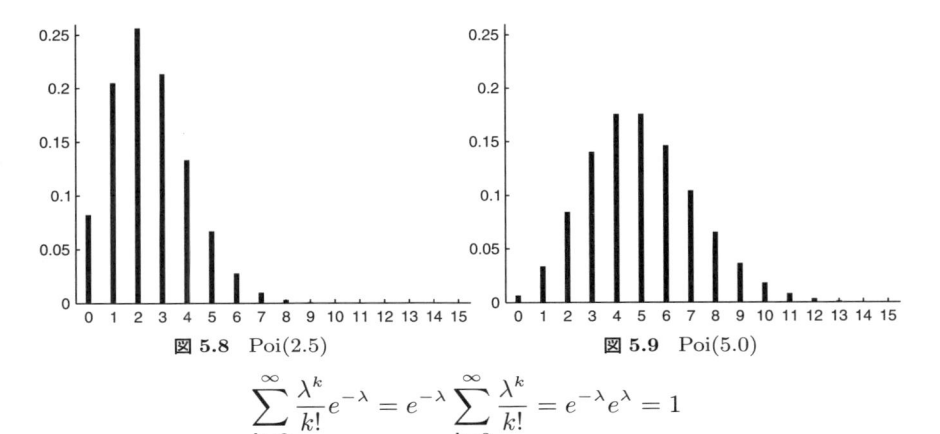

から確認できる．そこで，

$$P^X(\{k\}) = P(X = k) = \frac{\lambda^k}{k!} e^{-\lambda}, \qquad k = 0, 1, 2, \ldots$$

で定義される分布をパラメータ λ の**ポアソン分布** (Poisson distribution) とよび，記号 Poi(λ) で表すことにする．このとき X の確率関数は

$$f_X(x) = \begin{cases} \dfrac{\lambda^x}{x!} e^{-\lambda} & (x = 0, 1, 2, \ldots \text{ のとき}) \\ 0 & (\text{それ以外のとき}) \end{cases}$$

で与えられる．この関数を図示すると図 5.8, 図 5.9 のようになる．

ポアソン分布 Poi(λ) の平均は，この分布の導出の議論から予想されるようにパラメータ λ に等しいはずである．実際それは次の計算で確認できる：

$$\begin{aligned} E(X) &= \sum_{x=0}^{\infty} x f_X(x) = \sum_{x=0}^{\infty} x \frac{\lambda^x}{x!} e^{-\lambda} \\ &= \lambda \sum_{x=1}^{\infty} \frac{\lambda^{x-1}}{(x-1)!} e^{-\lambda} = \lambda \sum_{y=0}^{\infty} \frac{\lambda^y}{y!} e^{-\lambda} = \lambda \end{aligned}$$

X の 2 次のモーメント $E(X^2)$ も同様に求めることができ，それを使うと分散もまた

$$V(X) = E(X^2) - \{E(X)\}^2 = \lambda$$

となることがわかる．つまり，ポアソン分布では平均と分散が等しい．このことは X のモーメント母関数

$$M_X(t) = e^{-\lambda} \exp(\lambda e^t) \tag{5.9}$$

からも確認できる.

モーメント母関数のもうひとつの応用として次の事実を示そう：確率変数 X_1, X_2 が互いに独立にそれぞれポアソン分布 $\mathrm{Poi}(\lambda_1)$, $\mathrm{Poi}(\lambda_2)$ にしたがうなら，それらの和 $X = X_1 + X_2$ もまたポアソン分布 $\mathrm{Poi}(\lambda_1 + \lambda_2)$ にしたがう．これをポアソン分布の"再生性"という．まず式 (5.9) から，X_1, X_2 のモーメント母関数はそれぞれ

$$M_{X_1}(t) = e^{-\lambda_1} \exp(\lambda_1 e^t), \qquad M_{X_2}(t) = e^{-\lambda_2} \exp(\lambda_2 e^t)$$

で与えられる．X_1 と X_2 は独立であるから，定理 3.9 より X のモーメント母関数 $M_X(t)$ は

$$M_X(t) = M_{X_1}(t) M_{X_2}(t) = e^{-(\lambda_1+\lambda_2)} \exp\{(\lambda_1+\lambda_2) e^t\}$$

となることがわかる．右辺はパラメータ $\lambda_1 + \lambda_2$ のポアソン分布 $\mathrm{Poi}(\lambda_1 + \lambda_2)$ にしたがう確率変数のモーメント母関数であるから，定理 3.7 により $X = X_1 + X_2$ はこの分布にしたがうことが結論される．もちろん，このことは問題 3.2 のたたみ込みを使って示すこともできる．

問題

5.1 X がベルヌーイ分布 $\mathrm{Bi}(1, p)$ にしたがうとき，X のモーメント母関数は式 (5.1) で与えられることを示し，これを用いて $E(X), V(X)$ を計算せよ．

5.2 X が二項分布 $\mathrm{Bi}(n, p)$ にしたがうとき，X のモーメント母関数は式 (5.4) で与えられることを示し，これを用いて $E(X), V(X)$ を計算せよ．

5.3 ある試行において，3 個の互いに排反な事象 A_1, A_2, A_3 のうちの 1 つがそれぞれ確率 $p_1, p_2, 1 - p_1 - p_2$ で起こるとき，確率ベクトル (S, T) を次のように定義する：

$$(S, T) = \begin{cases} (1, 0) & (A_1 \text{ が起きたとき}) \\ (0, 1) & (A_2 \text{ が起きたとき}) \\ (0, 0) & (A_3 \text{ が起きたとき}) \end{cases}$$

この試行を独立に n 回行うとき，その結果を $(S_1, T_1), (S_2, T_2), \ldots, (S_n, T_n)$ で表し，

$$\begin{aligned}(X, Y) &= (S_1, T_1) + (S_2, T_2) + \cdots + (S_n, T_n) \\ &= (S_1 + S_2 + \cdots + S_n, T_1 + T_2 + \cdots + T_n)\end{aligned}$$

を考える．X は事象 A_1 の起こる回数，Y は事象 A_2 の起こる回数を表す確率変数である（したがって，$n-X-Y$ は事象 A_3 の起こる回数を表している）．このとき，以下の問に答えよ．

(1) (S,T) の確率関数 $f_{(S,T)}(s,t) = P(S=s, T=t)$ を s,t,p_1,p_2 を使って表せ．ただし，s,t は $0 \leq s \leq 1$，$0 \leq t \leq 1$，$0 \leq s+t \leq 1$ をみたす整数である．

(2) (X,Y) の確率関数 $f_{(X,Y)}(x,y) = P(X=x, Y=y)$ を求めよ．ただし，x,y は $0 \leq x \leq n$，$0 \leq y \leq n$，$0 \leq x+y \leq n$ をみたす整数である．（この分布を 2 変量の**多項分布** (multinomial distribution) とよび，$M(n;p_1,p_2)$ と表す．）

(3) X の周辺確率関数 $f_X(x)$, $x=0,1,\ldots,n$ を求めよ．

(4) X と Y の相関係数 $\rho(X,Y)$ を求めよ．

5.4 X が幾何分布 $G(p)$ にしたがうとき，X のモーメント母関数は式 (5.5) で与えられることを示し，これを用いて $E(X), V(X)$ を計算せよ．

5.5 X が幾何分布 $G(p)$ にしたがうとき，
$$P(X=k+x \mid X \geq k) = P(X=x), \qquad x=0,1,2,\ldots$$
が成り立つことを示せ．（k 回すでに待ったことの効果が忘れられた形になっている．これを幾何分布の"無記憶性"という．）

5.6 X が負の二項分布 $NB(r,p)$ にしたがうとき，X の平均，分散は式 (5.8) で与えられることを示せ．

5.7 X がポアソン分布 $Poi(\lambda)$ にしたがうとき，X のモーメント母関数は式 (5.9) で与えられることを示し，これを用いて $E(X), V(X)$ を計算せよ．

5.8 X_1, X_2 が互いに独立にそれぞれポアソン分布 $Poi(\lambda_1)$, $Poi(\lambda_2)$ にしたがうなら，それらの和 $X = X_1 + X_2$ もまたポアソン分布 $Poi(\lambda_1+\lambda_2)$ にしたがうことを，問題 3.2 のたたみ込みを使って示せ．

6
確率分布（連続型）

観測対象が時間や長さなどの連続量の場合，値が出現する可能性は確率の粗密の度合い，すなわち確率密度という量で表現される．また中心極限定理でみたように，離散量に関する確率の計算が困難なとき，密度関数は近似計算のうえで大変有用である．

6.1 指 数 分 布

任意の時点ででたらめに起こる現象 E を観察するとき，E の生起間隔 X はどのような確率法則にしたがうであろうか．ポアソン分布を導出したときと同じ前提（独立性，定常性，稀少性）のもと，この確率を求めてみよう．

図 6.1 では，E が起きた時点を 0 とし，次に E が起きた時点が黒丸で示されている．この間隔が x であったとする．5.5 節の議論とまったく同じように単位時間を n 等分し，区間幅を h，その間に E の起こる確率

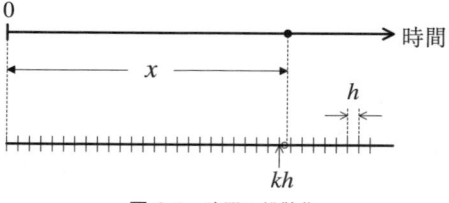

図 6.1 時間の離散化

を p_h とする．いま，非負の整数 k に対し $kh < x \leqq kh+h$ であるなら，間隔 X が x にほぼ等しい確率 $P(x < X \leqq x+h)$ は，$Y = \dfrac{X}{h}$ が幾何分布 $\mathrm{G}(p_h)$ にしたがうとみなして計算した確率 $P(Y=k)$ で近似できると考えられる．したがって，

$$\frac{P(x < X \leqq x+h)}{h} \fallingdotseq \frac{P(Y=k)}{h} = \frac{(1-p_h)^k p_h}{h}$$

$$\fallingdotseq \frac{p_h}{h}\left(1-\frac{\lambda}{n}\right)^{x/h} = \lambda\left\{\left(1-\frac{\lambda}{n}\right)^n\right\}^x$$

6.1 指　数　分　布

$$\to \lambda e^{-\lambda x} \qquad \left(h = \frac{1}{n} \to 0\right)$$

が得られる．これは X の確率密度関数が $\lambda e^{-\lambda x}$ となることを示唆している．事実，これが確率密度であることは

$$\int_0^\infty \lambda e^{-\lambda x}\,dx = \left[-e^{-\lambda x}\right]_0^\infty = 1$$

からわかる．この分布をパラメータ λ の**指数分布** (exponential distribution) とよび，記号 Ex(λ) で表すことにする．このとき X の確率密度関数は

$$f_X(x) = \begin{cases} \lambda e^{-\lambda x} & (x > 0 \text{ のとき}) \\ 0 & (x \leqq 0 \text{ のとき}) \end{cases}$$

で与えられる．この関数を図示すると図 6.2 のようになる．

ポアソン分布を導出したとき，単位時間あたりの E の平均生起回数を λ とした．したがって，生起間隔 X の平均は $\dfrac{1}{\lambda}$ 単位時間と予想される．事実，部分積分を行うと

$$E(X) = \int_{-\infty}^\infty x f_X(x)\,dx = \int_0^\infty x \cdot \lambda e^{-\lambda x}\,dx$$
$$= \left[-x e^{-\lambda x}\right]_0^\infty + \frac{1}{\lambda} \int_0^\infty \lambda e^{-\lambda x}\,dx = \frac{1}{\lambda}$$

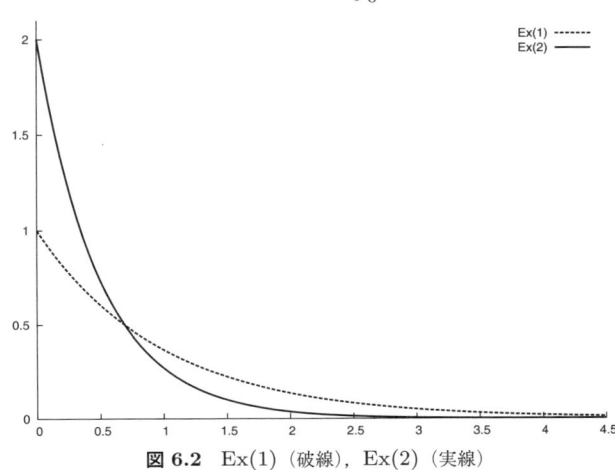

図 6.2　Ex(1)（破線），Ex(2)（実線）

となる．同様な計算により X の 2 次モーメント $E(X^2)$ を求めることができ，それを利用して分散は

$$V(X) = E(X^2) - \{E(X)\}^2 = \frac{1}{\lambda^2}$$

となることがわかる．これはまた X のモーメント母関数

$$M_X(t) = \frac{\lambda}{\lambda - t}, \qquad t < \lambda \tag{6.1}$$

からも導くことができる．

6.2　正 規 分 布

独立なベルヌーイ試行において試行回数 n が大きい場合，成功の回数の確率を二項分布から忠実に求めるのはあまり効率的ではない．ましてコンピュータのない 18 世紀においては，この計算は事実上不可能であったと思われる．しかし，その当時の大数学者ラプラスはこれを近似的に計算する方法を見いだしている．（これは，ド・モアブル–ラプラスの定理あるいは単にラプラスの定理として知られている．）ところが，この定理はベルヌーイ分布に限らず，実はもっと多くの確率分布についても成り立つことがわかり，確率論における大定理という意味で，**中心極限定理**とよばれるようになった．この定理については，すでに 4 章（定理 4.4）で述べてある．そこで重要な役割をはたしていたのが標準正規分布 $N(0,1)$ であった．

確率変数 X は $N(0,1)$ にしたがっているとする．$N(0,1)$ の確率密度関数

$$\phi(x) = \frac{1}{\sqrt{2\pi}} e^{-x^2/2}, \qquad -\infty < x < \infty$$

は左右対称（図 4.1 参照）であるから，明らかに

$$E(X) = 0$$

である（問題 2.3 参照）．X の平均が 0 であることがわかったので，その分散は

$$\begin{aligned}
V(X) = E(X^2) &= \frac{1}{\sqrt{2\pi}} \int_{-\infty}^{\infty} x^2 e^{-x^2/2}\, dx = \frac{1}{\sqrt{2\pi}} \int_{-\infty}^{\infty} x \left(-e^{-x^2/2}\right)'\, dx \\
&= \frac{1}{\sqrt{2\pi}} \left[-x e^{-x^2/2}\right]_{-\infty}^{\infty} + \int_{-\infty}^{\infty} \frac{1}{\sqrt{2\pi}} e^{-x^2/2}\, dx = 1
\end{aligned}$$

6.2 正 規 分 布

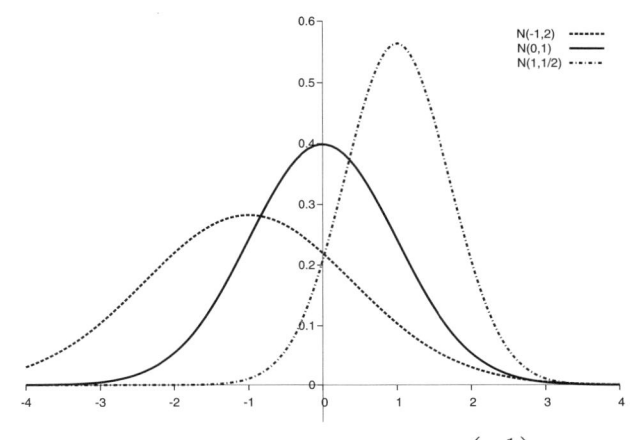

図 6.3 $N(-1, 2)$（破線），$N(0, 1)$（実線），$N\left(1, \dfrac{1}{2}\right)$（鎖線）

と計算される．結局 $N(0,1)$ の 2 つの数値は，それぞれ平均と分散を表していることがわかった．

いま，$N(0,1)$ にしたがう確率変数 Z を，任意の実数 μ と正の実数 σ を使い

$$X = \pm \sigma Z + \mu$$

と変換する．このとき，定理 2.2 から

$$E(X) = \mu, \qquad V(X) = \sigma^2$$

である．さらに，問題 2.1 の結果を利用すると，X の確率密度関数は

$$\begin{aligned}
f_X(x) &= \frac{1}{\sigma}\phi\left(\pm\frac{x-\mu}{\sigma}\right) \\
&= \frac{1}{\sqrt{2\pi\sigma^2}}\exp\left\{-\frac{(x-\mu)^2}{2\sigma^2}\right\}, \qquad -\infty < x < \infty
\end{aligned}$$

となることがわかる．この分布をパラメータ μ, σ^2 の**正規分布** (normal distribution) または**ガウス分布** (Gauss distribution) とよび，記号 $N(\mu, \sigma^2)$ で表す．明らかにこの 2 つのパラメータはそれぞれ平均と分散を示している．この関数を図示すると図 6.3 のようになる．また，逆に X が正規分布 $N(\mu, \sigma^2)$ にしたがっているとき，X を

$$Z = \pm \frac{X - \mu}{\sigma}$$

と変換すると，Z は標準正規分布 N(0,1) にしたがうことも容易にわかる．すなわち，任意の正規分布は適当な 1 次変換により，必ず標準正規分布に帰着させることができる．この議論を一般化すると次の定理が成り立つ：

定理 6.1 確率変数 X は正規分布 $N(\mu, \sigma^2)$ にしたがうとする．このとき $Y = aX + b$ $(a \neq 0)$ は正規分布 $N(a\mu + b, a^2\sigma^2)$ にしたがう．

X が $N(\mu, \sigma^2)$ にしたがうとき，X のモーメント母関数は

$$M_X(t) = \exp\left\{\mu t + \frac{\sigma^2}{2}t^2\right\} \tag{6.2}$$

で与えられる．これを利用して $E(X) = \mu$, $V(X) = \sigma^2$ であることがわかるが，正規分布の再生性も容易に示すことができる．

定理 6.2 確率変数 X_1, X_2 は互いに独立で，それぞれ正規分布 $N(\mu_1, \sigma_1^2)$, $N(\mu_2, \sigma_2^2)$ にしたがうとする．このときそれらの和 $X = X_1 + X_2$ もまた正規分布 $N(\mu_1 + \mu_2, \sigma_1^2 + \sigma_2^2)$ にしたがう．

証明 式 (6.2) から，X_1, X_2 のモーメント母関数はそれぞれ

$$M_{X_1}(t) = \exp\left\{\mu_1 t + \frac{\sigma_1^2}{2}t^2\right\}, \qquad M_{X_2}(t) = \exp\left\{\mu_2 t + \frac{\sigma_2^2}{2}t^2\right\}$$

で与えられる．X_1 と X_2 は独立であるから，定理 3.9 より X のモーメント母関数 $M_X(t)$ は

$$M_X(t) = M_{X_1}(t)M_{X_2}(t) = \exp\left\{(\mu_1 + \mu_2)t + \frac{(\sigma_1^2 + \sigma_2^2)}{2}t^2\right\}$$

となることがわかる．右辺は正規分布 $N(\mu_1 + \mu_2, \sigma_1^2 + \sigma_2^2)$ にしたがう確率変数のモーメント母関数であるから，定理 3.7 により $X = X_1 + X_2$ はこの分布にしたがうことが結論される．∎

次の事実も上の 2 つの定理から明らかである（問題 3.5 参照）：

系 6.1 確率変数列 $X_1, X_2, \ldots, X_n$ は独立に同一の正規分布 $N(\mu, \sigma^2)$ にしたがうとする．このとき，標本平均 $\bar{X}_n$ は正規分布 $N\left(\mu, \dfrac{\sigma^2}{n}\right)$ にしたがう．

6.3 確率変数の変換

多次元の確率密度関数を取り扱うため少し数学的な準備をしておこう．簡単のため 2 次元の場合を議論するが，一般の次元への拡張も同様にできる．

$x_1 x_2$ 平面から $y_1 y_2$ 平面の中への 1 対 1 の変換

$$y_1 = \varphi_1(x_1, x_2), \qquad y_2 = \varphi_2(x_1, x_2)$$

に対し，これを x_1, x_2 について表現し直した

$$x_1 = \psi_1(y_1, y_2), \qquad x_2 = \psi_2(y_1, y_2)$$

は，y_1, y_2 に関し連続な偏導関数をもつとする．このとき，$y_1 y_2$ 平面上の点 $(y_1, y_2) = (s_1, s_2)$ を含む無限小領域 dS の $x_1 = \psi_1(y_1, y_2), x_2 = \psi_2(y_1, y_2)$ による像を dA とすれば，両者の面積（同じ記号 dS, dA で表す）の間には

$$dA = \left| \frac{\partial(x_1, x_2)}{\partial(y_1, y_2)} \right|_{y_1=s_1, y_2=s_2} dS$$

の関係があることが知られている．ここで，$\dfrac{\partial(x_1, x_2)}{\partial(y_1, y_2)}$ はヤコビアン (Jacobian)

$$\frac{\partial(x_1, x_2)}{\partial(y_1, y_2)} = \begin{vmatrix} \dfrac{\partial x_1}{\partial y_1} & \dfrac{\partial x_1}{\partial y_2} \\ \dfrac{\partial x_2}{\partial y_1} & \dfrac{\partial x_2}{\partial y_2} \end{vmatrix} = \frac{\partial x_1}{\partial y_1}\frac{\partial x_2}{\partial y_2} - \frac{\partial x_1}{\partial y_2}\frac{\partial x_2}{\partial y_1}$$

である．

いま，確率ベクトル (X_1, X_2) は確率密度関数 $f_{(X_1, X_2)}(x_1, x_2)$ をもつとする．このとき確率ベクトル (Y_1, Y_2)

$$Y_1 = \varphi_1(X_1, X_2), \qquad Y_2 = \varphi_2(X_1, X_2)$$

の確率密度関数 $f_{(Y_1, Y_2)}(y_1, y_2)$ を求めてみよう．点 $(y_1, y_2) = (s_1, s_2)$ を含む無限小領域 dS の $x_1 = \psi_1(y_1, y_2), x_2 = \psi_2(y_1, y_2)$ による像を dA とすれば，この変換が 1 対 1 であることから

$$P\{(Y_1, Y_2) \in dS\} = P\{(X_1, X_2) \in dA\}$$

である．$a_1 = \psi_1(s_1, s_2), a_2 = \psi_2(s_1, s_2)$ とおくと

$$P\{(X_1, X_2) \in dA\} \fallingdotseq f_{(X_1, X_2)}(a_1, a_2) \, dA$$
$$= f_{(X_1, X_2)}(\psi_1(s_1, s_2), \psi_2(s_1, s_2))$$
$$\times \left| \frac{\partial(x_1, x_2)}{\partial(y_1, y_2)} \right|_{y_1 = s_1, y_2 = s_2} dS$$

となる．一方

$$P\{(Y_1, Y_2) \in dS\} \fallingdotseq f_{(Y_1, Y_2)}(s_1, s_2) \, dS$$

であるから，したがって (Y_1, Y_2) の同時確率密度関数は

$$f_{(Y_1, Y_2)}(y_1, y_2) = f_{(X_1, X_2)}(\psi_1(y_1, y_2), \psi_2(y_1, y_2)) \left| \frac{\partial(x_1, x_2)}{\partial(y_1, y_2)} \right| \tag{6.3}$$

で与えられることがわかる．

例 6.1 特別な場合として，変換

$$y_1 = \varphi(x_1), \qquad y_2 = x_2$$

を考えてみよう．ここで，$\varphi(x_1)$ は連続微分可能な狭義単調関数とする．これを x_1, x_2 について解くと

$$x_1 = \varphi^{-1}(y_1), \qquad x_2 = y_2$$

であるから，

$$\frac{\partial(x_1, x_2)}{\partial(y_1, y_2)} = \begin{vmatrix} \dfrac{d}{dy_1}\varphi^{-1}(y_1) & 0 \\ 0 & 1 \end{vmatrix} = \frac{d}{dy_1}\varphi^{-1}(y_1)$$

したがって，$(Y_1, Y_2) = (\varphi(X_1), X_2)$ の同時確率密度関数は式 (6.3) より

$$f_{(Y_1, Y_2)}(y_1, y_2) = f_{(X_1, X_2)}(\varphi^{-1}(y_1), y_2) \left| \frac{d}{dy_1}\varphi^{-1}(y_1) \right|$$

となる．ここで，両辺を y_2 に関し全区間で積分すると Y_1 の周辺確率密度関数は

$$f_{Y_1}(y_1) = f_{X_1}(\varphi^{-1}(y_1)) \left| \frac{d}{dy_1}\varphi^{-1}(y_1) \right| \tag{6.4}$$

で与えられることがわかる．

とくに x_1 の 1 次変換 $y_1 = \varphi(x_1) = ax_1 + b$ を考えると

$$f_{Y_1}(y_1) = \frac{1}{|a|} f_{X_1}\left(\frac{y_1 - b}{a}\right)$$

を得る．すなわち問題 2.1 の結果が示された．

変換が 1 対 1 でない場合，上で述べた一般論は使えない．そのときは原理に戻って求めればよい．

例 6.2 確率変数 X の確率密度関数を $f_X(x)$ とするとき，$Y = X^2$ の確率密度関数 $f_Y(y)$ を求めてみよう．変換 $y = \varphi(x) = x^2$ は単調でない（1 対 1 でない）ので，例 6.1 の公式 (6.4) は適用できないことに注意する．いま，Y の分布関数を $F_Y(y)$ とすれば，Y は正の値しかとらないので，$y \leqq 0$ のとき $F_Y(y) = 0$ であり，$y > 0$ に対しては

$$F_Y(y) = P(Y \leqq y) = P(-\sqrt{y} \leqq X \leqq \sqrt{y}) = F_X(\sqrt{y}) - F_X(-\sqrt{y})$$

ここで $F_X(x)$ は X の分布関数で，したがって $F'_X(x) = f_X(x)$ である．ゆえに，$f_Y(y)$ は $y \leqq 0$ に対しては $f_Y(y) = 0$，$y > 0$ に対しては $f_Y(y) = F'_Y(y)$．よって

$$f_Y(y) = \begin{cases} \dfrac{f_X(\sqrt{y}) + f_X(-\sqrt{y})}{2\sqrt{y}} & (y > 0 \text{ のとき}) \\ 0 & (y \leqq 0 \text{ のとき}) \end{cases} \tag{6.5}$$

を得る．

例 6.3 所得データのヒストグラム（柱状グラフ）をつくってみると，少数の高額所得者の存在により，かなり右側の裾が重い分布が得られる．この場合，所得を対数変換すると正規分布からのデータとみなせることがある．そのような性質をもつ分布を求めてみよう．

確率変数 X は正規分布 $N(\mu, \sigma^2)$ にしたがうとする．正の値をとる確率変数 Y を $X = \log Y$ で定義するとき，Y の確率密度関数 $f_Y(y)$ は変換公式 (6.4) から容易に

$$f_Y(y) = \begin{cases} \dfrac{1}{\sqrt{2\pi\sigma^2}y}\exp\left\{-\dfrac{(\log y - \mu)^2}{2\sigma^2}\right\} & (y > 0 \text{ のとき}) \\ 0 & (y \leqq 0 \text{ のとき}) \end{cases}$$

となることがわかる．これを確率密度関数にもつ分布を**対数正規分布** (log-normal distribution) とよび，$\mathrm{L}(\mu, \sigma^2)$ で表す．この関数を図示すると図 6.4 のようになる．

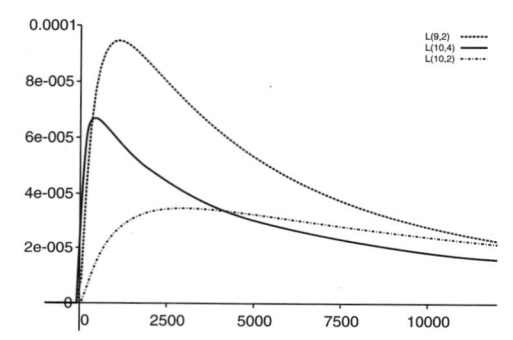

図 6.4 $\mathrm{L}(9,2)$（破線），$\mathrm{L}(10,4)$（実線），$\mathrm{L}(10,2)$（鎖線）

6.4　2 変量正規分布

確率変数 X_1, X_2 は独立でともに標準正規分布 $\mathrm{N}(0,1)$ にしたがうとする．独立性から (X_1, X_2) の同時確率密度関数は

$$f_{(X_1,X_2)}(x_1,x_2) = \phi(x_1)\phi(x_2) = \frac{1}{2\pi}e^{-x_1^2/2}e^{-x_2^2/2}$$

となる．$\boldsymbol{R}^2$ から $\boldsymbol{R}^2$ への 1 次変換

$$y_1 = \varphi_1(x_1,x_2) = ax_1 + bx_2 + e, \quad y_2 = \varphi_2(x_1,x_2) = cx_1 + dx_2 + f$$

によって (X_1, X_2) を変換したとき，(Y_1, Y_2) は **2 変量正規分布** (bivariate normal distribution) にしたがうという．

もう少し具体的な議論をしてみよう．任意の $-\infty < \mu_1, \mu_2 < \infty$; $\sigma_1, \sigma_2 > 0$; $-1 < \rho < 1$ に対し，1 次変換 φ_1, φ_2 を

$$\begin{cases} y_1 = \varphi_1(x_1,x_2) = \sigma_1\sqrt{1-\rho^2}\,x_1 + \sigma_1\rho\,x_2 + \mu_1 \\ y_2 = \varphi_2(x_1,x_2) = \sigma_2\,x_2 + \mu_2 \end{cases} \quad (6.6)$$

で定義する．このとき，$(Y_1, Y_2) = (\varphi_1(X_1, X_2), \varphi_2(X_1, X_2))$ に関連する期待値は，$E(X_1) = E(X_2) = 0, V(X_1) = V(X_2) = 1, \rho(X_1, X_2) = 0$ から容易に

$$\begin{cases} E(Y_1) = \mu_1, \quad E(Y_2) = \mu_2 \\ V(Y_1) = \sigma_1^2, \quad V(Y_2) = \sigma_2^2, \quad \rho(Y_1, Y_2) = \rho \end{cases} \tag{6.7}$$

などであることがわかる．(Y_1, Y_2) の確率密度関数を計算するために式 (6.6) を x_1, x_2 について解くと

$$\begin{cases} x_1 = \psi_1(y_1, y_2) = \dfrac{1}{\sigma_1\sqrt{1-\rho^2}} \left\{ y_1 - \mu_1 - \dfrac{\sigma_1}{\sigma_2} \rho (y_2 - \mu_2) \right\} \\ x_2 = \psi_2(y_1, y_2) = \dfrac{1}{\sigma_2}(y_2 - \mu_2) \end{cases}$$

を得る．この変換のヤコビアンは

$$\frac{\partial(x_1, x_2)}{\partial(y_1, y_2)} = \frac{1}{\sigma_1 \sigma_2 \sqrt{1-\rho^2}}$$

であるから，変換公式 (6.3) を適用すると (Y_1, Y_2) の同時確率密度関数は

$$\begin{aligned} f_{(Y_1, Y_2)}&(y_1, y_2) \\ &= \frac{1}{\sqrt{2\pi\sigma_1^2(1-\rho^2)}} \exp\left\{ -\frac{\left(y_1 - \mu_1 - \dfrac{\sigma_1}{\sigma_2}\rho(y_2 - \mu_2)\right)^2}{2\sigma_1^2(1-\rho^2)} \right\} \\ &\quad \times \frac{1}{\sqrt{2\pi\sigma_2^2}} \exp\left\{ -\frac{(y_2 - \mu_2)^2}{2\sigma_2^2} \right\} \\ &= \frac{1}{2\pi\sigma_1\sigma_2\sqrt{1-\rho^2}} \exp\left\{ -\frac{1}{2(1-\rho^2)} \left[\frac{(y_1 - \mu_1)^2}{\sigma_1^2} \right.\right. \\ &\quad \left.\left. -2\rho \frac{(y_1 - \mu_1)(y_2 - \mu_2)}{\sigma_1\sigma_2} + \frac{(y_2 - \mu_2)^2}{\sigma_2^2} \right] \right\} \end{aligned} \tag{6.8}$$

となることがわかる．このとき (Y_1, Y_2) は 2 変量正規分布 $\mathrm{N}(\mu_1, \mu_2, \sigma_1^2, \sigma_2^2, \rho)$ にしたがうという．この分布のパラメータの意味は式 (6.7) から明らかであろう．図 6.5 は $\mathrm{N}(0,0,1,1,0)$ の確率密度関数である．これは Y_1, Y_2 が独立に同一の分布 $\mathrm{N}(0,1)$ にしたがっている場合と同等である．図 6.6 は $\mathrm{N}(0,0,1,1,0.7)$ の確率密度関数を表している．Y_1, Y_2 の相関係数は $\rho = 0.7$ であり，3.4 節で定義した相関係数の解釈が視覚的に把握できるであろう．

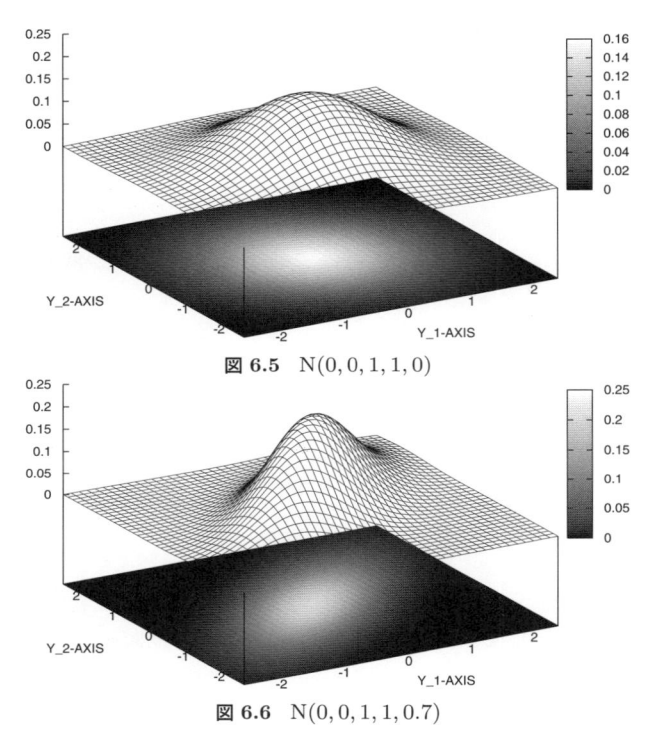

図 6.5 $\mathrm{N}(0,0,1,1,0)$

図 6.6 $\mathrm{N}(0,0,1,1,0.7)$

2 変量正規分布 $\mathrm{N}(\mu_1,\mu_2,\sigma_1^2,\sigma_2^2,\rho)$ の確率密度関数の表現 (6.8) において，右辺第 2 項は $\mathrm{N}(\mu_2,\sigma_2^2)$ の確率密度関数，第 1 項は y_2 が固定されていると考えると $\mathrm{N}\left(\mu_1+\dfrac{\sigma_1}{\sigma_2}\rho\,(y_2-\mu_2),\sigma_1^2(1-\rho^2)\right)$ の確率密度関数になっている．この事実から 2 変量正規分布に関する次の重要な性質が得られる．

定理 6.3 確率ベクトル (Y_1,Y_2) は 2 変量正規分布 $\mathrm{N}(\mu_1,\mu_2,\sigma_1^2,\sigma_2^2,\rho)$ にしたがうとする．このとき，

(1) Y_1 および Y_2 の周辺分布もまた正規分布で，それぞれ $\mathrm{N}(\mu_1,\sigma_1^2)$ および $\mathrm{N}(\mu_2,\sigma_2^2)$ である．

(2) $Y_2=y_2$ を与えたときの Y_1 の条件つき分布もまた正規分布で，それは $\mathrm{N}\left(\mu_1+\dfrac{\sigma_1}{\sigma_2}\rho\,(y_2-\mu_2),\sigma_1^2(1-\rho^2)\right)$ で与えられる．

(3) Y_1 と Y_2 が独立であるための必要十分条件は相関係数 $\rho=0$ となることである．

定理 3.5 で注意したように，定理 6.3 (3) の十分性は一般に成り立たない（問

題 3.3). 独立性と無相関性の同値は 2 変量正規分布特有の性質であることに注意する必要がある.

また, 定理 6.3 (2) は, $Y_2 = y_2$ を与えたときの Y_1 の条件つき分布の平均(条件つき平均)が, y_2 の 1 次関数

$$E(Y_1|Y_2 = y_2) = \mu_1 + \frac{\sigma_1}{\sigma_2}\rho(y_2 - \mu_2)$$

であることを示している. この直線を Y_1 の y_2 に関する**回帰直線** (regression line), そしてその傾き $\frac{\sigma_1}{\sigma_2}\rho$ を**回帰係数** (regression coefficient) とよぶ. さらに, $Y_2 = y_2$ を与えたときの Y_1 の条件つき分布の分散(条件つき分散)が, 条件 y_2 の値にまったく無関係な一定値

$$V(Y_1|Y_2 = y_2) = \sigma_1^2(1-\rho^2)$$

であることも重要な性質の一つである.

6.5 標 本 分 布

4.1 節で述べたように, 母集団からの大きさ n の無作為標本は, 母集団分布にしたがう独立な n 個の確率変数 $X_1, X_2, \ldots, X_n$ である. この標本の関数を一般に**統計量** (statistic) という. たとえば 4.2 節で定義した標本平均 $\bar{X}_n$ は統計量である. そして, 統計量のしたがう分布を一般に**標本分布** (sampling distribution) とよんでいる. とくに重要なのが母集団分布が正規分布(正規母集団)の場合の標本分布で, 系 6.1 で導いた $\bar{X}_n$ の分布がその例である. 以下で解説する 3 つの分布も統計においては重要な分布である.

6.5.1 χ^2 分布

例 6.2 の結果 (6.5) を標準正規分布 $N(0,1)$ にしたがう確率変数 X に適用してみよう. そうすると $Y = X^2$ の確率密度関数は

$$f_Y(y) = \begin{cases} \dfrac{1}{\sqrt{2\pi}} y^{-1/2} e^{-y/2} & (y > 0 \text{ のとき}) \\ 0 & (y \leqq 0 \text{ のとき}) \end{cases}$$

図 6.7 χ^2 分布

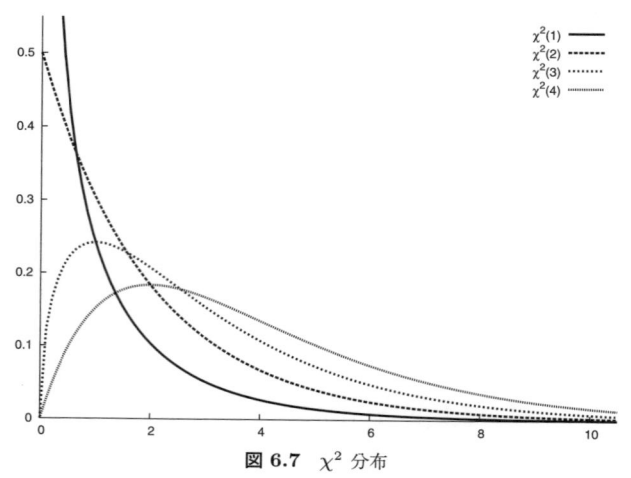

となる．これは自由度 1 の χ^2（**カイ 2 乗**）**分布** (chi–square distribution) とよばれる分布の確率密度関数である．この分布を $\chi^2(1)$ と表す．一般に，$X_1, X_2, \ldots, X_k$ が独立に同一の標準正規分布 $N(0,1)$ にしたがうとき，

$$Y = X_1^2 + X_2^2 + \cdots + X_k^2$$

は自由度 k の χ^2 **分布** $\chi^2(k)$ にしたがうことが知られている．この分布の確率密度関数は

$$f_Y(y) = \begin{cases} \dfrac{1}{2^{k/2}\Gamma\left(\dfrac{k}{2}\right)} y^{k/2-1} e^{-y/2} & (y > 0 \text{ のとき}) \\ 0 & (y \leqq 0 \text{ のとき}) \end{cases}$$

で与えられる（問題 6.9）．ここで $\Gamma(s)$ $(s > 0)$ はガンマ関数[1] である．この確率密度関数を図示すると図 6.7 のようになる．実線は $\chi^2(1)$，破線は粗い順に $\chi^2(2), \chi^2(3), \chi^2(4)$ を表している．なお $\chi^2(2)$ は指数分布 $\mathrm{Ex}\left(\dfrac{1}{2}\right)$ と一致する．

---

[1] この関数は

$$\Gamma(s) = \int_0^\infty x^{s-1} e^{-x}\, dx \qquad (s > 0)$$

で定義され，$\Gamma(s) = (s-1)\Gamma(s-1)$, $\Gamma(1) = 1$, $\Gamma\left(\dfrac{1}{2}\right) = \sqrt{\pi}$ という性質をもつ．

6.5.2 t 分布

2 つの確率変数 U, V は独立でそれぞれ $N(0,1)$, $\chi^2(k)$ にしたがうとする．このとき確率変数

$$X = \frac{U}{\sqrt{V/k}}$$

のしたがう分布に興味がある．この分布を求めるには，uv 平面の $v > 0$ なる部分から xy 平面の $y > 0$ なる部分への 1 対 1 の変換

$$x = \varphi_1(u,v) = \frac{u}{\sqrt{v/k}}, \qquad y = \varphi_2(u,v) = v$$

を考える．変換公式 (6.3) を適用すると $y > 0$ に対し

$$f_{(X,Y)}(x,y) = \frac{1}{C} y^{(k-1)/2} \exp\left\{-\frac{y}{2}\left(1 + \frac{x^2}{k}\right)\right\}$$

を得る．ここで $C = \sqrt{2\pi} 2^{k/2} \Gamma\left(\dfrac{k}{2}\right) \sqrt{k}$ である．一方，$Y = V$ は負の値をとらないから，$y < 0$ に対しては当然

$$f_{(X,Y)}(x,y) = 0$$

である．X の周辺確率密度関数を求めるため，x を固定し $y = 2\left(1 + \dfrac{x^2}{k}\right)^{-1} s$ と変数変換すると

$$\begin{aligned} f_X(x) &= \int_0^\infty f_{(X,Y)}(x,y)\,dy \\ &= \frac{2^{(k+1)/2}}{C}\left(1 + \frac{x^2}{k}\right)^{-(k+1)/2} \int_0^\infty s^{(k-1)/2} e^{-s}\,ds \end{aligned}$$

となる．最後の積分の値は $\Gamma\left(\dfrac{k+1}{2}\right)$ であるから，X の確率密度関数は

$$f_X(x) = \frac{\Gamma\left(\dfrac{k+1}{2}\right)}{\sqrt{k\pi}\,\Gamma\left(\dfrac{k}{2}\right)} \left(1 + \frac{x^2}{k}\right)^{-(k+1)/2}, \qquad -\infty < x < \infty$$

となることがわかる．このとき X は自由度 k の **t 分布** ((Student's) t distribution) にしたがうといい，この分布を $t(k)$ で表す．この密度関数の概形を

図 6.8 t 分布

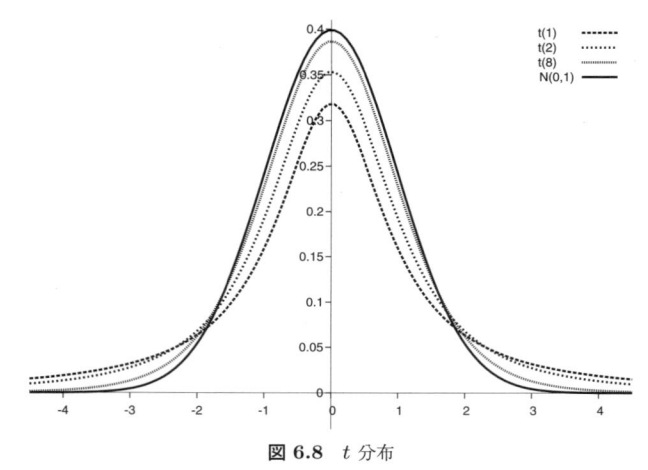

図 6.8 に示すが,これは左右対称で,N(0,1) の密度関数 $\phi(x)$(実線)とよく似ている.実際 $k \to \infty$ のとき,t(k) は N(0,1) に近づくことが知られている.図 6.8 からもその様子がわかる(破線の粗い順に t(1), t(2), t(8) である).なお,自由度 1 の t 分布はとくに**コーシー分布** (Cauchy distribution) とよばれている.図からもわかるように,絶対値の大きい値をとる確率がなかなか 0 に近づかない("裾の重い")分布である.この分布の確率密度関数は

$$f_X(x) = \frac{1}{\pi(1+x^2)}, \quad -\infty < x < \infty$$

である.

6.5.3 F 分布

2 つの確率変数 U, V は独立で,それぞれ $\chi^2(k_1), \chi^2(k_2)$ にしたがうとする.このとき確率変数

$$X = \frac{U/k_1}{V/k_2}$$

のしたがう分布に興味がある.この分布を求めるには,uv 平面の第 1 象限から xy 平面の第 1 象限への 1 対 1 変換

$$x = \varphi_1(u,v) = \frac{u/k_1}{v/k_2}, \qquad y = \varphi_2(u,v) = v$$

を考える.導き方は前と同様で,変換公式 (6.3) を適用すると $x > 0, y > 0$ に対し

6.5 標本分布

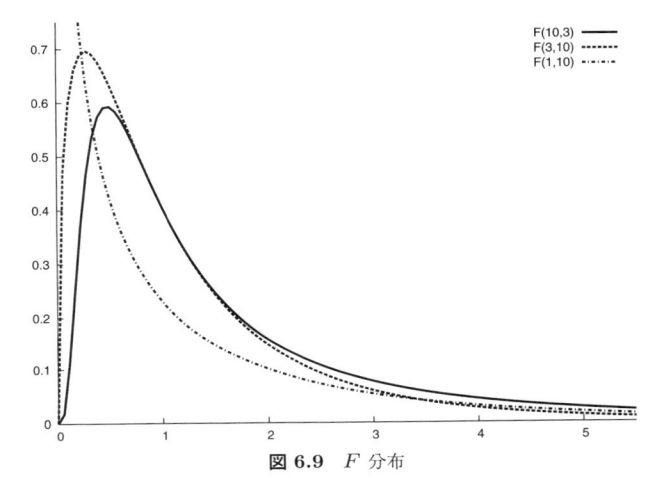

図 6.9 F 分布

$$f_{(X,Y)}(x,y) = \frac{1}{C} x^{k_1/2-1} y^{(k_1+k_2)/2-1} \exp\left\{-\frac{y}{2}\left(1+\frac{k_1}{k_2}x\right)\right\}$$

を得る. ここで $C = \left(\dfrac{k_1}{k_2}\right)^{-k_1/2} 2^{(k_1+k_2)/2} \Gamma\left(\dfrac{k_1}{2}\right) \Gamma\left(\dfrac{k_2}{2}\right)$ である. X, Y は負の値をとらないから, $x>0$, $y>0$ でないときは

$$f_{(X,Y)}(x,y) = 0$$

である. X の周辺確率密度関数を求めるため, $x>0$ を固定して変数変換 $y = 2\left(1+\dfrac{k_1}{k_2}x\right)^{-1}s$ を行い積分すると

$$\begin{aligned}
f_X(x) &= \int_0^\infty f_{(X,Y)}(x,y)\,dy \\
&= \frac{2^{(k_1+k_2)/2}}{C} x^{k_1/2-1}\left(1+\frac{k_1}{k_2}x\right)^{-(k_1+k_2)/2} \int_0^\infty s^{(k_1+k_2)/2-1}e^{-s}\,ds \\
&= \frac{2^{(k_1+k_2)/2}}{C} x^{k_1/2-1}\left(1+\frac{k_1}{k_2}x\right)^{-(k_1+k_2)/2} \Gamma\left(\frac{k_1+k_2}{2}\right)
\end{aligned}$$

を得る. $x \leqq 0$ に対しては $f_X(x) = 0$ である. よって X の確率密度関数は

$$f_X(x) = \begin{cases} \dfrac{1}{B\left(\dfrac{k_1}{2},\dfrac{k_2}{2}\right)}\left(\dfrac{k_1}{k_2}\right)^{k_1/2} x^{k_1/2-1}\left(1+\dfrac{k_1}{k_2}x\right)^{-(k_1+k_2)/2} & (x>0) \\ 0 & (x \leqq 0) \end{cases}$$

となることがわかる．ここで，$B(s,t)$ $(s>0, t>0)$ はベータ関数[2]である．このとき X は自由度 k_1, k_2 の **F 分布** ((Snedecor's) F distribution) にしたがうといい，この分布を $F(k_1, k_2)$ で表す．図 6.9 は F 分布の確率密度関数のグラフである．X が $F(10,3)$（実線）にしたがうとき，$\frac{1}{X}$ は $F(3,10)$（破線）にしたがう（問題 6.11）．また，X が $t(10)$ にしたがうとき，X^2 は $F(1,10)$（鎖線）にしたがう（問題 6.12）．

問題

6.1 X が指数分布 $\mathrm{Ex}(\lambda)$ にしたがうとき，X のモーメント母関数は式 (6.1) で与えられることを示し，これを用いて $E(X), V(X)$ を計算せよ．

6.2 X が指数分布 $\mathrm{Ex}(\lambda)$ にしたがうとき，$t>0$ に対し
$$P(X>t+x|X>t)=P(X>x), \quad x>0$$
が成り立つことを示せ（指数分布の"無記憶性"）．

6.3 X が正規分布 $\mathrm{N}(\mu, \sigma^2)$ にしたがうとき，X のモーメント母関数は式 (6.2) で与えられることを示し，これを用いて $E(X), V(X)$ を計算せよ．

6.4 系 6.1 を証明せよ．

6.5 確率変数 Z は標準正規分布 $\mathrm{N}(0,1)$ にしたがうとし，その分布関数を $\Phi(z)$，確率密度関数を $\phi(z)$ とする．正の関数 $h(x)$ を
$$\Phi(x+h(x))-\Phi(x)=P(x\leqq Z\leqq x+h(x))=c \text{ (一定)}$$
で定義する．（$h(x)$ を明示的に表すと $h(x)=\Phi^{-1}(\Phi(x)+c)-x$ であるが，ここではとくに必要としない．）

(1) 上の式を x で微分することにより，$h(x)$ は微分方程式
$$\{1+h'(x)\}\phi(x+h(x))-\phi(x)=0$$
をみたすことを示せ．

(2) 確率一定の区間 $[x, x+h(x)]$ の幅 $h(x)$ が最小となるのは，$h(x)=-2x$ $(x<0)$ のとき，すなわち区間が対称の場合であることを示せ．

---

[2] この関数は
$$B(s,t)=\int_0^1 x^{s-1}(1-x)^{t-1}\,dx \quad (s>0, \ t>0) \tag{6.9}$$
で定義され，ガンマ関数とは次の関係がある：
$$B(s,t)=\frac{\Gamma(s)\Gamma(t)}{\Gamma(s+t)}$$

(3) $c = 1-\alpha$ $(0 < \alpha < 1)$ のとき，そのような区間は $\left[-u\left(\dfrac{\alpha}{2}\right), u\left(\dfrac{\alpha}{2}\right)\right]$ で与えられることを示せ．ここで $u(p)$ は $P(Z > u) = 1 - \Phi(u) = p$ をみたす u である．

6.6 2つの確率変数 X, Y は独立で，それぞれの確率密度関数が $f_X(x), f_Y(y)$ であるとき，確率変数 $Z = X+Y$ の確率密度関数は "たたみ込み"

$$f_Z(z) = \int_{-\infty}^{\infty} f_X(z-y) f_Y(y)\, dy$$

で与えられることを，適当な変数変換を利用して示せ（問題 3.2 参照）．

6.7 X は正規分布 $\mathrm{N}(\mu, \sigma^2)$ にしたがうとし，そのモーメント母関数を $M_X(t)$ とする．Y が対数正規分布 $\mathrm{L}(\mu, \sigma^2)$ にしたがうとき，

$$E(Y) = M_X(1), \qquad V(Y) = M_X(2) - \{M_X(1)\}^2$$

が成り立つことを示せ．

6.8 2つの確率変数 X_1, X_2 を変換 (6.6) を使って Y_1, Y_2 に変換する．もし，X_1, X_2 が $E(X_1) = E(X_2) = 0, V(X_1) = V(X_2) = 1, \rho(X_1, X_2) = 0$ をみたすなら，Y_1, Y_2 は式 (6.7) をみたすことを示せ．

6.9 2つの確率変数 X, Y は独立で，どちらも自由度 1 の χ^2 分布 $\chi^2(1)$ にしたがうとき，$Z = X+Y$ の確率密度関数をたたみ込みを使って計算せよ．

6.10 Y が自由度 n の χ^2 分布 $\chi^2(n)$ にしたがうとき，

$$E(Y) = n, \qquad V(Y) = 2n$$

であることを示せ．

6.11 X が自由度 k_1, k_2 の F 分布 $\mathrm{F}(k_1, k_2)$ にしたがうとき，$Y = \dfrac{1}{X}$ は自由度 k_2, k_1 の F 分布 $\mathrm{F}(k_2, k_1)$ にしたがうことを示せ．

6.12 X が自由度 k の t 分布 $\mathrm{t}(k)$ にしたがうとき，$Y = X^2$ は自由度 $1, k$ の F 分布 $\mathrm{F}(1, k)$ にしたがうことを示せ．

7
従属性のある確率変数列（有限マルコフ連鎖）

独立なベルヌーイ試行においては，現時点からみた未来の偶然法則はこれまでの試行の結果にまったく影響を受けない．しかし一般に，偶然的要因に支配され時間の経過とともに変動する現象を考えるとき，未来の状態に関する偶然法則は現在までの経緯にある程度依存するであろう．ここでは独立な確率変数列の概念を弱めたマルコフ性について議論する．

7.1 確率過程

独立な確率変数列 $X_1, X_2, \ldots$ は，その添字 $1, 2, \ldots$ をパラメータ t（たとえば時刻を表す）の値と考えれば，各 $\omega \in \Omega$ に対し $t \in \mathbf{N} = \{1, 2, \ldots\}$ の実数値関数 $X_t(\omega)$ を定めているとみなすことができる．一方，各 $t \in \mathbf{N}$ に対し X_t は $X_t^{-1}(B) \in \mathscr{A}$（可測）でもある．この見方を一般化し，新しい概念を導入しよう．なお，しばしば X_t を $X(t)$，$X_t(\omega)$ を $X(t, \omega)$ と表記する．

ある部分集合 $T \subset \mathbf{R}$ によって添字づけられた"確率変数の集合"

$$\{X(t) : t \in T\}$$

を**確率過程** (stochastic process) とよぶ．すなわち各 $t \in T$ に対し写像 $X(t) : \Omega \mapsto \mathbf{R}$ は可測：任意の $B \in \mathscr{B}$ に対し

$$X(t)^{-1}(B) = \{\omega \in \Omega : X(t, \omega) \in B\} \in \mathscr{A}$$

である．任意に固定した $\omega \in \Omega$ に対し，t の実数値関数 $X(t, \omega) : T \mapsto \mathbf{R}$ を**経路** (sample path) あるいは**標本関数** (sample function) とよぶ．この様子は図 7.1 に示されている．

任意に与えられた時点 $t_0 < t_1 < \cdots < t_k < t$ に対し，一般に $X(t_0), X(t_1), \ldots, X(t_k), X(t)$ は独立ではない．これらの同時確率を求めるには

7.1 確率過程

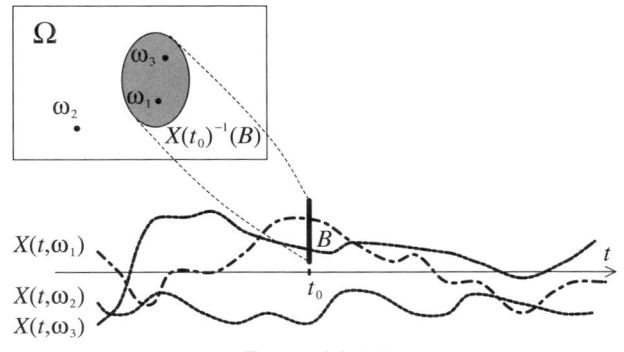

図 7.1 確率過程

$$P(X_{t_0} \in B_0, \ X_{t_1} \in B_1, \ \ldots, \ X_{t_k} \in B_k, \ X_t \in B)$$
$$= P(X_{t_0} \in B_0)P(X_{t_1} \in B_1 | X_{t_0} \in B_0)P(X_{t_2} \in B_2 | X_{t_0} \in B_0, \ X_{t_1} \in B_1)$$
$$\cdots P(X_t \in B | X_{t_0} \in B_0, \ X_{t_1} \in B_1, \ \ldots, \ X_{t_k} \in B_k)$$

と多重の条件つき確率が必要となり，計算はほとんど不可能であろう．独立の場合ほど単純でないにしても，もしこれが

$$P(X_{t_0} \in B_0)P(X_{t_1} \in B_1 | X_{t_0} \in B_0)P(X_{t_2} \in B_2 | X_{t_1} \in B_1)$$
$$\cdots P(X_t \in B | X_{t_k} \in B_k)$$

と現時点の条件つき確率だけで計算できるなら，確率の解析はかなり容易になるであろう．

もし確率過程 $\{X(t) : t \in T\}$ が任意の時点

$$t_0 < t_1 < \cdots < t_k < t$$

に対し

$$P(X(t) \leqq x | X(t_0) = x_0, \ X(t_1) = x_1, \ \ldots, \ X(t_k) = x_k)$$
$$= P(X(t) \leqq x | X(t_k) = x_k)$$

をみたすとき $\{X(t) : t \in T\}$ は**マルコフ性** (Markov property) をもつといい，この性質をもつ過程を**マルコフ過程** (Markov process) とよぶ．すなわち，現時点における $X(t_k)$ の値が与えられたとき，未来の $X(t)$ $(t > t_k)$ の分布が過去の $X(s)$ $(s < t_k)$ の履歴にはまったく依存しない場合を述べている．

7.2 有限マルコフ連鎖と推移行列

一般に時点 t における確率過程 $X(t)$ がとりうる値を状態とよび，その値のすべてからなる集合 S を**状態空間** (state space or phase space) という．ここでは状態が離散的であって $s_1, s_2, \ldots$ のように表される場合を取り扱う．このとき S は自然数全体と同一視できるので，$S = \{1, 2, \ldots\}$ とおいてよい．また，時点としてとりうる値全部の集合 T を**パラメータ空間** (parameter space) とよぶ．さらにここでは T も離散的である場合に制限し，$T = \{0, 1, 2, \ldots\}$ として議論しよう．この場合，確率過程は確率変数列ともみなせるので $\{X_n : n = 0, 1, 2, \ldots\}$ と表すことにする．

さて，離散時点の確率過程 $\{X_n : n = 0, 1, 2, \ldots\}$ がマルコフ性をもつとき，すなわち任意の $n \geqq 0$ と正整数の組 $(i_0, i_1, \ldots, i_{n-1}, i, j)$ に対して

$$\begin{aligned}P(X_{n+1} = j | X_0 = i_0,\ X_1 = i_1,\ \ldots,\ X_{n-1} = i_{n-1},\ X_n = i) \\= P(X_{n+1} = j | X_n = i)\end{aligned} \tag{7.1}$$

という関係が成り立つとき，$\{X_n : n = 0, 1, 2, \ldots\}$ を（離散時点の）**マルコフ連鎖** (Markov chain) とよぶ．簡単にいってしまえば，「将来の事象の起こる確率は，現在の状態には関係するが過去の履歴には無関係」ということである．したがって，マルコフ連鎖を記述するには，現在の状態と将来の状態とを結びつける条件つき確率

$$P(X_{n+1} = j | X_n = i), \qquad i, j \in S$$

さえわかればよい．そこでこの条件つき確率を状態 i から状態 j への（1 ステップでの）**推移確率** (transition probability) という．一般に推移確率は現時点 n に関係している．もし任意の時点 m, n $(m \neq n)$ において

$$P(X_{n+1} = j | X_n = i) = P(X_{m+1} = j | X_m = i), \qquad i, j \in S$$

が成り立つなら，推移確率は定常的であるといい，マルコフ連鎖 $\{X_n\}$ は**斉時的** (time–homogeneous) であるという．本書では斉時的マルコフ連鎖のみを議論する．さらに S の要素の個数は有限，すなわち $S = \{1, 2, \ldots, N\}$ と仮定する．このとき $\{X_n\}$ を**有限マルコフ連鎖** (finite Markov chain) という．

7.2 有限マルコフ連鎖と推移行列

斉時的な有限マルコフ連鎖 $\{X_n\}$ に対し，その推移確率を

$$p_{ij} = P(X_{n+1} = j | X_n = i), \quad i, j = 1, 2, \ldots, N$$

とおくと，p_{ij} は（条件つき）確率であるから，確率の基本性質

$$0 \leqq p_{ij} \leqq 1, \quad \sum_{j=1}^{N} p_{ij} = 1$$

をみたしている（問題 1.4）．これらを行列の形に並べた

$$P = \begin{pmatrix} p_{11} & p_{12} & \cdots & p_{1N} \\ p_{21} & p_{12} & \cdots & p_{2N} \\ \vdots & \vdots & \ddots & \vdots \\ p_{N1} & p_{N2} & \cdots & p_{NN} \end{pmatrix}$$

を一般に**確率行列** (stochastic matrix) という．とくにこの場合は，推移確率を並べたものなので**推移行列** (transition matrix) とよぶ．

例 7.1 マウスを図 7.2 のような部屋と出口（開口部）もった実験装置に入れる．マウスは単位時間ごとに出口を無作為に選んで部屋を替えるとする．時間 $n < t < n+1$ の間にマウスがいる部屋番号を X_n とするとき，$\{X_n : n = 0, 1, 2, \ldots\}$ は状態空間 $S = \{1, 2, 3, 4\}$ をもつ斉時的マルコフ連鎖であり，

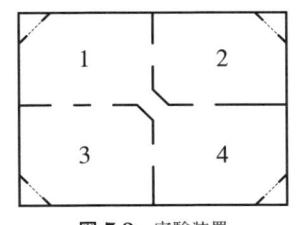

図 7.2 実験装置

その推移行列は下記の P で与えられる[1]．さらに，それぞれの部屋に通り抜けできないダミーの出口を 1 個ずつ取りつけたとしよう（点線部を開口する）．マウスはそれを含めて無作為に出口を選ぶとすれば，ダミーの出口を選んだときは同じ部屋にとどまるので，そのときの推移行列は次の Q で与えられる．

---

[1] 行列記号の外側に 1, 2, 3, 4 と状態の値を書き，左上に ↗ をつけているが（次ページ参照），これは，たとえば状態 1 から状態 2 への推移確率が $\dfrac{1}{4}$ であることをわかりやすく示すためのものであって，通常は外側の表示はつけない．

$$P = \begin{array}{c} \nearrow \\ 1 \\ 2 \\ 3 \\ 4 \end{array} \begin{pmatrix} 1 & 2 & 3 & 4 \\ 0 & \frac{1}{4} & \frac{2}{4} & \frac{1}{4} \\ \frac{1}{2} & 0 & 0 & \frac{1}{2} \\ \frac{2}{3} & 0 & 0 & \frac{1}{3} \\ \frac{1}{3} & \frac{1}{3} & \frac{1}{3} & 0 \end{pmatrix}, \quad Q = \begin{array}{c} \nearrow \\ 1 \\ 2 \\ 3 \\ 4 \end{array} \begin{pmatrix} 1 & 2 & 3 & 4 \\ \frac{1}{5} & \frac{1}{5} & \frac{2}{5} & \frac{1}{5} \\ \frac{1}{3} & \frac{1}{3} & 0 & \frac{1}{3} \\ \frac{2}{4} & 0 & \frac{1}{4} & \frac{1}{4} \\ \frac{1}{4} & \frac{1}{4} & \frac{1}{4} & \frac{1}{4} \end{pmatrix}$$

状態数が少ない場合は，状態を丸印で表し正の推移確率をもつ状態間の推移だけを確率の書き込まれた矢印で示すことにより，推移行列を視覚的に捉えることができる．このような図を**推移図**とよぶ．図 7.3 と図 7.4 はそれぞれ上の推移行列 P, Q に対応する推移図である．

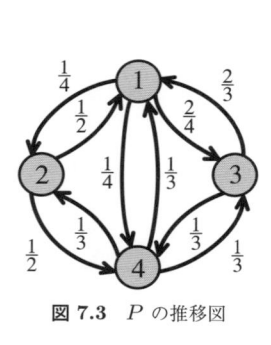

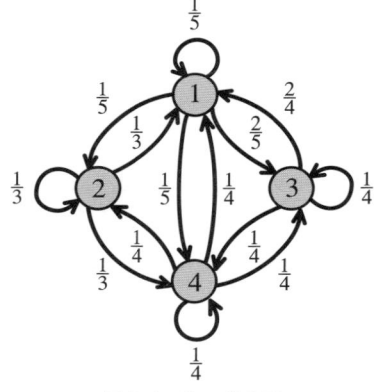

図 7.3 P の推移図

図 7.4 Q の推移図

7.3 高次推移確率と状態確率分布

時点 n で状態 i にいたとき，m ステップの推移の後，時点 $n+m$ で状態 j にいる確率 $P(X_{n+m} = j | X_n = i)$ を求めてみよう．

$m = 1$ のときは推移確率の定義から

$$P(X_{n+1} = j | X_n = i) = p_{ij}$$

である．$m = 2$ のときを考えよう．2 ステップで i から j へ推移したのだから，まず 1 ステップで i からある状態 k に推移し，そこからもう 1 ステップで j に

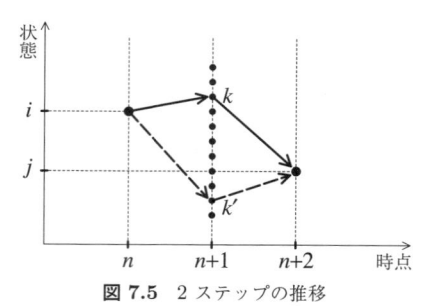

図 7.5 2 ステップの推移

推移したと考えられる．このような確率は $P(X_{n+1} = k, X_{n+2} = j | X_n = i)$ で表されるが，確率の乗法法則とマルコフ性 (7.1) を用いると

$$P(X_{n+1} = k, X_{n+2} = j | X_n = i)$$
$$= P(X_{n+1} = k | X_n = i) P(X_{n+2} = j | X_{n+1} = k) \quad (7.2)$$
$$= p_{ik} p_{kj}$$

となることがわかる．これから X_{n+2} の条件つき周辺確率を計算すると，i から j への 2 ステップの推移確率 $p_{ij}^{(2)}$ は

$$p_{ij}^{(2)} = P(X_{n+2} = j | X_n = i) = \sum_{k=1}^{N} p_{ik} p_{kj} \quad (7.3)$$

で与えられる（問題 7.1）．明らかにこの推移確率も時点 n に無関係である．$m = 3$ のときも，まず 2 ステップで i から k に推移しそこから 1 ステップで j に推移するものと考えれば，その推移確率 $p_{ij}^{(3)}$ は

$$p_{ij}^{(3)} = P(X_{n+3} = j | X_n = i) = \sum_{k=1}^{N} p_{ik}^{(2)} p_{kj}$$

で与えられることも容易にわかる．これを繰り返すと帰納的に m ステップでの推移確率 $p_{ij}^{(m)}$ は

$$p_{ij}^{(m)} = P(X_{n+m} = j | X_n = i) = \sum_{k=1}^{N} p_{ik}^{(m-1)} p_{kj} \quad (7.4)$$

で与えられることがわかる．$p_{ij}^{(m)}$ を一般に**高次推移確率** (higher transition probability) という．

この関係式は行列を使うと見やすくなる．いま $p_{ij}^{(m)}$ を (i, j) 成分とする $N \times N$ 行列を $P^{(m)}$ と書くことにすると，式 (7.4) は 2 つの行列 $P^{(m-1)}$ と P の積の定義式そのものであるから

$$P^{(m)} = P^{(m-1)} P$$

であり，この式を繰り返し使うと

$$P^{(m)} = P^m$$

図 7.6 鎖の生成

であることがわかる．また，行列の指数法則によると任意の自然数 m, n に対して $P^{m+n} = P^m P^n$ であるから

$$P^{(m+n)} = P^{(m)} P^{(n)}$$

これを成分で表すと

$$p_{ij}^{(m+n)} = \sum_{k=1}^{N} p_{ik}^{(m)} p_{kj}^{(n)}$$

という式が得られる．この関係式を**チャップマン–コルモゴロフの等式** (Chapman–Kolmogorov identity) という．式の意味することは明らかであろう．

次に，時点 n における分布を考えてみよう．時点 n で状態 i にいる確率を $p_i(n) = P(X_n = i)$ とし，$p_i(n)$ $(i = 1, 2, \ldots, N)$ を行ベクトルの形に並べた

$$\boldsymbol{p}(n) = \bigl(p_1(n), p_2(n), \ldots, p_N(n)\bigr)$$

を，時点 n における**状態確率分布**とよぶ．とくに $n = 0$ のときの分布 $\boldsymbol{p}(0)$ を**初期分布** (initial distribution) とよぶ．このとき容易に

$$\boldsymbol{p}(n) = \boldsymbol{p}(n-1)P = \boldsymbol{p}(0)P^n \tag{7.5}$$

が成り立つことが示される（問題 7.2）．(7.5) の後半の関係式によれば，任意の時点における状態確率分布は初期分布と推移行列で完全に決定される．これは，相続く $n-1$ 時点と n 時点の状態確率分布を推移行列が (7.5) の前半の式のように関係づけているので，これを図 7.6 の $\boldsymbol{p}(n-1)$ と $\boldsymbol{p}(n)$ とを連結している 1 つのリングとみなすと，このリングが次々につながって，初期分布と任意の時点の状態確率分布とを関連づける鎖ができあがっているからである．

例 7.1（続き）　2 番の部屋に入れたマウスは，推移行列 P, Q のどちらにおいても，1 単位時間では 3 番の部屋に移動することはできない（なぜなら $p_{23} = 0$ および $q_{23} = 0$）．では 2 単位時間後に 3 番の部屋に移動する確率を推移行列 P, Q のそれぞれに対して求めてみよう．それらは $P^{(2)} = P^2$, $Q^{(2)} = Q^2$ の $(2, 3)$ 成分で与えられる．よって

$$p_{23}^{(2)} = \sum_{k=1}^{4} p_{2k}p_{k3} = \frac{1}{2} \cdot \frac{2}{4} + 0 \cdot 0 + 0 \cdot 0 + \frac{1}{2} \cdot \frac{1}{3} = \frac{5}{12} = 0.417$$

$$q_{23}^{(2)} = \sum_{k=1}^{4} q_{2k}q_{k3} = \frac{1}{3} \cdot \frac{2}{5} + \frac{1}{3} \cdot 0 + 0 \cdot \frac{1}{4} + \frac{1}{3} \cdot \frac{1}{4} = \frac{13}{60} = 0.217$$

次に部屋を無作為に選びマウスを入れるとする．すなわち初期分布は

$$\boldsymbol{p}(0) = (0.25,\ 0.25,\ 0.25,\ 0.25)$$

である．このとき，P, Q のそれぞれに対する状態確率分布を $\boldsymbol{p}(n), \boldsymbol{q}(n)$ とすると，時点 1 においては

$$\boldsymbol{p}(1) = \boldsymbol{p}(0)P = (0.375,\ 0.146,\ 0.208,\ 0.271)$$

$$\boldsymbol{q}(1) = \boldsymbol{p}(0)Q = (0.321,\ 0.196,\ 0.225,\ 0.258)$$

時点 2 においては

$$\boldsymbol{p}(2) = \boldsymbol{p}(1)P = (0.302,\ 0.184,\ 0.278,\ 0.236)$$

$$\boldsymbol{q}(2) = \boldsymbol{q}(1)Q = (0.307,\ 0.194,\ 0.249,\ 0.250)$$

というようになる．以下同様に，右側から推移行列 P, Q を次々にかけると $\boldsymbol{p}(3), \boldsymbol{p}(4), \ldots$ および $\boldsymbol{q}(3), \boldsymbol{q}(4), \ldots$ が求められる．われわれは $\lim_{n \to \infty} \boldsymbol{p}(n)$ や $\lim_{n \to \infty} \boldsymbol{q}(n)$ に興味がある．

7.4 状態空間

7.4.1 連結による組分け

推移確率 p_{ij} は 1 回のステップで状態 i から状態 j に移る確率を与えるので，$p_{ij} > 0$ ならば状態 i にあったマルコフ連鎖が状態 j に移りうることになるが，$p_{ij} = 0$ なら i から j への推移は起こりえない．しかしこのような場合でも，前節の例 7.1 で示したように，i を離れたマルコフ連鎖が他の状態を（何ステップか）経由し，j に到達することが起こりうる．このように，状態 i から状態 j への推移がいつかは可能なとき，すなわち

$$p_{ij}^{(n)} > 0$$

となるような整数 n が存在するとき,状態 j は状態 i から**到達可能**であるといい,記号で $i \to j$ と書く.$i \to j$ であると同時に $j \to i$ でもあるとき,状態 i と状態 j とは**連結**しているといい,$i \leftrightarrow j$ で表す.つまり,i と j とはいつか行き来が互いに可能であることを示している.

いま $p_{ij}^{(n)}$ を $n = 0$ に対しても

$$p_{ij}^{(0)} = \delta_{ij} = \begin{cases} 1 & (i = j \text{ のとき}) \\ 0 & (i \neq j \text{ のとき}) \end{cases}$$

と定義する.瞬間的には移動できないから,0 ステップでは確率 1 で同じ状態にとどまると考えるのは自然であろう.このように定めておくと,$i \leftrightarrow j$ という関係は状態空間 S における**同値関係** (equivalence relation) となる.すなわち

(i) 反射律 $i \leftrightarrow i$
(ii) 対称律 $i \leftrightarrow j$ ならば $j \leftrightarrow i$
(iii) 推移律 $i \leftrightarrow j$ かつ $j \leftrightarrow k$ ならば $i \leftrightarrow k$

の 3 条件をみたす(問題 7.3).そして,この関係で結ばれる状態をひとまとめにして**組**をつくると,S 全体は互いに素な,いくつかの組に分割されることが知られている.具体的には,まず任意に 1 つの状態 i_1 をとり,$i_1 \leftrightarrow j$ となるすべての j を集めて 1 つの組 C_1,すなわち $C_1 = \{j : i_1 \leftrightarrow j\}$ をつくる.次に C_1 以外から任意に状態 i_2 をとって,まったく同様に $C_2 = \{j : i_2 \leftrightarrow j\}$ をつくる.明らかに $C_1 \cap C_2 = \emptyset$ である.この操作を繰り返すと,有限マルコフ連鎖にあっては状態空間 S は

$$S = C_1 \cup C_2 \cup \cdots \cup C_m, \qquad C_i \cap C_j = \emptyset$$

と分割される.

例 7.2 次のような推移行列をもつマルコフ連鎖を考えてみよう.

$$
P = \begin{array}{c} \\ 1 \\ 2 \\ 3 \\ 4 \\ 5 \end{array} \begin{array}{c} \nearrow\ 1\ \ 2\ \ 3\ \ 4\ \ 5 \\ \begin{pmatrix} \frac{1}{2} & 0 & 0 & 0 & \frac{1}{2} \\ \frac{1}{4} & \frac{1}{4} & 0 & \frac{1}{2} & 0 \\ \frac{1}{4} & 0 & 0 & 0 & \frac{3}{4} \\ 0 & \frac{1}{2} & \frac{1}{4} & \frac{1}{4} & 0 \\ 0 & 0 & 1 & 0 & 0 \end{pmatrix} \end{array}
$$

状態 1 と連結している状態は 1, 3, 5 の 3 つである．まず P の 1 行目を見ると $1 \leftrightarrow 1, 1 \to 5$ であることがわかるが，5 行目を見ると $5 \to 3$ であるので，結局 $1 \to 3$ でもある．次に 3 行目を見ると $3 \to 1, 3 \to 5$ であるから，$1 \leftrightarrow 3$，$3 \leftrightarrow 5$ がこの段階でわかる．したがって $1 \leftrightarrow 5$ でもある．このようにして 1 つの組 $C_1 = \{1, 3, 5\}$ が得られる．次に C_1 以外からたとえば状態 2 を選べば，同様にして $C_2 = \{2, 4\}$ が得られる．明らかに，$C_1 \cap C_2 = \emptyset$ で $S = C_1 \cup C_2$ である．なお，$2 \to 1$ ではあるが $1 \to 2$ ではない．

ところで，組 C_1, C_2 のそれぞれに属する状態に対応する部分だけでつくった部分行列 P_1 および P_2 は

$$
P_1 = \begin{array}{c} \\ 1 \\ 3 \\ 5 \end{array} \begin{array}{c} \nearrow\ 1\ \ 3\ \ 5 \\ \begin{pmatrix} \frac{1}{2} & 0 & \frac{1}{2} \\ \frac{1}{4} & 0 & \frac{3}{4} \\ 0 & 1 & 0 \end{pmatrix} \end{array}, \qquad P_2 = \begin{array}{c} \\ 2 \\ 4 \end{array} \begin{array}{c} \nearrow\ 2\ \ 4 \\ \begin{pmatrix} \frac{1}{4} & \frac{1}{2} \\ \frac{1}{2} & \frac{1}{4} \end{pmatrix} \end{array}
$$

となる．P_1 は確率行列（成分が非負で各行成分の和が 1）になっているが，P_2 は確率行列になっていないことを指摘しておく．

ある組 C からその外にある状態には到達可能でないとき，その組 C は**閉じている**という．つまり，マルコフ連鎖がいったんこの組の中の状態に達した後は，決してその組以外の状態をとらず，C の中の閉じ込められてしまうことを意味する．C が閉じているときは，C に属する状態に対応する部分だけからつくった P の部分行列が，それ自体で確率行列になっている．このため，この部分に限っても本質的な点は変わらない．上の例では C_1 が閉じており，それに対応する部分行列 P_1 は確率行列になっていた．

同値な組がただ 1 つ，つまり状態空間そのものだけが同値な組であるとき，

マルコフ連鎖は**既約** (irreducible) であるという．既約なマルコフ連鎖は，明らかに，そのすべての状態が互いに連結している．前で述べたように，ある組が閉じていれば，それだけに限って考えるとき，既約とみなしたことにあたるから，既約な連鎖を中心に考えておけばよい．

7.4.2 状態の分類

状態 i がそれ自身だけで閉じた組をつくるとき，i を**吸収状態** (absorbing state) とよぶ．

例 7.3 推移行列

$$P = \begin{pmatrix} 1 & 0 & 0 \\ \frac{1}{2} & \frac{1}{2} & 0 \\ \frac{1}{3} & \frac{1}{3} & \frac{1}{3} \end{pmatrix}$$

をもつマルコフ連鎖では，状態 1 に入ったらそこを出ることはない（推移図を書いてみれば，状態 1 から他の状態へ行く矢印はない）．よって状態 1 はそれ自身だけで 1 つの閉じた組をつくるから吸収状態である．この連鎖は状態 1 からは出ないが，状態 2 や状態 3 からは 1 へ行く．このため，いつかは状態 1 に閉じ込められてしまうことがほとんど確実であるから，吸収という用語は当を得たものであろう．

この例において高次の推移行列を計算してみよう．P の固有値，固有ベクトルを求め行列の対角化を行うと

$$\begin{aligned}
P^{(n)} = P^n &= \begin{pmatrix} 1 & 0 & 0 \\ 1 & 1 & 0 \\ 1 & 2 & 1 \end{pmatrix} \begin{pmatrix} 1 & 0 & 0 \\ 0 & (\frac{1}{2})^n & 0 \\ 0 & 0 & (\frac{1}{3})^n \end{pmatrix} \begin{pmatrix} 1 & 0 & 0 \\ -1 & 1 & 0 \\ 1 & -2 & 1 \end{pmatrix} \\
&= \begin{pmatrix} 1 & 0 & 0 \\ 1-(\frac{1}{2})^n & (\frac{1}{2})^n & 0 \\ 1-2(\frac{1}{2})^n+(\frac{1}{3})^n & 2(\frac{1}{2})^n-2(\frac{1}{3})^n & (\frac{1}{3})^n \end{pmatrix} \quad (7.6) \\
&\to \begin{pmatrix} 1 & 0 & 0 \\ 1 & 0 & 0 \\ 1 & 0 & 0 \end{pmatrix} \quad (n \to \infty)
\end{aligned}$$

となることがわかる (問題 7.5). すなわち, マルコフ連鎖が状態 2 や状態 3 にあっても, いつかはこの状態にいなくなる. そういう意味でこれらの状態を一時的であるというのは適切であろう.

マルコフ連鎖 $\{X_n : n = 0, 1, 2, \ldots\}$ に対し, $X_n = j$ となった最初の $n \geqq 1$ を T_j としよう. すなわち

$$T_j = \min\{n : X_n = j, \, n \geqq 1\}$$

とおく. T_j もまた確率変数で, そのとる値は $1, 2, \ldots, \infty$ である. この確率変数に対して

$$f_{ij}(n) = P(T_j = n | X_0 = i)$$

という確率を考えよう. これは i から出発したマルコフ連鎖が n ステップ後にはじめて状態 j を訪問する確率である. 到達可能という概念はとにかく正の確率で行けばよいということなので, 何回も繰り返して行くかどうかについては考えていない. 到達するという事象をはじめて到達するステップ数で排反な事象に分類し

$$f_{ij} = \sum_{n=1}^{\infty} f_{ij}(n) = P(T_j < \infty | X_0 = i)$$

とおくと, これは, はじめ状態 i にあったマルコフ連鎖が, いつかは (有限のステップ回数で) 状態 j を訪れるという確率を表していることがわかる. f_{ij} は必ずしも 1 に一致していない.

$$f_{ij}^{(\infty)} = P(T_j = \infty | X_0 = i) = 1 - f_{ij}$$

は有限のステップ回数では i から j に推移できない確率である.

この量を使い, 状態 j を分類しよう. もし

$$f_{jj} = 1 \tag{7.7}$$

なら状態 j を**再帰的** (recurrent or persistent) とよび, もし

$$f_{jj} < 1 \tag{7.8}$$

なら状態 j を**一時的** (transient) とよぶ. 定義から明らかなように, すべての状態はこの 2 つのいずれかである. もちろん吸収状態は再帰的状態の一種である.

条件式 (7.7) は，状態 j にあるマルコフ連鎖がいつか必ず j に戻ってくることを意味する．いったん j に戻れば，マルコフ性により，再び j に必ず戻るであろう．そしてそれが実現すれば三たび，というように何回でも繰り返して戻ることが確実であろう．それで，再帰的という用語が使われる．

一方，式 (7.8) であれば，2 回，3 回と繰り返して状態 j に戻る確率は $f_{jj}^2, f_{jj}^3, \ldots$ と徐々に減少しついには 0 になるから，j にいることはほとんどありえなくなる．それで，一時的という用語が用いられる．

いま述べたことを定式化しよう．2 つ数列 $\{f_{ij}(n) : n = 1, 2, \ldots\}$ と $\{p_{ij}^{(n)} : n = 0, 1, 2, \ldots\}$ の**母関数** (generating function) $F_{ij}(x), P_{ij}(x)$ は，それぞれ

$$F_{ij}(x) = \sum_{n=1}^{\infty} f_{ij}(n) x^n, \qquad P_{ij}(x) = \sum_{n=0}^{\infty} p_{ij}^{(n)} x^n$$

で定義される x の関数である．どちらの数列も有界 $(0 \leqq f_{ij}(n), p_{ij}^{(n)} \leqq 1)$ であるので，右辺のべき級数はどちらも $-1 < x < 1$ に対して収束する．また，n ステップで到達するという事象をはじめて到達するステップ数で分類し，全確率の公式 (1.7) を適用すると，この 2 つの数列の間には

$$p_{ij}^{(0)} = \delta_{ij}$$
$$p_{ij}^{(n)} = \sum_{m=1}^{n} f_{ij}(m) p_{jj}^{(n-m)}, \qquad n = 1, 2, \ldots \tag{7.9}$$

という関係があることがわかるので，容易に

$$P_{ij}(x) - \delta_{ij} = F_{ij}(x) P_{jj}(x) \tag{7.10}$$

という関係式を導き出すことができる（問題 7.6）．これより，ただちに次の定理が得られる．

定理 7.1 (1) 状態 j が一時的であるための必要十分条件は

$$\sum_{n=0}^{\infty} p_{jj}^{(n)} < \infty$$

である．この場合，j 以外のすべての i に対して

$$\sum_{n=0}^{\infty} p_{jj}^{(n)} = \frac{1}{1 - f_{jj}}, \qquad \sum_{n=1}^{\infty} p_{ij}^{(n)} = \frac{f_{ij}}{1 - f_{jj}}$$

が成り立つ．

(2) 状態 j が再帰的であるための必要十分条件は
$$\sum_{n=0}^{\infty} p_{jj}^{(n)} = \infty$$
である．

証明 べき級数 $F_{ij}(x)$ および $P_{ij}(x)$ の係数はすべて非負であり，それらは $|x| < 1$ で収束しているから
$$\lim_{x \to 1-0} F_{ij}(x) = F_{ij}(1) = \sum_{n=1}^{\infty} f_{ij}(n) = f_{ij} \leqq 1$$
$$\lim_{x \to 1-0} P_{ij}(x) = P_{ij}(1) = \sum_{n=0}^{\infty} p_{ij}^{(n)} \ (= \infty \ \text{であってもよい})$$
が成り立つ[2]ことに注意する．

さて，式 (7.10) を書き直すと，$i = j$ のときは $P_{jj}(x) - 1 = F_{jj}(x) P_{jj}(x)$ から
$$P_{jj}(x) = \frac{1}{1 - F_{jj}(x)}$$
を得，$i \neq j$ のときは $P_{ij}(x) = F_{ij}(x) P_{jj}(x)$ と上の式から
$$P_{ij}(x) = \frac{F_{ij}(x)}{1 - F_{jj}(x)}$$
を得る．ここで $x \to 1-0$ とすると，ただちに定理は証明されたことになる． ■

例 7.3（続き） 式 (7.6) より
$$\sum_{n=0}^{\infty} p_{11}^{(n)} = \sum_{n=0}^{\infty} 1 = \infty$$
$$\sum_{n=0}^{\infty} p_{22}^{(n)} = \sum_{n=0}^{\infty} \left(\frac{1}{2}\right)^n = 2 < \infty, \quad \sum_{n=0}^{\infty} p_{33}^{(n)} = \sum_{n=0}^{\infty} \left(\frac{1}{3}\right)^n = \frac{3}{2} < \infty$$
よって，状態 1 は再帰的（吸収状態であるから当然），状態 2, 3 は一時的である．また，推移行列の形から $f_{22} = \frac{1}{2}, f_{33} = \frac{1}{3}$ は明らかであるが，これらは定理を利用して，方程式

---

[2] 有名なアーベル (Abel) の連続定理の逆命題で，タウベル (Tauber) 型の定理とよばれるものの 1 つである．

$$\frac{1}{1-f_{22}} = 2, \qquad \frac{1}{1-f_{33}} = \frac{3}{2}$$

からも確認できる．次に，状態 3 を出発したマルコフ連鎖が，いつか状態 2 を訪れる確率 f_{32} を求めてみよう．定理の結果を使うと

$$f_{32} = (1-f_{22})\sum_{n=0}^{\infty} p_{32}^{(n)} = \sum_{n=0}^{\infty}\left(\frac{1}{2}\right)^n - \sum_{n=0}^{\infty}\left(\frac{1}{3}\right)^n = \frac{1}{2}$$

となる．これを f_{32} の定義から直接計算してみよう．状態 3 から出発したマルコフ連鎖が n ステップ後にはじめて状態 2 を訪れるのは，状態 3 に $n-1$ 回連続してとどまり最後のステップで状態 2 に移るという場合しかないので

$$f_{32}(n) = \left(\frac{1}{3}\right)^{n-1} \cdot \frac{1}{3}, \qquad n = 1, 2, \dots$$

となる．よって

$$f_{32} = \sum_{n=1}^{\infty} f_{32}(n) = \sum_{n=1}^{\infty}\left(\frac{1}{3}\right)^n = \frac{1}{2}$$

が得られる．

例 7.2（続き）　連結関係により状態空間は 2 つの組 $C_1 = \{1,3,5\}$ と $C_2 = \{2,4\}$ とに分割されたことを思い出しておこう．

さて，C_1 の要素である状態 1 に対する f_{11} および C_2 の要素である状態 2 に対する f_{22} を求めてみよう．以下は推移図を描き，それを見ながら考えるとわかりやすいであろう．

まず，1 から 1 に一度も戻ることなく推移するステップごとの経路は，次の 3 パターンに分類できることがわかる：

$$\begin{cases} 1 \xrightarrow{\frac{1}{2}} 1 \\ 1 \xrightarrow{\frac{1}{2}} 5 \xrightarrow{1} 3 \xrightarrow{\frac{1}{4}} 1 \\ 1 \xrightarrow{\frac{1}{2}} 5 \xrightarrow{1} 3 \xrightarrow{\frac{3}{4}} 5 \xrightarrow{1} 3 \xrightarrow{\frac{3}{4}} 5 \xrightarrow{1} \cdots \xrightarrow{\frac{3}{4}} 5 \xrightarrow{1} 3 \xrightarrow{\frac{1}{4}} 1 \end{cases}$$

この図式より

$$f_{11}(1) = \frac{1}{2}, \qquad f_{11}(2k+3) = \frac{1}{2}\cdot\left(\frac{3}{4}\right)^k \cdot \frac{1}{4}, \quad k = 0, 1, 2, \dots$$

であるから

$$f_{11} = f_{11}(1) + \sum_{k=0}^{\infty} f_{11}(2k+3) = \frac{1}{2} + \frac{1}{8}\sum_{k=0}^{\infty}\left(\frac{3}{4}\right)^k = 1$$

が得られる．よって状態 1 は再帰的である．

次に，2 から 2 に一度も戻ることなく推移するステップごとの経路のパターンを分類してみよう．それは

$$\begin{cases} 2 \xrightarrow{\frac{1}{4}} 2 \\ 2 \xrightarrow{\frac{1}{2}} 4 \xrightarrow{\frac{1}{2}} 2 \\ 2 \xrightarrow{\frac{1}{2}} 4 \xrightarrow{\frac{1}{2}} 4 \xrightarrow{\frac{1}{2}} 4 \xrightarrow{\frac{1}{2}} \cdots \xrightarrow{\frac{1}{2}} 4 \xrightarrow{\frac{1}{2}} 2 \end{cases}$$

のようになる．これより

$$f_{22}(1) = \frac{1}{4}, \qquad f_{22}(k+2) = \frac{1}{2}\cdot\left(\frac{1}{2}\right)^k\cdot\frac{1}{2}, \quad k=0,1,2,\ldots$$

であるから

$$f_{22} = f_{22}(1) + \sum_{k=0}^{\infty} f_{22}(k+2) = \frac{1}{4} + \frac{1}{4}\sum_{k=0}^{\infty}\left(\frac{1}{2}\right)^k = \frac{3}{4} < 1$$

となることがわかる．よって状態 2 は一時的である．

では残りの状態はどうであろうか．それらについて上のような計算をしてチェックするのは面倒である．実は C_1 のすべての状態は再帰的，C_2 のすべての状態は一時的であることが次の項の議論からわかる．

7.4.3 組の性質

連結関係によって組分けした組 C について，その中の状態は互いに推移できるだけではなく，状態に関するある性質を共有することがある．次の定理は再帰的か一時的という性質が共有されること示している．このような性質を**組の性質** (group property) とよぶ．

定理 7.2 もし状態 i と 状態 j が連結しているなら，状態 i と 状態 j は同時に再帰的であるか一時的である．

証明 $i \leftrightarrow j$ であるから,$p_{ij}^{(n)} > 0$, $p_{ji}^{(m)} > 0$ となるような自然数 n, m が存在する.チャップマン–コルモゴロフの等式より,任意の整数 $k \geqq 0$ に対して

$$p_{jj}^{(n+k+m)} \geqq p_{ji}^{(m)} p_{ii}^{(k)} p_{ji}^{(n)}$$

が成り立つから,和をとると

$$\sum_{n=0}^{\infty} p_{jj}^{(n)} \geqq \sum_{k=0}^{\infty} p_{jj}^{(n+k+m)} \geqq p_{ji}^{(m)} p_{ji}^{(n)} \sum_{k=0}^{\infty} p_{ii}^{(k)}$$

となる.この関係式と定理 7.1 より,もし状態 i が再帰的なら $\sum_{k=0}^{\infty} p_{ii}^{(k)} = \infty$ であるから $\sum_{n=0}^{\infty} p_{jj}^{(n)} = \infty$ がでる.これは状態 j も再帰的であることをいっている.また上の不等式は i と j を置き換えてもよいから,状態 j が再帰的なら状態 i も再帰的である.一時的に関してはこの対偶をとればよい.■

状態 i は再帰的であるとする.いま $i \to j$ なる状態 j があるとすれば,i が再帰的であることの意味から,j から i にいつかは戻れそうである.もしそうであれば,結局 $i \leftrightarrow j$ であるから,前の定理により状態 j も再帰的となる.

定理 7.3 状態 i は再帰的で $i \to j$ ならば,$f_{ji} = 1$ である.

証明 $f_{ji} < 1$ と仮定する.このとき確率 $f_{ji}^{(\infty)} = 1 - f_{ji} > 0$ で状態 j を出発して無限回のステップで状態 i に到達する経路が存在する.したがって,$i \to j$ もあわせて考えると,正の確率で無限回のステップでマルコフ連鎖が状態 i に戻ることを意味する.すなわち $f_{ii} < 1$ であるから,状態 i が再帰的であることに矛盾する.ゆえに $f_{ji} = 1$ である.■

組の性質のもう 1 つの例として周期がある.一般に $p_{ii}^{(n)} > 0$ となる正の整数 n の全体を考えたとき,その最大公約数 d_i を状態 i の**周期** (period) という.すなわち,マルコフ連鎖が同じ状態 i に戻るのは d_i の倍数のステップのときに限られることを意味している.もし $d_i > 1$ ならば状態 i は**周期的** (periodic) であるといい,$d_i = 1$ ならば状態 i は**非周期的** (nonperiodic) であるという.

定理 7.4 もし状態 i と 状態 j が連結しているならば $d_i = d_j$ である.

証明 $i \leftrightarrow j$ であるから,$p_{ij}^{(n)} > 0$, $p_{ji}^{(m)} > 0$ となるような自然数 n, m が存在する.いま $p_{jj}^{(k)} > 0$ とすると $p_{jj}^{(2k)} \geqq p_{jj}^{(k)} p_{jj}^{(k)} > 0$ であるから,

$$p_{ii}^{(n+k+m)} \geqq p_{ij}^{(n)} p_{jj}^{(k)} p_{ji}^{(m)} > 0, \qquad p_{ii}^{(n+2k+m)} \geqq p_{ij}^{(n)} p_{jj}^{(2k)} p_{ji}^{(m)} > 0$$

となる．状態 i の周期の定義から，$n+k+m$, $n+2k+m$ は d_i で割り切れる．したがって

$$(n+2k+m)-(n+k+m) = k$$

も d_i で割り切れる．これより，d_i は $p_{jj}(k) > 0$ なるすべての自然数 k の公約数である．このような k の最大公約数が d_j であるから $d_i \leqq d_j$ である．i と j を交換して考えれば，まったく同様にして $d_j \leqq d_i$ がわかる．これより $d_i = d_j$ が得られる．∎

なお，非周期的で既約なマルコフ連鎖を**エルゴード的** (ergodic) **マルコフ連鎖**という．

7.5 定常分布

7.3 節の例 7.1 において，われわれは状態確率分布の極限 $\lim_{n\to\infty} \boldsymbol{p}(n)$ や $\lim_{n\to\infty} \boldsymbol{q}(n)$ に興味があると述べた．

例 7.1（続き）　推移行列 P のマルコフ連鎖に対して，状態確率分布 $\boldsymbol{p}(n)$ の変化をもう少し調べてみよう．初期分布は前と同様に

$$\boldsymbol{p}(0) = (0.250,\ 0.250,\ 0.250,\ 0.250)$$

とすると，

$$\boldsymbol{p}(1) = \boldsymbol{p}(0)P = (0.375,\ 0.146,\ 0.208,\ 0.271)$$
$$\boldsymbol{p}(2) = \boldsymbol{p}(1)P = (0.302,\ 0.184,\ 0.278,\ 0.236)$$
$$\boldsymbol{p}(3) = \boldsymbol{p}(2)P = (0.356,\ 0.154,\ 0.230,\ 0.260)$$
$$\boldsymbol{p}(4) = \boldsymbol{p}(3)P = (0.317,\ 0.176,\ 0.265,\ 0.243)$$
$$\boldsymbol{p}(5) = \boldsymbol{p}(4)P = (0.346,\ 0.160,\ 0.239,\ 0.255)$$
$$\boldsymbol{p}(6) = \boldsymbol{p}(5)P = (0.324,\ 0.172,\ 0.258,\ 0.246)$$
$$\boldsymbol{p}(7) = \boldsymbol{p}(6)P = (0.340,\ 0.163,\ 0.244,\ 0.253)$$
$$\boldsymbol{p}(8) = \boldsymbol{p}(7)P = (0.329,\ 0.169,\ 0.254,\ 0.248)$$
$$\boldsymbol{p}(9) = \boldsymbol{p}(8)P = (0.337,\ 0.165,\ 0.247,\ 0.251)$$

のようになり，極限

$$\lim_{n\to\infty} \boldsymbol{p}(n) = (0.333\cdots, \ 0.166\cdots, \ 0.250, \ 0.250)$$

の存在を予感させる数値になっている．

この例のマルコフ連鎖は既約でかつ非周期的すなわちエルゴード的マルコフ連鎖であることに注意しよう．

一般に P をエルゴード的マルコフ連鎖の推移行列とすると，その高次の推移行列 $P^{(n)}$ には極限が存在し

$$\lim_{n\to\infty} P^{(n)} = \lim_{n\to\infty} P^n = \begin{pmatrix} \boldsymbol{\pi} \\ \boldsymbol{\pi} \\ \vdots \\ \boldsymbol{\pi} \end{pmatrix}$$

ここで

$$\boldsymbol{\pi} = (\pi_1, \pi_2, \ldots, \pi_N); \qquad \pi_i > 0, \ \sum_{i=1}^{N} \pi_i = 1$$

という形になることが示される．証明は困難ではないが冗長になるのでここでは省く．

さて，そうすると (7.5) の後半の関係式より，任意の初期分布 $\boldsymbol{p}(0)$ に対して

$$\lim_{n\to\infty} \boldsymbol{p}(n) = \boldsymbol{p}(0) \lim_{n\to\infty} P^n = \boldsymbol{p}(0) \begin{pmatrix} \boldsymbol{\pi} \\ \boldsymbol{\pi} \\ \vdots \\ \boldsymbol{\pi} \end{pmatrix} = \boldsymbol{\pi}$$

が得られる．この $\boldsymbol{\pi}$ を**極限分布** (limiting distribution) とよぶ．また，(7.5) の前半の関係式において $n \to \infty$ とすると，$\boldsymbol{\pi}$ は

$$\boldsymbol{\pi} = \lim_{n\to\infty} \boldsymbol{p}(n) = \lim_{n\to\infty} \boldsymbol{p}(n-1)P = \boldsymbol{\pi}P$$

をみたすことがわかる．これを定理の形にまとめておく．

定理 7.5 エルゴード的マルコフ連鎖では，状態確率分布 $\boldsymbol{p}(n)$ はあるベクトル $\boldsymbol{\pi}$ に収束する．$\boldsymbol{\pi}$ は初期分布 $\boldsymbol{p}(0)$ にはよらず

7.5 定常分布

$$\boldsymbol{\pi} = \boldsymbol{\pi} P \qquad (7.11)$$

をみたすただ 1 つの確率ベクトル[3]である．

さて，式 (7.11) をみたす確率ベクトル $\boldsymbol{\pi}$ を初期分布としてみよう．$\boldsymbol{p}(0) = \boldsymbol{\pi}$ であるから，(7.5) の前半の関係式を繰り返し使うと

$$\boldsymbol{p}(0) = \boldsymbol{p}(1) = \boldsymbol{p}(2) = \cdots = \boldsymbol{\pi}$$

であることがわかる．つまり，初期分布が $\boldsymbol{\pi}$ であれば，各時点における状態確率分布は変わらない．このため，式 (7.11) をみたす確率ベクトル $\boldsymbol{\pi}$ のことを **定常分布** (stationary distribution) とよぶ．

状態確率の極限分布が存在すれば，上に示したようにそれは定常分布に一致する．一方，状態が周期的ならば，字義どおりの意味での極限分布は存在しない．それでも定常分布は存在する（問題 7.9）．

方程式 (7.11) を解いて定常分布を求めるときの注意点を述べておく．方程式を単位行列 I と零列ベクトル $\mathbf{0}$ を使って書き換えると

$$\boldsymbol{\pi}(P - I) = \mathbf{0} \qquad (7.12)$$

となるが，確率行列の性質から係数行列 $P-I$ の階数は $N-1$ となるので，このままでは解は不定である．解を決定するためには，分布であるという条件

$$\pi_1 + \pi_2 + \cdots + \pi_N = 1 \qquad (7.13)$$

を付け加えなければならない．

例 7.1（続き）　前にも述べたように，推移行列 P をもつマルコフ連鎖はエルゴート的である．よって，極限分布が存在し，それは定常分布である．ではこのマルコフ連鎖の定常分布を計算してみよう．方程式 (7.12) と (7.13) を成分で表示すると

---

[3]　各成分が非負で成分の和が 1 の行ベクトル．

$$\begin{cases} -\pi_1 + \frac{1}{2}\pi_2 + \frac{2}{3}\pi_3 + \frac{1}{3}\pi_4 = 0 \\ \frac{1}{4}\pi_1 - \pi_2 + \frac{1}{3}\pi_4 = 0 \\ \frac{2}{4}\pi_1 - \pi_3 + \frac{1}{3}\pi_4 = 0 \\ \frac{1}{4}\pi_1 + \frac{1}{2}\pi_2 + \frac{1}{3}\pi_3 - \pi_4 = 0 \\ \pi_1 + \pi_2 + \pi_3 + \pi_4 = 1 \end{cases}$$

となる.最初の 4 本の式は独立ではなく,左辺を加えると 0 になる.よって最後の式を付け加えて方程式を解くと

$$\pi = \left(\frac{1}{3}, \frac{1}{6}, \frac{1}{4}, \frac{1}{4}\right) = (0.333\cdots, 0.166\cdots, 0.250, 0.250)$$

が得られる.これは確かに前に予想した極限分布に一致している.

推移行列 Q をもつマルコフ連鎖もエルゴード的なので,同様な方法で極限分布を計算すると

$$\pi = \left(\frac{65}{208}, \frac{39}{208}, \frac{1}{4}, \frac{1}{4}\right) = (0.3125, 0.1875, 0.250, 0.250)$$

が得られる.

7.6 吸収的マルコフ連鎖　● ● ● ● ● ● ●

マルコフ連鎖が吸収状態をもつかどうかそして吸収状態がどれかは,推移行列の対角成分に 1 があるかどうかでただちに見分けがつく.一般に,r 個の一時的状態,$s = N - r$ 個 の吸収状態をもつ**吸収的マルコフ連鎖**に対し,状態番号を適当につけかえ一時的状態に最初の連続する番号を与えることによって,その推移行列の形を

7.6 吸収的マルコフ連鎖

$$P = \begin{pmatrix} p_{11} & p_{12} & \cdots & p_{1r} & p_{1,r+1} & p_{1,r+2} & \cdots & p_{1N} \\ p_{21} & p_{22} & \cdots & p_{2r} & p_{2,r+1} & p_{2,r+2} & \cdots & p_{2N} \\ \vdots & \vdots & \ddots & \vdots & \vdots & \vdots & \ddots & \vdots \\ p_{r1} & p_{r2} & \cdots & p_{rr} & p_{r,r+1} & p_{r,r+2} & \cdots & p_{rN} \\ \hline 0 & 0 & \cdots & 0 & 1 & 0 & \cdots & 0 \\ 0 & 0 & \cdots & 0 & 0 & 1 & \ddots & \vdots \\ \vdots & \vdots & \ddots & 0 & \vdots & \ddots & \ddots & 0 \\ 0 & 0 & \cdots & 0 & 0 & \cdots & 0 & 1 \end{pmatrix}$$

$$= \left(\begin{array}{c|c} Q & R \\ \hline O & I \end{array} \right)$$

とすることができる．ここで，R は一時的状態から吸収状態への推移を表す $r \times s$ の行列，Q は一時的状態から一時的状態への推移を表す $r \times r$ の行列である．I は $s \times s$ の単位行列，O は $s \times r$ の零行列を表している．

このように区分けされた推移行列 P の n 次推移行列 $P^{(n)}$ は，やはり同様な形をしており，

$$P^{(n)} = P^n = \left(\begin{array}{c|c} Q^n & R_n \\ \hline O & I \end{array} \right), \qquad R_n = (I + Q + \cdots + Q^{n-1})R$$

となる．このとき，定理 7.1 (1) の無限級数の収束性から，収束のための必要条件として

$$Q^n \to O \quad (n \to \infty)$$

が得られる．この条件が成り立つと，恒等式

$$(I + Q + Q^2 + \cdots + Q^{n-1})(I - Q) = I - Q^n$$

から

$$(I - Q)^{-1} = I + Q + Q^2 + \cdots$$

が得られる．この行列を吸収的マルコフ連鎖に対する**基本行列** (fundamental matrix) とよび，$M = (I - Q)^{-1}$ と表すことにする．これを使うと，$n \to \infty$ のとき $R_n \to MR$ であるから

$$P^{(n)} \to \left(\begin{array}{c|c} O & MR \\ \hline O & I \end{array}\right) \qquad (n \to \infty)$$

となる.

いま,$T = \{1, 2, \ldots, r\}$,$A = \{r+1, r+2, \ldots, N\}$ とおく.T は一時的状態の集合,T は吸収状態の集合である.i を出発したマルコフ連鎖はいずれ $j \in A$ に吸収されるが,それまでの様子を示す量が基本行列 M を使って表現される.

定理 7.6 (1)(**吸収確率**)一時的状態 $i \in T$ を出発したマルコフ連鎖がいつかは吸収状態 $j \in A$ に達する確率は,MR の $(i, j-r)$ 成分で与えられる.

(2)(**平均訪問回数**)一時的状態 $i \in T$ を出発したマルコフ連鎖が吸収状態に入ってしまう前に一時的状態 $j \in T$ を訪問する平均回数は,M の (i, j) 成分で与えられる.

(3)(**平均吸収時間**)一時的状態 $i \in T$ を出発したマルコフ連鎖が吸収状態に吸収されるまでの平均時間(平均ステップ数)は,列ベクトル $\boldsymbol{\tau} = M\mathbf{1}$ の第 i 成分で与えられる.ここで,$\mathbf{1}$ はすべての成分が 1 の列ベクトルである.

証明 (1) n 次推移行列 $P^{(n)}$ の右上の区画 R_n は,$i \in T$ を出発したマルコフ連鎖が n ステップで $j \in A$ に達する確率を表しているが,一度 j に達するとそれ以降はずっとそこにとどまっているので,結局 n ステップまでに j に到達する確率を表している.$n \to \infty$ のとき $R_n \to MR$ であるから,その極限は,$i \in T$ を出発したマルコフ連鎖がいつかは $j \in A$ に吸収される確率を表している.

(2) マルコフ連鎖 $\{X_n : n = 0, 1, 2, \ldots\}$ が一時的状態 j を訪問する全回数を表す確率変数を V_j とする.このとき,一時的状態 i に対する条件つき期待値 $E(V_j | X_n = i)$ が求めるものである.いま,マルコフ連鎖が時点 n において j にあれば 1,そうでなければ 0 という 2 値の確率変数を,クロネッカーのデルタを使い δ_{jX_n} と表すと,V_j は

$$V_j = \delta_{jX_0} + \delta_{jX_1} + \delta_{jX_2} + \cdots \tag{7.14}$$

と書くことができる.条件つき期待値 $E(V_j | X_0 = i)$ を (i, j) 成分とする行列に並べると

$\{E(V_j|X_0=i)\}$
$= \left\{E\left(\sum_{n=0}^{\infty}\delta_{jX_n}\Big|X_0=i\right)\right\} = \left\{\sum_{n=0}^{\infty}E(\delta_{jX_n}|X_0=i)\right\}$
$= \left\{\sum_{n=0}^{\infty}\Big[0\cdot\big(1-P(X_n=j|X_0=i)\big)+1\cdot P(X_n=j|X_0=i)\Big]\right\}$
$= \left\{\sum_{n=0}^{\infty}p_{ij}^{(n)}\right\} = \sum_{n=0}^{\infty}\{p_{ij}^{(n)}\} = I+Q+Q^2+\cdots = M$

となることがわかる.

(3) 吸収されるまでにマルコフ連鎖が一時的状態の間で推移を続けるステップ数は, 式 (7.14) で定義された V_j を $j\in T$ について加えたものになっている. したがって, $i\in T$ から出発したという条件のもとでは, その期待ステップ数は $\tau_i = \sum_{j=1}^{r} E(V_j|X_0=i)$ となる. これはちょうど M の第 i の行の成分を加えたものである. τ_i ($i=1,2,\ldots,r$) を列ベクトルの形に並べると, 定理で与えたように表現できる. ∎

例 7.4 A, B 2 人がコイン投げの賭けをして, 表が出れば A が B からチップ 1 枚をもらい, 裏が出れば B が A からチップ 1 枚をもらうとする. A, B 2 人が所持しているチップの合計は 4 枚で, どちらかのチップが 0 枚になった時点でその人は破産ということで賭けは終わりとする. いま n 回賭けをした後の A のチップ数を X_n とすると, $\{X_n : n=0,1,2,\ldots\}$ は $S=\{0,1,2,3,4\}$ を状態空間にもつマルコフ連鎖で, その推移行列は

$$P = \begin{array}{c} \nearrow \\ 0 \\ 1 \\ 2 \\ 3 \\ 4 \end{array} \begin{pmatrix} 0 & 1 & 2 & 3 & 4 \\ 1 & 0 & 0 & 0 & 0 \\ \frac{1}{2} & 0 & \frac{1}{2} & 0 & 0 \\ 0 & \frac{1}{2} & 0 & \frac{1}{2} & 0 \\ 0 & 0 & \frac{1}{2} & 0 & \frac{1}{2} \\ 0 & 0 & 0 & 0 & 1 \end{pmatrix}$$

で与えられる (問題 7.7 参照). 明らかに状態 1, 2, 3 は一時的状態, 状態 0, 4 は吸収状態である. そこで状態 1, 2, 3, 0, 4 の順に新しい番号 $1', 2', 3', 4', 5'$ をつけて推移行列成分の並べ替えを行うと, 推移行列は標準形

に変形される．ここで

$$Q = \begin{pmatrix} 0 & \frac{1}{2} & 0 \\ \frac{1}{2} & 0 & \frac{1}{2} \\ 0 & \frac{1}{2} & 0 \end{pmatrix}, \qquad R = \begin{pmatrix} \frac{1}{2} & 0 \\ 0 & 0 \\ 0 & \frac{1}{2} \end{pmatrix}$$

である．吸収マルコフ連鎖に対する基本行列は

$$M = (I - Q)^{-1} = \begin{pmatrix} 1 & -\frac{1}{2} & 0 \\ -\frac{1}{2} & 1 & -\frac{1}{2} \\ 0 & -\frac{1}{2} & 1 \end{pmatrix} = \begin{pmatrix} \frac{3}{2} & 1 & \frac{1}{2} \\ 1 & 2 & 1 \\ \frac{1}{2} & 1 & \frac{3}{2} \end{pmatrix}$$

となる．これより，吸収確率 MR および平均吸収時間ベクトル $\boldsymbol{\tau}$ は

$$MR = \begin{matrix} \\ 1' \\ 2' \\ 3' \end{matrix} \begin{matrix} 4' & 5' \\ \begin{pmatrix} \frac{3}{4} & \frac{1}{4} \\ \frac{1}{2} & \frac{1}{2} \\ \frac{1}{4} & \frac{3}{4} \end{pmatrix} \end{matrix}, \qquad \boldsymbol{\tau} = M \begin{pmatrix} 1 \\ 1 \\ 1 \end{pmatrix} = \begin{matrix} 1' \\ 2' \\ 3' \end{matrix} \begin{pmatrix} 3 \\ 4 \\ 3 \end{pmatrix}$$

となる．もし A がチップ 1 枚をもって賭けをはじめたとすると，自分自身が破産する確率は $\frac{3}{4}$，相手を破産させる確率は $\frac{1}{4}$ である．そしてこの賭けは平均 3 ステップで決着がつく．

問 題

7.1 関係式 (7.2) と (7.3) を示せ．

7.2 関係式 (7.5) を示せ．

7.3 状態の連結関係 ↔ は状態空間における同値関係となることを示せ．

7.4 次の推移行列をもつマルコフ連鎖の状態を組分けし，求めた組が閉じているかどうかを判定せよ．

$$(1) \begin{pmatrix} 0 & \frac{1}{3} & \frac{2}{3} \\ \frac{2}{3} & 0 & \frac{1}{3} \\ \frac{1}{3} & \frac{2}{3} & 0 \end{pmatrix} \quad (2) \begin{pmatrix} 0 & 0 & 1 & 0 \\ 1 & 0 & 0 & 0 \\ \frac{1}{2} & \frac{1}{2} & 0 & 0 \\ \frac{1}{3} & \frac{1}{3} & \frac{1}{3} & 0 \end{pmatrix} \quad (3) \begin{pmatrix} \frac{3}{5} & 0 & \frac{2}{5} & 0 & 0 \\ \frac{1}{5} & \frac{3}{5} & \frac{1}{5} & 0 & 0 \\ \frac{1}{5} & 0 & \frac{4}{5} & 0 & 0 \\ 0 & 0 & 0 & \frac{3}{5} & \frac{2}{5} \\ 0 & 0 & 0 & \frac{2}{5} & \frac{3}{5} \end{pmatrix}$$

7.5 例 7.3 の推移行列 P に対して，$P^{(n)}$ は式 (7.6) となることを示せ．

7.6 関係式 (7.9) と (7.10) を示せ．

7.7 単位時間ごとに数直線上を動く粒子は，前の時点での動きとは独立に確率 p で右に 1，確率 $q = 1-p$ で左に 1 移動するとする．時点 n における粒子の位置を X_n とすると，$\{X_n : n = 0, 1, 2, \ldots\}$ はマルコフ連鎖である．このような粒子の運動を**ランダム・ウォーク** (random walk) という．

(1) $\{X_n\}$ はマルコフ連鎖であることを示せ．

以下では 0 から 4 までの整数上を動くランダム・ウォークを考える．

(2) 0 と 4 が吸収状態であるとして，その推移行列を書け．

(3) 0 と 4 で粒子が反射される，すなわち 0 に到着した粒子は次のステップで必ず 1 へ，4 に到着した粒子は 3 へ移動するとして，その推移行列を書け．

(4) 0.5 と 3.5 の位置に反射する壁を設けたとして，その推移行列を書け．

7.8 問題 7.4 の 3 つの推移行列で定められるマルコフ連鎖のそれぞれにおいて，状態の分類をせよ．

7.9 推移行列が

$$P = \begin{pmatrix} 0 & 0 & \frac{1}{2} & \frac{1}{2} \\ 0 & 0 & \frac{1}{2} & \frac{1}{2} \\ \frac{1}{3} & \frac{2}{3} & 0 & 0 \\ \frac{2}{3} & \frac{1}{3} & 0 & 0 \end{pmatrix}$$

で与えられるマルコフ連鎖について以下の問に答えよ．

(1) このマルコフ連鎖は既約でかつ周期的であることを示し，各状態の周期を求めよ．

(2) P^{2k} および P^{2k+1} ($k = 1, 2, \ldots$) を求めよ．

(3) 初期分布を $\boldsymbol{p}(0) = (1, 0, 0, 0)$ とするとき，状態確率分布 $\boldsymbol{p}(2k-1)$ および $\boldsymbol{p}(2k)$ ($k = 1, 2, \ldots$) を求めよ．極限分布は存在するか．

(4) 定常分布を求めよ．

7.10 ある大学では各学年とも確率 p で退学者が出，確率 q で留年，確率 r で進級するという．1 年次から 4 年次および退学と卒業の 6 つを状態空間とするマルコフ連鎖を考える．

(1) 推移行列を書け．
(2) いま各学年にいる学生が，卒業もしくは退学によって学校を去るまで，どのくらいの長さ在学していることになるか，その期待値を求めよ．
(3) 各学年にいる学生が，結局は卒業する確率と退学する確率とを求めよ．
(4) $p=0.1, q=0.2, r=0.7$ のとき，問 (2), (3) の数値を求めよ．

8 統計的推測の基礎

統計とは，ある対象から観測なり実験などによって集められた資料の集団のもつ，何らかの性質を明らかにするという方法である．ここでいう資料とは，まったく同じ条件で限りなく繰り返して求められたものでなければならない．このような資料の集団は理想的なもので，現実的にはいろいろな制約のため観測なり実験がやむなく中断される．このような現実の資料から，理想的な資料の集団がもっている性質を引き出すことができれば，われわれにとって大変幸いなことになる．このようなことが統計学の目的としていることである．

8.1 統計モデル

さて，上で述べたような資料の理想的な集団を**母集団** (population) という．一般に資料は数値の形をとる．そうすると集められた数値の全体は分布の形で表現されるであろう．この理想的な分布を**母集団分布**という．

いま，まったく同じ条件で観測なり実験を互いに無関係に行い，n 個の数値 $x_1, x_2, \ldots, x_n$ が得られたとする．これらの数値は母集団の要素の一部と考えられる．視点を変えるなら，母集団分布にしたがう独立な n 個の確率変数 $X_1, X_2, \ldots, X_n$ の実現値とみなされる．これら母集団分布にしたがう確率変数を，統計学ではとくに**標本変量**または**標本確率変数**とよんでいる．4.1 節で述べたように，ある分布にしたがう独立な高々可算無限個の確率変数という概念は定義できる．このような n 個の確率変数 $X_1, X_2, \ldots, X_n$ を**大きさ** (size) n の標本変量または無作為標本といい，これらの変数の値を観測することを**標本抽出**，得られた数値 $x_1, x_2, \ldots, x_n$ を**標本**（データ，観測値，実現値などとも）という．統計学の目的は母集団分布に関する情報を標本から引き出すことである．

多くの場合，母集団分布についてまったく情報がないわけではなく，過去の経験やある種の理論的考察から，母集団分布として特定の形を想定できることがある．たとえば図 8.1 では母集団分布として正規分布を仮定している．しかし，分布の形は想定できても，平均や分散などの**母数**（パラメータ (parameter)）の値まで予想することは困難である．したがって，われわれは候補となる分布の集まり（分布族）$\{N(\mu,\sigma^2): -\infty < \mu < \infty, \sigma > 0\}$ を考えることになる．母集団に想定したこのようなタイプの統計モデルを**パラメトリック** (parametric)な統計モデルとよぶ．この場合にはもっぱらその母数が統計的推測の対象となる．一方，分布の形にも自由性をもたせ，分布の形状を推測の対象とするような統計モデルもある．そのようなものを**ノンパラメトリック** (nonparametric)な統計モデルとよぶ．また，両者の中間的な存在として**セミパラメトリック**(semiparametric) な統計モデルというものもある．本書においては，パラメトリックな統計モデルにおける統計的推測のみを取り扱うが，仮定した母集団分布の形が現実の問題によく適合しているという前提での議論であることに注意する必要がある．

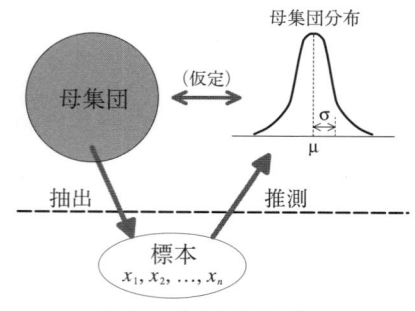

図 8.1 統計的推測の構造

上で述べたように，大きさ n の無作為標本 $X_1, X_2, \ldots, X_n$ は，想定した母集団分布のどれか 1 つにしたがう独立な n 個の確率変数であるとみなされる．われわれが知ることのできるのはこれら n 個の値である．しかし，たとえば正規分布の母平均 μ に関する情報を得るためには，それら個々の値は必要ではなく，1 つの集約された

$$\bar{X}_n = \frac{X_1 + X_2 + \cdots + X_n}{n}$$

の値を知れば "十分" であると考えても不自然さは感じないであろう（8.3 節参照）．このように，われわれは標本変量そのものではなくそれを集約したもの，すなわち標本変量の関数

$$T_n = T_n(X_1, X_2, \ldots, X_n)$$

を考えることが多い．標本変量の関数を一般に**統計量** (statistic) とよぶ．

母集団分布のパラメータに関する統計的推測には，パラメータの値あるいはその存在範囲を直接推測するという方式と，パラメータの値に関する"仮説"の真偽を検証するという方式の 2 つがある．前者を**推定** (estimation) といい，そのために利用する統計量を**推定量** (estimator) という．一方，後者の方式は**仮説検定** (testing hypotheses) とよばれ，そのための統計量は**検定統計量** (test statistic) とよばれることがある．仮説検定も間接的ながらパラメータの値を推測しているわけであるから，検定統計量は推定量を基に構成することが多い．そこで，推定量をつくる一般的な方法について議論しよう．

8.2 尤度関数と最尤推定量

パラメータ $\theta \in \Theta$ をインデックスとする分布族 $\mathscr{P} = \{P_\theta : \theta \in \Theta\}$ を考える．各 P_θ は確率分布で確率関数あるいは確率密度関数 $f(x;\theta)$ をもつとする．標本確率変数 X は，**母数（パラメータ）空間** (parameter space) Θ に属するある θ における P_θ にしたがって分布していることはわかっているが，どの θ であるかはわからない．これがわれわれの置かれている状況である．

いま θ を特定するため大きさ n の標本変量 $X_1, X_2, \ldots, X_n$ を観測する．その結果が $X_1 = x_1, X_2 = x_2, \ldots, X_n = x_n$ であったとしよう．$\theta_1 \in \Theta$ においてこのデータが得られる確率（密度）は $f(x_1;\theta_1)f(x_2;\theta_1)\cdots f(x_n;\theta_1)$，$\theta_2 \in \Theta$ においては $f(x_1;\theta_2)f(x_2;\theta_2)\cdots f(x_n;\theta_2)$ で与えられる．もし

$$f(x_1;\theta_1)f(x_2;\theta_1)\cdots f(x_n;\theta_1) > f(x_1;\theta_2)f(x_2;\theta_2)\cdots f(x_n;\theta_2)$$

なら，θ_1 の場合の方が θ_2 の場合より $x_1, x_2, \ldots, x_n$ という観測が起こるべくして起こったのだから，このデータは P_{θ_1} の方から得られたと考えるのは自然であろう．そこで，得られたデータ $X_1 = x_1, X_2 = x_2, \ldots, X_n = x_n$ を固定し，$\theta \in \Theta$ を変数と考えた関数

$$L(\theta) = L(\theta;x_1,x_2,\ldots,x_n) = f(x_1;\theta)f(x_2;\theta)\cdots f(x_n;\theta), \qquad \theta \in \Theta$$

を，データ $x_1, x_2, \ldots, x_n$ に照らしパラメータ θ の"尤（もっと）もらしさ"を評価する関数という意味で，**尤度（ゆうど）関数** (likelihood function) とよ

ぶ．尤度関数は，同時確率（密度）関数に含まれる未知の母数（定数）を変数にみなすという視点の転換にすぎないが，統計学において最も重要な概念であるといっても言いすぎではない．

例 8.1 $X_1, X_2, \ldots, X_n$ はベルヌーイ分布 $\text{Bi}(1,p)$ $(0 < p < 1)$ からの大きさ n の標本変量とする．$X_1 = x_1, X_2 = x_2, \ldots, X_n = x_n$ が得られたとき，p に関する尤度関数は式 (5.3) で求めたように

$$L(p; x_1, x_2, \ldots, x_n) = p^{\sum\limits_{i=1}^{n} x_i}(1-p)^{n - \sum\limits_{i=1}^{n} x_i}, \qquad 0 < p < 1$$

で与えられる．ここで，この関数はデータに $s_n = \sum\limits_{i=1}^{n} x_i$ を通して関係していることに注意しよう．したがって，同じ s_n の値をもつデータはすべて同じ尤度関数を与える．たとえば，表の出る確率が p のコインを 10 回投げたとき 4 回表が出たとしよう．$s_{10} = 4$ であるような表の出方は $\binom{10}{4} = 210$ 通りあるが，これらのデータはどれも同じ尤度関数

$$L(p) = p^4(1-p)^6, \qquad 0 < p < 1$$

をもたらす．これを図示したものが図 8.2 である．$p = \dfrac{4}{10} = 0.4$ において尤度関数の値は最大となっていることに注意する．すなわち，10 回中 4 回表が出現するような最も尤もらしいコインは $p = 0.4$ のコインであるということになる．そこで，p の推定値として 0.4 を採用することはひとつの自然な考え方であろう．

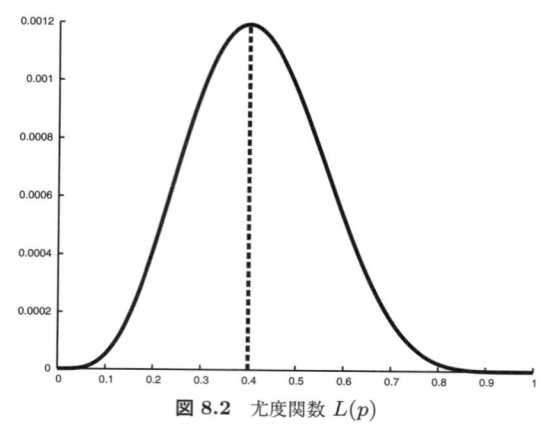

図 8.2 尤度関数 $L(p)$

8.2 尤度関数と最尤推定量

この例は推定量のつくり方のアイディアを示唆している．すなわち，データ $x_1, x_2, \ldots, x_n$ を最も尤もらしく出現させるようなパラメータ $\hat{\theta}_n$ をもって真のパラメータであると推定する．このアイディアを**最尤法** (maximum likelihood method) という．すなわち，$\hat{\theta}_n$ は

$$L(\hat{\theta}_n; x_1, x_2, \ldots, x_n) = \max_{\theta \in \Theta} L(\theta; x_1, x_2, \ldots, x_n)$$

をみたすパラメータ値である．もちろんこの値は固定された $x_1, x_2, \ldots, x_n$ に依存して決まる値 $\hat{\theta}_n = \hat{\theta}_n(x_1, x_2, \ldots, x_n)$ である．これを θ の**最尤推定値** (maximum likelihood estimate) とよぶ．そして，$x_1, x_2, \ldots, x_n$ を標本確率変数に置き換えた統計量

$$\hat{\theta}_n = \hat{\theta}_n(X_1, X_2, \ldots, X_n)$$

を θ の**最尤推定量** (maximum likelihood estimator) とよぶ．

最尤推定値を求めるには，多くの場合，尤度関数の対数（**対数尤度関数** (log-likelihood function)）

$$\begin{aligned} l(\theta) &= l(\theta; x_1, x_2, \ldots, x_n) \\ &= \log L(\theta; x_1, x_2, \ldots, x_n) = \sum_{i=1}^{n} \log f(x_i; \theta) \end{aligned}$$

を最大にする θ を計算するという方が楽である．もし，θ が k 次元ベクトル $\theta = (\theta_1, \theta_2, \ldots, \theta_k)$ で $l(\theta)$ が各 θ_j で微分可能なら，θ の最尤推定値は連立方程式

$$\frac{\partial}{\partial \theta_j} l(\theta) = \sum_{i=1}^{n} \frac{\partial}{\partial \theta_j} \log f(x_i; \theta) = 0, \qquad j = 1, 2, \ldots, k$$

の解の1つである．この方程式を**尤度方程式** (likelihood equation) という．

例 8.1（続き） 対数尤度関数は

$$l(p; x_1, x_2, \ldots, x_n) = \left(\sum_{i=1}^{n} x_i\right) \log p + \left(n - \sum_{i=1}^{n} x_i\right) \log(1-p)$$

よって，p の最尤推定値 $\hat{p}_n$ は方程式

$$\frac{\partial}{\partial p} l(p) = \left(\sum_{i=1}^{n} x_i\right) \frac{1}{p} - \left(n - \sum_{i=1}^{n} x_i\right) \frac{1}{1-p} = 0$$

の解である．これを解くと，予想したように $\hat{p}_n = \bar{x}_n = \dfrac{1}{n}\sum_{i=1}^{n} x_i$ が得られる．よって，p の最尤推定量は相対度数

$$\bar{X}_n = \frac{1}{n}\sum_{i=1}^{n} X_i$$

で与えられる．

この例のように，最尤推定量がいつも一意に定まるとは限らない．次の例でみるように，一意に定まらないだけでなく無数存在する場合もある．

例 8.2 $X_1, X_2, \ldots, X_n$ は一様分布 $\mathrm{U}\left(\theta-\dfrac{1}{2}, \theta+\dfrac{1}{2}\right)$ $(-\infty < \theta < \infty)$ からの大きさ n の無作為標本とする．この分布の確率密度関数は

$$f(x;\theta) = I_{[\theta-1/2,\theta+1/2]}(x) = I_{[x-1/2,x+1/2]}(\theta)$$

と表すことができるから，尤度関数は

$$L(\theta; x_1, x_2, \ldots, x_n) = I_{[\max(x_1,x_2,\ldots,x_n)-1/2,\,\min(x_1,x_2,\ldots,x_n)+1/2]}(\theta)$$

で与えられる．よって，区間

$$\left[\max(X_1, X_2, \ldots, X_n) - \frac{1}{2},\ \min(X_1, X_2, \ldots, X_n) + \frac{1}{2}\right]$$

内の任意の点

$$\hat{\theta}_n = \alpha\left\{\max(X_1, X_2, \ldots, X_n) - \frac{1}{2}\right\} + (1-\alpha)\left\{\min(X_1, X_2, \ldots, X_n) + \frac{1}{2}\right\}$$

$(0 \leqq \alpha \leqq 1)$ が θ の最尤推定量となる．

8.3 十 分 性

前節の例 8.1 において，1 の総数（成功回数）を表す統計量

$$S_n = \sum_{i=1}^{n} X_i$$

の値がわかれば，同じ S_n 値をもつ $\binom{n}{S_n}$ 通りの 0, 1 の記録は p に関して同じ尤度をもたらし，p に関する資料という意味においては何の価値ももっていないことがわかった．このことは，S_n だけに p に関する情報が含まれており，S_n の値がわかれば $(X_1, X_2, \ldots, X_n)$ には p に関する情報はまったく含まれていないであろうということを示唆している．つまり，p に関しては S_n さえ観測すれば"十分"なのである．この概念を定式化しよう．

$X_1, X_2, \ldots, X_n$ は $P_\theta \in \mathscr{P} = \{P_\theta : \theta \in \Theta\}$ からの大きさ n の無作為標本とし，これに基づき統計量 $T_n = T_n(X_1, X_2, \ldots, X_n)$ をつくる．もし $T_n = t_n$ を与えたときの $(X_1, X_2, \ldots, X_n)$ の条件つき分布が θ を含まないならば，T_n は $P_\theta \in \mathscr{P}$ またはパラメータ θ に対して**十分**であるという．このとき，T_n は θ に対する**十分統計量** (sufficient statistic) とよばれる．

例 8.1（続き）　$S_n = \sum_{i=1}^n X_n$ は二項分布 $\mathrm{Bi}(n, p)$ にしたがう（5.2 節参照）．このとき

$$P_p(X_1 = x_1, X_2 = x_2, \ldots, X_n = x_n | S_n = s_n)$$
$$= \frac{P_p(X_1 = x_1, X_2 = x_2, \ldots, X_n = x_n, S_n = s_n)}{\binom{n}{s_n} p^{s_n}(1-p)^{n-s_n}}$$
$$= \begin{cases} \dfrac{p^{s_n}(1-p)^{n-s_n}}{\binom{n}{s_n} p^{s_n}(1-p)^{n-s_n}} = \dfrac{1}{\binom{n}{s_n}} & (\sum_{i=1}^n x_i = s_n \text{ のとき}) \\ \dfrac{0}{\binom{n}{s_n} p^{s_n}(1-p)^{n-s_n}} = 0 & (\sum_{i=1}^n x_i \neq s_n \text{ のとき}) \end{cases}$$

となり，パラメータ p を含まない．よって S_n は p に対する十分統計量である．

一般に，十分性を直接確認するのは，条件つき分布の計算を必要とするため困難である．幸い，統計量が十分であるかどうかの判定には次の簡便な規準が利用できる．なお，この定理を一般的に証明することは本書の程度を超えるが，データが離散型の場合には比較的容易で，本質的には上の例のような計算を行えばよい．ここでは離散型の場合の証明を与える．

定理 8.1（**因子分解定理** (factorization theorem)）　各 $P_\theta \in \mathscr{P} = \{P_\theta : \theta \in \Theta\}$ の確率関数あるいは確率密度関数を $f(x; \theta)$ とする．このとき，統計量

$T_n = T_n(X_1, X_2, \ldots, X_n)$ が θ に対して十分であるための必要十分条件は，任意の $x_1, x_2, \ldots, x_n$ と任意の θ に対し

$$
\begin{aligned}
&f(x_1;\theta)f(x_2;\theta)\cdots f(x_n;\theta)\\
&= g(T_n(x_1, x_2, \ldots, x_n); \theta) h(x_1, x_2, \ldots, x_n)
\end{aligned} \tag{8.1}
$$

が成り立つことである．ここで $g(t_n;\theta)$ は T_n の値域 $\boldsymbol{T}_n$ と Θ 上で定義された非負値関数，$h(x_1, x_2, \ldots, x_n)$ は θ に無関係な非負値関数である．

証明 条件 (8.1) が成り立っているとする．このとき T_n の周辺確率を計算しよう．簡単のため $\boldsymbol{x} = (x_1, x_2, \ldots, x_n)$ とおくと，

$$
\begin{aligned}
P_\theta(T_n = t_n) &= \sum_{\{\boldsymbol{x}: T_n(\boldsymbol{x}) = t_n\}} f(x_1;\theta) f(x_2;\theta) \cdots f(x_n;\theta) \\
&= g(t_n;\theta) \sum_{\{\boldsymbol{x}: T_n(\boldsymbol{x}) = t_n\}} h(\boldsymbol{x})
\end{aligned} \tag{8.2}
$$

となる．$P_\theta(T_n = t_n) \neq 0$ とすると

$$
\begin{aligned}
&P_\theta(X_1 = x_1, X_2 = x_2, \ldots, X_n = x_n | T_n = t_n) \\
&= \frac{P_\theta(X_1 = x_1, X_2 = x_2, \ldots, X_n = x_n, T_n = t_n)}{P_\theta(T_n = t_n)} \\
&= \begin{cases} \dfrac{f(x_1;\theta)f(x_2;\theta)\cdots f(x_n;\theta)}{P_\theta(T_n = t_n)} & (T_n(\boldsymbol{x}) = t_n \text{ のとき}) \\ \dfrac{0}{P_\theta(T_n = t_n)} & (T_n(\boldsymbol{x}) \neq t_n \text{ のとき}) \end{cases} \\
&= \begin{cases} \dfrac{g(t_n;\theta)h(\boldsymbol{x})}{P_\theta(T_n = t_n)} & (T_n(\boldsymbol{x}) = t_n \text{ のとき}) \\ 0 & (T_n(\boldsymbol{x}) \neq t_n \text{ のとき}) \end{cases}
\end{aligned}
$$

であるから，式 (8.2) を適用すると

$$
\begin{aligned}
&P_\theta(X_1 = x_1, X_2 = x_2, \ldots, X_n = x_n | T_n = t_n) \\
&= \begin{cases} \dfrac{h(\boldsymbol{x})}{\sum_{\{\boldsymbol{x}: T_n(\boldsymbol{x}) = t_n\}} h(\boldsymbol{x})} & (T_n(\boldsymbol{x}) = t_n \text{ のとき}) \\ 0 & (T_n(\boldsymbol{x}) \neq t_n \text{ のとき}) \end{cases}
\end{aligned}
$$

となり，θ を含まない．$P_\theta(T_n = t_n) = 0$ なら，$P_\theta(X_1 = x_1, X_2 = x_2, \ldots, X_n = x_n | T_n = t_n) = 0$ とすればよいので，やはり θ を含まない．よって T_n は θ に対する十分統計量である．

逆に，もし T_n が θ に対して十分なら，$x_1, x_2, \ldots, x_n$ に対して

$$g(T_n(x_1, x_2, \ldots, x_n); \theta) = P_\theta(T_n = T_n(x_1, x_2, \ldots, x_n))$$

$$h(x_1, x_2, \ldots, x_n)$$
$$= P(X_1 = x_1,\ X_2 = x_2,\ \ldots,\ X_n = x_n | T_n = T_n(x_1, x_2, \ldots, x_n))$$

とおくと，確率の乗法法則から

$$f(x_1; \theta) f(x_2; \theta) \cdots f(x_n; \theta)$$
$$= P_\theta(X_1 = x_1,\ X_2 = x_2,\ \ldots,\ X_n = x_n,\ T_n = T_n(x_1, x_2, \ldots, x_n))$$
$$= g(T_n(x_1, x_2, \ldots, x_n); \theta) h(x_1, x_2, \ldots, x_n)$$

が得られる． ■

この定理より，十分統計量と 1 対 1 の対応のつく統計量もまた十分であることがわかる．また，因子分解 (8.1) は尤度関数の因子分解とみることもできるので，次のことは自明である．

系 8.1 統計量 $T_n = T_n(X_1, X_2, \ldots, X_n)$ は θ に対して十分であるとする．このとき θ の最尤推定量 $\hat{\theta}_n$ は十分統計量 T_n の関数である．

例 8.1（続き） すでに計算したように，$X_1, X_2, \ldots, X_n$ の同時確率関数は

$$f(x_1; p) f(x_2; p) \cdots f(x_n; p) = p^{\sum_{i=1}^{n} x_i} (1-p)^{n - \sum_{i=1}^{n} x_i}$$

である．定理 8.1 を適用すると，$S_n = \sum_{i=1}^{n} X_i$ が p に対する十分統計量であることがただちにわかる．実際

$$g(s_n; p) = p^{s_n}(1-p)^{n-s_n}, \qquad h(x_1, x_2, \ldots, x_n) = 1$$

と考えればよい．また，それと 1 対 1 の対応のつく $\bar{X}_n = \dfrac{1}{n}\sum_{i=1}^{n} X_i$ や $n - \sum_{i=1}^{n} X_i$ も p に対する十分統計量である．

8.4 推定量の評価

推定量のつくり方は最尤法だけではない．ここでは解説しないが，**モーメント法**[1] (method of moments)，**最小対比法** (minimum contrast method) などとよばれる他の方法もある．たとえば，正規母集団 $N(\mu, \sigma_0^2)$ (σ_0^2 は既知の値)において，母平均 μ の最尤推定量は**標本平均** (sample mean)

$$\bar{X}_n = \frac{1}{n}\sum_{i=1}^{n} X_i$$

(問題 8.1) であり，1つの最小対比推定量が**標本中央値** (sample median)

$$\tilde{X}_n = \begin{cases} X_{(m)} & (n = 2m-1 \text{ のとき}) \\ \dfrac{X_{(m)} + X_{(m+1)}}{2} & (n = 2m \text{ のとき}) \end{cases}$$

である[2]．ここで，$X_{(1)} \leqq X_{(2)} \leqq \cdots \leqq X_{(n)}$ は標本変量 $X_1, X_2, \ldots, X_n$ を小さい方から大きさの順に並べ替えたものを表している．

いま，$N(5,1)$ から大きさ 5 の標本を 2 個とって大きさの順に並べたところ

標本 1:　3.9, 4.2, 5.0, 6.8, 7.7

標本 2:　2.4, 3.3, 6.1, 6.3, 6.9

となったとしよう．標本 1 においては $\bar{X}_5 = 5.5, \tilde{X}_5 = 5.0$ であり，標本 2 においては $\bar{X}_5 = 5.0, \tilde{X}_5 = 6.1$ であるから，前者では $\tilde{X}_5$ が，後者では $\bar{X}_5$ が μ を正しく推定したことになる．しかし，μ の真の値が未知だから推定するのであって，$\bar{X}_5$ がよいのか $\tilde{X}_5$ がよいのかを，そのときの標本値から判断するわけにはいかない．別の判断基準が必要であることは明らかである．その基礎を推定量の値の分布の仕方，すなわち"標本分布"に置くのは自然であろう．たとえば，真の μ 値の近くに値をとる可能性の高い方を使って推定値を求めるというアイディアが考えられる．これを定式化してみよう．

---

[1] たとえば分散 $\sigma^2 = E(X^2) - \{E(X)\}^2$ の推定を，標本 1 次モーメント $\hat{\mu}_{1,n} = \dfrac{1}{n}\sum_{i=1}^{n} X_i$ と標本 2 次モーメント $\hat{\mu}_{2,n} = \dfrac{1}{n}\sum_{i=1}^{n} X_i^2$ を使い $\hat{\mu}_{2,n} - (\hat{\mu}_{1,n})^2$ で行う．

[2] $\tilde{X}_n$ は $\sum_{i=1}^{n} |X_i - \theta|$ を最小にする θ である．

$X_1, X_2, \ldots, X_n$ は分布 P_θ ($\theta \in \Theta$) からの大きさ n の無作為標本とし，$T_n = T_n(X_1, X_2, \ldots, X_n)$ を θ の推定量とする．いまこの T_n を独立に m 回観測するとし，それを $T_{n1}, T_{n2}, \ldots, T_{nm}$ と表すことにする．このとき，大数の強法則（定理 4.2）より

$$\frac{T_{n1} + T_{n2} + \cdots + T_{nm}}{m} \to E_\theta(T_n) \qquad (m \to \infty)$$

が成り立つ．ここで，各 $\theta \in \Theta$ に対し，$E_\theta(T_n)$ は分布 P_θ のもとにおける T_n の期待値を表している．もし $E_\theta(T_n) \neq \theta$ なら，推定をたび重ねるほどその平均はパラメータの真値から離れてしまうことになり，推定量としてはあまり望ましくない．そこで，次の性質を要求することにする：

$$E_\theta(T_n) = \theta, \qquad \theta \in \Theta$$

もし T_n がこの性質をもつなら，T_n は θ の**不偏推定量** (unbiased estimator) であるという．

しかし，T_n の不偏性はあくまで T_n の値が θ を中心に散らばって分布するであろうということであって，その範囲が広ければなかなか目標の真値に近い推定を得ることはできない．たとえば，S_n, T_n はともに θ の不偏推定量で，それらの標本分布は図 8.3 のようであったとする．S_n の値は θ の近くに比較的密集するのに対し，T_n は θ に近い値をとらない可能性も多い．このため，S_n は T_n より精密であると考えてよい．2.4 節で述べたように，平均のまわりの確率の集中度合いは分散で測ることができるから，不偏推定量の中で，できるだけ分散の小さいものを探すことが考えられる．もし θ の不偏推定量 S_n が，θ の他の任意の不偏推定量 T_n に対し

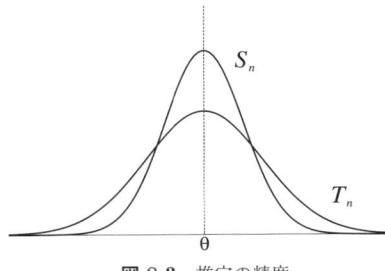

図 8.3 推定の精度

$$V_\theta(S_n) = E_\theta[(S_n - \theta)^2] \leqq E_\theta[(T_n - \theta)^2] = V_\theta(T_n), \qquad \theta \in \Theta$$

をみたすなら，S_n は θ の**一様最小分散不偏推定量** (uniformly minimum variance unbiased estimator) とよばれる．

不偏推定量の分散が一様に最小であるかどうかの判定には，次の不等式が有用である．簡単のため，Θ は実数空間の開区間であるとする．

定理 8.2（クラメール–ラオ (Cramér–Rao) の不等式）　$X_1, X_2, \ldots, X_n$ は分布 P_θ $(\theta \in \Theta)$ からの大きさ n の無作為標本とする．もし，P_θ の確率関数あるいは確率密度関数 $f(x;\theta)$ が "正則条件[3]" をみたすなら，θ の任意の不偏推定量 T_n に関し

$$V_\theta(T_n) \geqq \frac{1}{nI_X(\theta)}, \qquad \theta \in \Theta$$

が成り立つ．

なお，この不等式右辺の $I_X(\theta)$ は

$$I_X(\theta) = E_\theta\left[\left\{\frac{\partial}{\partial \theta} \log f(X;\theta)\right\}^2\right]$$

で定義される量で，大きさ 1 の標本変量 X に含まれる θ に関する**フィッシャー情報量** (Fisher information) とよばれている．もし，θ の不偏推定量が上の不等式における等号をみたすなら，その推定量の分散は一様に最小となっている．

この定理を証明するには多少煩雑な解析的条件が必要なので，ここでは証明の概略を示すにとどめる．

証明　（概略）連続的な場合を示すが，離散的な場合は積分記号を和の記号に置き換えればよい．簡単のため $\boldsymbol{x} = (x_1, x_2, \ldots, x_n)$ とおき，同時確率密度関数を $f(\boldsymbol{x};\theta)$ と書く．T_n は不偏推定量であるから

$$E_\theta(T_n) = \int T_n(\boldsymbol{x}) f(\boldsymbol{x};\theta) \, d\boldsymbol{x} = \theta$$

が成り立つ．後半の等式の両辺を θ で微分すると

$$\int T_n(\boldsymbol{x}) \frac{\partial}{\partial \theta} f(\boldsymbol{x};\theta) \, d\boldsymbol{x} = \int T_n(\boldsymbol{x}) \left\{\frac{\partial}{\partial \theta} \log f(\boldsymbol{x};\theta)\right\} f(\boldsymbol{x};\theta) \, d\boldsymbol{x} = 1$$

となる．同様に $\int f(\boldsymbol{x};\theta) \, d\boldsymbol{x} = 1$ の両辺を θ で微分すると

---

[3]　たとえば，積分（無限和）記号のもとでの微分可能性 $\dfrac{\partial}{\partial \theta} \displaystyle\int_{-\infty}^{\infty} f(x;\theta) \, dx = \int_{-\infty}^{\infty} \dfrac{\partial}{\partial \theta} f(x;\theta) \, dx$ など．

$$\int \left\{ \frac{\partial}{\partial \theta} \log f(\boldsymbol{x};\theta) \right\} f(\boldsymbol{x};\theta) \, d\boldsymbol{x} = 0$$

となる．この2つの式から

$$\int \left\{ T_n(\boldsymbol{x}) - \theta \right\} \left\{ \frac{\partial}{\partial \theta} \log f(\boldsymbol{x};\theta) \right\} f(\boldsymbol{x};\theta) \, d\boldsymbol{x} = 1$$

が得られる．ここにコーシー–シュワルツの不等式（問題 3.6 参照）を適用すると

$$\int \left\{ T_n(\boldsymbol{x}) - \theta \right\}^2 f(\boldsymbol{x};\theta) \, d\boldsymbol{x} \cdot \int \left\{ \frac{\partial}{\partial \theta} \log f(\boldsymbol{x};\theta) \right\}^2 f(\boldsymbol{x};\theta) \, d\boldsymbol{x} \geqq 1$$

となることがわかる．左辺第1項は T_n の分散 $V_\theta(T_n)$ である．ここで $f(\boldsymbol{x};\theta) = f(x_1;\theta)f(x_2;\theta)\cdots f(x_n;\theta)$ および $\int \left\{ \frac{\partial}{\partial \theta} \log f(x_i;\theta) \right\} f(x_i;\theta) \, dx_i = 0$ ($i = 1, 2, \ldots, n$) に注意すると，左辺第2項は $nI_X(\theta)$ であることが容易にわかる．すなわち

$$V_\theta(T_n) \geqq \frac{1}{nI_X(\theta)}$$

を得る．■

例 8.3 $X_1, X_2, \ldots, X_n$ は正規母集団 $N(\mu, \sigma_0^2)$ ($-\infty < \mu < \infty$, σ_0^2 は既知の値）からの大きさ n の無作為標本とする．問題 3.5 からわかるように，μ の最尤推定量 $\bar{X}_n$ は不偏推定量であり，その分散は

$$V_\mu(\bar{X}_n) = \frac{\sigma_0^2}{n}, \qquad -\infty < \mu < \infty$$

である．もっと正確には $\bar{X}_n$ は $N\left(\mu, \frac{\sigma_0^2}{n}\right)$ にしたがう（系 6.1 参照）．ところで

$$I_X(\mu) = E_\mu\left[\left(\frac{X-\mu}{\sigma_0^2}\right)^2\right] = \frac{\sigma_0^2}{\sigma_0^4} = \frac{1}{\sigma_0^2}, \qquad -\infty < \mu < \infty$$

であるから，クラメール–ラオの不等式において等号

$$V_\mu(\bar{X}_n) = \frac{1}{nI_X(\mu)}, \qquad -\infty < \mu < \infty$$

が成り立つ．よって $\bar{X}_n$ は μ の一様最小分散不偏推定量である．一方，標本中央値 $\tilde{X}_n$ は多少面倒な計算により不偏推定量であることを示すことができる

が，その分散を明示的に表すことは困難である．しかし，標本サイズ n が大きい場合，$\tilde{X}_n$ は漸近的に $N\left(\mu, \dfrac{\pi \sigma_0^2}{2n}\right)$ にしたがうことが知られている．よって，$\tilde{X}_n$ の漸近的な分散は $\bar{X}_n$ の分散の 1.57 倍となる．ただし，このことはあくまで母集団分布が $N(\mu, \sigma_0^2)$ であるという前提のもとでの議論であることを忘れてはならない．

この例において，標本平均 $\bar{X}_n$ は標本サイズ n が増大 ($n \to \infty$) するにつれ，任意の $\varepsilon > 0$ に対し

$$P_\mu(|\bar{X}_n - \mu| \geqq \varepsilon) \to 0, \qquad -\infty < \mu < \infty$$

となっている（大数の弱法則）．一方，標本中央値 $\tilde{X}_n$ についても例 8.3 の中で述べた漸近的な性質より，$n \to \infty$ のとき

$$P_\mu(|\tilde{X}_n - \mu| \geqq \varepsilon) \fallingdotseq 2\left\{1 - \Phi\left(\dfrac{\varepsilon}{\sigma_0}\sqrt{\dfrac{2n}{\pi}}\right)\right\} \to 0, \qquad -\infty < \mu < \infty$$

が成り立つ．ここで，Φ は標準正規分布 $N(0,1)$ の分布関数を表す．すなわち，$\bar{X}_n$ も $\tilde{X}_n$ も標本サイズ n が増すにつれ，μ の真値を精度よく推定できる可能性が高くなっていくことがわかる．これは，われわれが推定量に期待する当然の性質であろう．そこで次の定義を与える．

$X_1, X_2, \ldots, X_n$ は分布 P_θ ($\theta \in \Theta$) からの大きさ n の標本とし，$T_n = T_n(X_1, X_2, \ldots, X_n)$ を θ の推定量とする．任意の $\varepsilon > 0$ に対し T_n が

$$\lim_{n \to \infty} P_\theta(|T_n - \theta| \geqq \varepsilon) = 0, \qquad \theta \in \Theta$$

をみたすとき，T_n は θ の**一致推定量** (consistent estimator) であるという．

例 8.3 において μ の最尤推定量 $\bar{X}_n$ は一致推定量になっていたが，これは決して偶然ではない．実は，適当な"正則条件"のもとで，最尤推定量は一致推定量となることが知られている．

さて，8.3 節で十分統計量の概念を導入したが，そのような統計量を使う効用は具体的にあるのだろうか．この疑問に対する 1 つの答えは次の定理である．この定理から，分散の小さい不偏推定量を求めるためには，十分統計量の関数になっている不偏推定量だけを考えればよいということがわかる．

定理 8.3（ラオ–ブラックウェル (Rao–Blackwell) の定理） 統計量 $T_n = T_n(X_1, X_2, \ldots, X_n)$ は θ に対して十分であるとする．θ の任意の不偏推定量 $S_n = S_n(X_1, X_2, \ldots, X_n)$ に対して

$$U_{S_n}(t_n) = E(S_n | T_n = t_n)$$

とおくと，$U_{S_n}(T_n)$ もまた θ の不偏推定量で，その分散は

$$V_\theta\bigl(U_{S_n}(T_n)\bigr) \leqq V_\theta(S_n), \qquad \theta \in \Theta$$

をみたす．

証明 T_n は θ に対する十分統計量であるから，$T_n = t_n$ を与えたときの $(X_1, X_2, \ldots, X_n)$ の条件つき分布は θ を含まない．よって，$T_n = t_n$ を与えたときの $S_n(X_1, X_2, \ldots, X_n)$ の条件つき期待値 $E_\theta(S_n | T_n = t_n)$ も θ を含まないので，これを $E(S_n | T_n = t_n)$ と書く．そうすると T_n の関数 $U_{S_n}(T_n) = E(S_n | T_n)$ も統計量であり，条件つき期待値の性質（問題 3.8 (4)）から

$$E_\theta[U_{S_n}(T_n)] = E_\theta[E_\theta(S_n | T_n)] = E_\theta(S_n) = \theta$$

であることがわかる．すなわち $U_{S_n}(T_n)$ は θ の不偏推定量である．次に条件つき分散に関する関係式（問題 3.8 (6)）を適用すると，

$$V_\theta(S_n) = E_\theta[V_\theta(S_n | T_n)] + V_\theta[E_\theta(S_n | T_n)]$$
$$\geqq V_\theta[E_\theta(S_n | T_n)] = V_\theta\bigl(U_{S_n}(T_n)\bigr)$$

を得る．∎

8.5 区間推定

$X_1, X_2, \ldots, X_n$ は分布 P_θ $(\theta \in \Theta)$ からの大きさ n の無作為標本とする．$X_1 = x_1, X_2 = x_2, \ldots, X_n = x_n$ が観測されたとき，Θ の 1 つの部分集合 $C_n = C_n(x_1, x_2, \ldots, x_n)$ を定め，θ は C_n に含まれるという形でパラメータを推測する方式を**区間（領域）推定** (interval estimation) という．とくに C_n として 1 点からなる集合だけを考えるとき，その推測方式を**点推定** (point estimation) ということもある．これは 8.2 – 8.4 節で説明した推定に他ならない．

もちろん領域 $C_n = C_n(X_1, X_2, \ldots, X_n)$ は無作為標本 $X_1, X_2, \ldots, X_n$ の変動に応じて変化するので，それらがどの程度 θ を含むのかを評価する必要がある．あらかじめ指定された $0 < \alpha < 1$ に対し，

$$P_\theta\{\theta \in C_n(X_1, X_2, \ldots, X_n)\} \geqq 1-\alpha, \qquad \theta \in \Theta \qquad (8.3)$$

が成り立つとき，C_n を**信頼係数** (confidence coefficient) $1-\alpha$ の θ の**信頼領域**（簡単に，θ の $100 \times (1-\alpha)$% 信頼領域）とよぶ．θ が 1 次元のときは，C_n として区間 $[L_n, U_n]$ を考えるのが普通である．このとき，この領域をとくに**信頼区間** (confidence interval) とよぶ．そしてその両端 $L_n = L_n(X_1, X_2, \ldots, X_n)$, $U_n = U_n(X_1, X_2, \ldots, X_n)$ はそれぞれ**下側，上側信頼限界** (lower, upper confidence limit) とよばれる．

信頼領域の定義には多少あいまいなところがある．たとえば何の役にも立たない領域であるが，$C_n(X_1, X_2, \ldots, X_n) = \Theta$ とすると式 (8.3) はつねに成り立ってしまう．また，この式をみたす領域は一意には定まらない．したがって領域の構成には，容積がなるべく小さくなるようにするなどの別の規準が必要となる．

さらに，式 (8.3) の解釈には注意が必要である．標本 $X_1 = x_1$, $X_2 = x_2$, $\ldots$, $X_n = x_n$ が得られると，それから関数 C_n によって1つの"固定"された領域あるいは区間 $C_n(x_1, x_2, \ldots, x_n)$ が定まる．一方，θ は未知ではあるが"定数"である．したがって

$$\theta \in C_n(x_1, x_2, \ldots, x_n)$$

という命題は"真"か"偽"のいずれかである．確率 $1-\alpha$ 以上でこの命題が成り立つという解釈は誤りである．いま，大きさ n の標本を抽出し領域 C_n をつくるという実験を独立に m 回行い，領域 $C_{n1}, C_{n2}, \ldots, C_{nm}$ が得られたとする．このとき，大数の強法則（定理 4.2）から，θ を含む領域の割合は，$m \to \infty$ のとき

$$\frac{\#\{C_{nj} : \theta \in C_{nj}\}}{m} \to P_\theta\{\theta \in C_n(X_1, X_2, \ldots, X_n)\} \geqq 1-\alpha$$

となる.たとえば,100 回実験を繰り返し $\alpha=0.05$ と設定して 100 個の領域 $C_{n1}, C_{n2}, \ldots, C_{n100}$ をつくったとすれば,そのうちの約 95 個は θ を含む領域になっているであろうということを上の式は意味している.しかし,それぞれの領域が θ を含んでいるかどうかはわからない.実際には,われわれは 100 回も標本をとったりしない.1 回の観測に基づき領域を決定するのみである.この領域が θ を含んでいない可能性も否定できないが,100 回のうち 95 回くらいは信頼できる方法でつくったのだから,おそらくその中に θ は入っているであろうと期待しているにすぎない.

例 8.4 $X_1, X_2, \ldots, X_n$ は正規母集団 $N(\mu, \sigma_0^2)$ ($-\infty < \mu < \infty$, σ_0^2 は既知の値) からの大きさ n の無作為標本とする.例 8.3 で示したように最尤推定量 $\bar{X}_n$ は μ の精度の高い(一様最小分散不偏)推定量であるので,これを基に信頼係数 0.95 の μ の信頼区間を構成してみよう.$\bar{X}_n$ の分布は $N\left(\mu, \dfrac{\sigma_0^2}{n}\right)$ であるから,基準化した変量 $Z = \dfrac{\bar{X}_n - \mu}{\sigma_0/\sqrt{n}}$ は標準正規分布 $N(0,1)$ にしたがう.もし,区間 $[a,b]$ を

$$P_\mu\left(a \leqq \frac{\bar{X}_n - \mu}{\sigma_0/\sqrt{n}} \leqq b\right) = P(a \leqq Z \leqq b) \geqq 0.95$$

となるように定めると,

$$P_\mu\left(\bar{X}_n - b\frac{\sigma_0}{\sqrt{n}} \leqq \mu \leqq \bar{X}_n - a\frac{\sigma_0}{\sqrt{n}}\right) \geqq 0.95$$

であるから,μ の 95% 信頼区間として

$$\left[\bar{X}_n - b\frac{\sigma_0}{\sqrt{n}},\ \bar{X}_n - a\frac{\sigma_0}{\sqrt{n}}\right] \tag{8.4}$$

が得られる.この区間の幅 $(b-a)\dfrac{\sigma_0}{\sqrt{n}}$ ができるだけ小さくなるように a,b を決定してみよう.

$0 < \alpha < 1$ に対し,$P(a \leqq Z \leqq b) = 1-\alpha$(一定)という条件のもと,幅 $b-a$ を最小にする区間は $\left[-u\left(\dfrac{\alpha}{2}\right), u\left(\dfrac{\alpha}{2}\right)\right]$ で与えられる(問題 6.5 参照).ここで,$u(p)$ は $P(Z > u) = 1 - \Phi(u) = p$ をみたす u である.この $u(p)$ は p の減少関数であるから,$0 < \alpha \leqq 0.05$ の範囲においては,$\alpha = 0.05$ のときこの区間幅は最小となる.$u(0.025) = 1.96$ であるから,μ の 95% 信頼区間 (8.4) のなかで最小幅をもつ区間は

未知

$\bar{X}_n \sim N\left(\mu, \dfrac{\sigma_0^2}{n}\right)$

μ $\bar{x}_n$

統計家の行う区間推定

1回目の区間推定
2回目
3回目
4回目
5回目（誤り）
6回目
︙
100回目

図 8.4 区間推定

$$\left[\bar{X}_n - 1.96\frac{\sigma_0}{\sqrt{n}},\ \bar{X}_n + 1.96\frac{\sigma_0}{\sqrt{n}}\right]$$

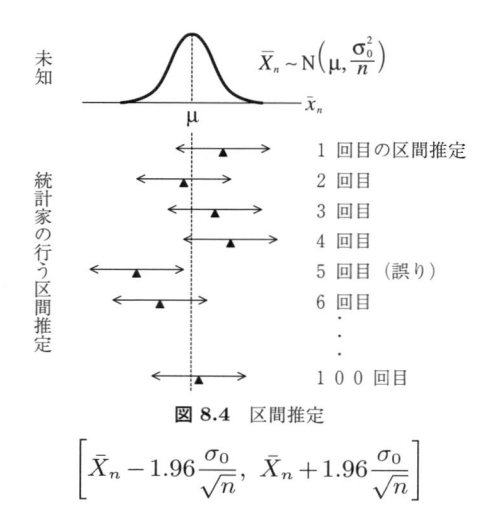

であることがわかる．観測値 $X_1 = x_1, X_2 = x_2, \ldots, X_n = x_n$ が得られたら，$\bar{x}_n = \dfrac{x_1 + x_2 + \cdots + x_n}{n}$ を計算し，この値を中心に $\pm 1.96\dfrac{\sigma_0}{\sqrt{n}}$ の幅をもつ区間をつくる．これが図 8.4 の 1 回目の区間推定であるが，統計家本人にはこの区間が μ を含んでいるかどうかはわからない．しかし，この構成法は，仮に 100 回同じことを繰り返したとすればそのうちの 95 回くらいは μ を含む区間を与えることが保証されている方法なので，1 回目の区間も μ を含むことが期待できる．

上の例において，信頼区間の構成には変量 $Z = \dfrac{\bar{X}_n - \mu}{\sigma_0/\sqrt{n}}$ が本質的な役割をもっていた．この変量は無作為標本 $X_1, X_2, \ldots, X_n$ とパラメータ μ の関数であるが，P_μ のもとでのその分布は μ に無関係であったことに注意しよう．一般に，パラメータ $\theta \in \Theta$ に依存する変量 $T(X_1, X_2, \ldots, X_n; \theta)$ の P_θ における分布が θ に無関係であるとき，$T(X_1, X_2, \ldots, X_n; \theta)$ を**枢軸量** (pivotal quantity) とよぶ．このとき，θ に無関係に区間 $[t_1, t_2]$ を

$$P_\theta\bigl(t_1 \leqq T(X_1, X_2, \ldots, X_n; \theta) \leqq t_2\bigr) \geqq 1 - \alpha$$

をみたすように定めることができるので，もしそれが

$$t_1 \leqq T(X_1, X_2, \ldots, X_n; \theta) \leqq t_2$$
$$\iff L_n(X_1, X_2, \ldots, X_n; [t_1, t_2]) \leqq \theta \leqq U_n(X_1, X_2, \ldots, X_n; [t_1, t_2])$$

をみたすならば，$[L_n(X_1, X_2, \ldots, X_n; [t_1, t_2]), U_n(X_1, X_2, \ldots, X_n; [t_1, t_2])]$ は与えられた信頼係数の θ の信頼区間となる．

8.6 仮説検定

われわれは設定した"仮説"が正しいかどうかを標本変量 X の n 回の独立な観測に基づき決定したい．X の分布 P_θ はある分布族 $\mathscr{P} = \{P_\theta : \theta \in \Theta\}$ に属することがわかっており，θ がわかれば仮説が正しいかどうかが定まるものと仮定する．したがって，$\mathscr{P}$ のパラメータ空間 Θ は，仮説が正しいときのパラメータの集合 Θ_0 と正しくないときの集合 Θ_1 とに二分される．すなわち

$$\Theta = \Theta_0 \cup \Theta_1, \qquad \Theta_0 \cap \Theta_1 = \emptyset$$

このように，仮説は命題 $\theta \in \Theta_0$ と同一視できる．これを記号 H_0 で表し**帰無仮説** (null hypothesis) とよぶ．同様に，対立する仮説は命題 $\theta \in \Theta_1$ と同一視できるので，これを H_1 で表し**対立仮説** (alternative hypothesis) とよぶ．仮説検定とは，分布 P_θ $(\theta \in \Theta)$ から抽出した大きさ n の標本 $X_1 = x_1, X_2 = x_2, \ldots, X_n = x_n$ に基づき，H_0 を棄却するか受容するか（H_1 を受容するか棄却するか）を決定する手続きである．

大きさ n の標本変量の値域を $\mathscr{X}^n$ とする．検定を行うには，関数 $\varphi : \mathscr{X}^n \mapsto [0, 1]$ と標本変量とは独立な区間 $[0, 1]$ 上の一様分布 $\mathrm{U}(0, 1)$ にしたがう確率変数 U を用意し，$X_1 = x_1, X_2 = x_2, \ldots, X_n = x_n$ が得られたら一様乱数 U を観測し

$$0 \leqq U \leqq \varphi(x_1, x_2, \ldots, x_n) \quad \Longrightarrow \quad H_0 \text{ を棄却（}H_1\text{ を採択）}$$

という方法をとる．すなわち確率

$$P\bigl(0 \leqq U \leqq \varphi(x_1, x_2, \ldots, x_n)\bigr) = \varphi(x_1, x_2, \ldots, x_n)$$

で H_0 を棄却する．このような関数 φ を**検定関数** (test function) または単に**検定**とよぶ．とくに φ が $\mathscr{X}^n$ のある領域 C の定義関数 $\varphi(x_1, x_2, \ldots, x_n) = I_C(x_1, x_2, \ldots, x_n)$ なら，確率 1 または 0 で H_0 を棄却することになる．具体的には

$$(x_1, x_2, \ldots, x_n) \in C \implies H_0 \text{ を棄却 } (H_1 \text{ を受容})$$

$$(x_1, x_2, \ldots, x_n) \notin C \implies H_0 \text{ を受容 } (H_1 \text{ を棄却})$$

という方式になる．このような検定を**非確率化検定** (nonrandamized test) とよび，部分集合 $C \subset \mathscr{X}^n$ を**棄却域** (rejection region)，その余集合 $C^c = \mathscr{X}^n - C$ を**受容域** (acceptance region) とよぶ．そうでない検定を**確率化検定** (randomized test) とよぶ．

検定においては正しい決定を下すことも誤った決定を下すこともある．誤りには2種類のタイプがあることに注意する必要がある．たとえば，癌でないという仮説を検定するとき，癌でないのに癌と判定する誤りと，癌であるのに癌でないと判定する誤りの2つがあることに気がつく．前者の誤り，すなわち帰無仮説 H_0 が正しいのにそれを棄却する誤りを**第1種の誤り** (error of the first kind) とよび，後者の誤り，すなわち H_0 が正しくないのにそれを受容する誤りを**第2種の誤り** (error of the second kind) とよぶ（表 8.1）．

表 8.1 検定の誤り

		統計家の判定	
		H_0	H_1
真の仮説	H_0	正しい判定	第 1 種の誤り
	H_1	第 2 種の誤り	正しい判定

いうまでもなく，これら2種類の誤りを犯す確率を最小にするような検定を行う（検定関数を構成する）ことが望ましい．しかし一般に，一方の誤りの確率を小さくしようとすれば他方の誤りの確率は大きくなり，両者の確率を同時に小さくすることはできない．そこで通常は，第1種の誤りを犯す確率に対してある限界を与え，その条件のもとで第2種の誤りを犯す確率を最小にしようとする．

$X_1 = x_1, X_2 = x_2, \ldots, X_n = x_n$ が観測されたとき，各 $\theta \in \Theta_0$ に対し，検定関数 φ は第1種の誤りを確率 $\varphi(x_1, x_2, \ldots, x_n)$ で犯す．よって，平均的にみると φ は確率

$$E_\theta[\varphi(X_1, X_2, \ldots, X_n)], \qquad \theta \in \Theta_0$$

で第1種の誤りを犯す．とくに $\varphi = I_C$ のときは，これは $(X_1, X_2, \ldots, X_n)$ が棄却域 C に落ちる確率

$$P_\theta\{(X_1, X_2, \ldots, X_n) \in C\}, \qquad \theta \in \Theta_0$$

に他ならない.第 1 種の誤りを犯す確率は $\theta \in \Theta_0$ によって異なるので, Θ_0 におけるその値の上限

$$\sup_{\theta \in \Theta_0} E_\theta[\varphi(X_1, X_2, \ldots, X_n)]$$

を考え,これを検定 φ の**大きさ**(size)とよぶことにする.われわれは,**有意水準**(level of significance)とよばれる定数 $0 < \alpha < 1$ を選び,第 1 種の誤りを犯す確率の大きさに許容範囲を設ける.もし,検定 φ が

$$\sup_{\theta \in \Theta_0} E_\theta[\varphi(X_1, X_2, \ldots, X_n)] \leqq \alpha$$

をみたすなら, φ は**(有意)水準** α **の検定**とよばれる.

第 2 種の誤りの確率を考察するため, $\varphi(X_1, X_2, \ldots, X_n)$ の期待値をすべての $\theta \in \Theta$ において考えた関数

$$\beta(\theta; \varphi) = E_\theta[\varphi(X_1, X_2, \ldots, X_n)], \qquad \theta \in \Theta$$

を導入する.各 $\theta \in \Theta_1$ において,これは H_1 を受容するという正しい判定をする確率を表している.したがって,各 $\theta \in \Theta_1$ において φ が第 2 種の誤りを犯す確率は $1 - \beta(\theta; \varphi)$ で与えられる.この値の大小によって検定 φ の性能が評価できる.そこで, $\beta(\theta; \varphi)$ を φ の**検出力**(power)とよび, $\theta \in \Theta_1$ の関数とみなしたとき φ の**検出力関数**(power function)とよぶ.

以上で導入した概念を用いると,水準 α の検定の中で検出力を最大にするようなものを探すという問題になる.もし水準 α の検定 φ が,水準 α の任意の検定 ψ に対し

$$E_\theta[\varphi(X_1, X_2, \ldots, X_n)] \geqq E_\theta[\psi(X_1, X_2, \ldots, X_n)], \qquad \theta \in \Theta_1$$

をみたすならば, φ を水準 α の**一様最強力検定**(uniformly most powerful test)とよぶ.

例 8.5 正規母集団 $N(\mu, \sigma_0^2)$ ($-\infty < \mu < \infty$, σ_0^2 は既知の値)において,平均値に関し $\mu \leqq \mu_0$ という仮説があるとする.対立仮説は $\mu > \mu_0$ である.大きさ n の無作為標本 $X_1, X_2, \ldots, X_n$ に基づき,この検定問題

$$H_0 : \mu \leqq \mu_0 \quad \text{vs.}^{4)} \quad H_1 : \mu > \mu_0$$

に対する有意水準 0.05 の検定を構成してみよう.

例 8.3 で述べたように,$\bar{X}_n$ は μ の精度の高い推定量になっているから,検定関数として"検定統計量" $\bar{X}_n$ の関数を考え,H_0 の棄却域(非確率化検定関数)として

$$C(t) = \{(x_1, x_2, \ldots, x_n) : \bar{x}_n > t\}$$

のタイプに限定しても自然であろう.ただし,t は水準が 0.05 になるように定める必要がある.すなわち,$\sup_{\mu \leqq \mu_0} P_\mu(\bar{X}_n > t) \leqq 0.05$ となるように定める.$\bar{X}_n$ の分布は $N\left(\mu, \dfrac{\sigma_0^2}{n}\right)$ であるから,例 8.4 と同様な計算により,t はすべての $\mu \leqq \mu_0$ に対し

$$P_\mu(\bar{X}_n > t) = P_\mu\left(\frac{\bar{X}_n - \mu}{\sigma_0/\sqrt{n}} > \frac{t - \mu}{\sigma_0/\sqrt{n}}\right) = 1 - \Phi\left(\frac{t - \mu}{\sigma_0/\sqrt{n}}\right) \leqq 0.05$$

をみたせばよい.すなわち $t \geqq \mu + 1.64\dfrac{\sigma_0}{\sqrt{n}}$ であればよい.よって,棄却域

$$C(t) = \{(x_1, x_2, \ldots, x_n) : \bar{x}_n > t\}, \quad t \geqq t_0 = \mu_0 + 1.64\frac{\sigma_0}{\sqrt{n}}$$

はどれも水準が 0.05 である.そこでこれらの検定の検出力関数を求めてみよう.$\beta(\mu; I_{C(t)})$ を簡単に $\beta(\mu; t)$ と表すことにすると,

$$\beta(\mu; t) = P_\mu(\bar{X}_n > t) = 1 - \Phi\left(\frac{t - \mu}{\sigma_0/\sqrt{n}}\right)$$

であるから,$t > t_0$ ならすべての $\mu > \mu_0$ において

$$\beta(\mu; t_0) > \beta(\mu; t)$$

をみたす.すなわち,$C(t_0)$ は他の $C(t)$ $(t > t_0)$ より強い検出力をもっている.実は $C(t_0)$ は一様最強力検定の棄却域でもある.

具体例として,$\mu_0 = 1$, $\sigma_0 = 2$, $n = 16$ の場合を考えてみよう.$t_0 = \mu_0 + 1.64\dfrac{\sigma_0}{\sqrt{n}} = 1.82$, $t_1 = \mu_0 + 1.96\dfrac{\sigma_0}{\sqrt{n}} = 1.98$ とすると $\beta(\mu; t_0) = 1 -$

[4)] "vs." は versus の略語で "… 対 …" の意味である.

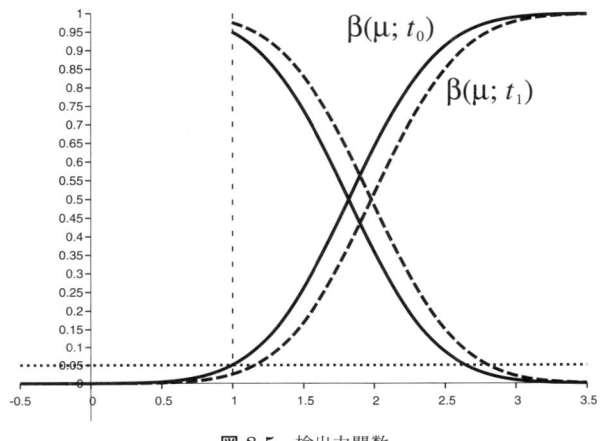

図 8.5 検出力関数

$\Phi\bigl(2(1-x)+1.64\bigr)$, $\beta(\mu;t_1)=1-\Phi\bigl(2(1-x)+1.96\bigr)$ となる．図 8.5 はこれを図示したものである．$\mu \leqq 1$ においてはこれらは第 1 種の誤りの確率を表しており

$$\beta(\mu;t_0) > \beta(\mu;t_1), \qquad \mu \leqq 1$$

となっている．一方，$\mu > 1$ においては 1 からこれらを引いたものが第 2 種の誤りの確率を表しており（図 8.5 において，$\mu > 1$ の部分にある減少関数），

$$1-\beta(\mu;t_0) < 1-\beta(\mu;t_1), \qquad \mu > 1$$

と大小が逆転している．これは第 1 種および第 2 種の誤りを犯す確率を同時には小さくできないことを示している．しかし，われわれは水準が 0.05 という条件のもと，検出力が大きい方の検定 $I_{C(t_0)}$ を用いる．もし大きさ 16 の標本を観測し $\bar{x}_{16} > t_0 = 1.82$ という数値が得られたら，仮説 H_0 は水準 5% で "有意" であるといい棄却される．そうでなければ受容（採択）される．

一様最強力検定は必ずしも存在しない．しかし帰無仮説と対立仮説がともに 1 点からなる集合の場合には，最強力（対立仮説が 1 点だから当然一様最強力）検定を次の定理が示す方法で構成することができる．またこの定理は，一般の場合の一様最強力検定を求める手がかりにもなる．なお，仮説が 1 点からなる場合それを**単純仮説** (simple hypothesis) とよび，そうでない場合を**複合仮説** (composite hypothesis) とよぶ．

定理 8.4（ネイマン–ピアソン (Neyman–Pearson) の**基本定理**） 分布 P_θ ($\theta \in \Theta$) からの大きさ n の無作為標本を $X_1, X_2, \ldots, X_n$, その標本値を $x_1, x_2, \ldots, x_n$ とする．この標本値に基づく θ の尤度関数を $L(\theta) = L(\theta; x_1, x_2, \ldots, x_n)$ とするとき，検定問題

$$H_0: \theta = \theta_0 \quad \text{vs.} \quad H_1: \theta = \theta_1$$

に対する水準 α の最強力検定 $\varphi(x_1, x_2, \ldots, x_n)$ は次式で与えられる：

$$\varphi(x_1, x_2, \ldots, x_n) = \begin{cases} 1 & (L(\theta_0) < kL(\theta_1) \text{ のとき}) \\ \gamma & (L(\theta_0) = kL(\theta_1) \text{ のとき}) \\ 0 & (L(\theta_0) > kL(\theta_1) \text{ のとき}) \end{cases}$$

ここで定数 $0 \leqq \gamma \leqq 1$, $k > 0$ は

$$E_{\theta_0}[\varphi(X_1, X_2, \ldots, X_n)] = \alpha$$

から定まるものである．

証明 連続的な場合を示すが，離散的な場合は積分記号を和の記号に置き換えればよい．簡単のため $\boldsymbol{x} = (x_1, x_2, \ldots, x_n)$ とおき同時確率密度関数を $f(\boldsymbol{x}; \theta)$ と書くと，$L(\theta; \boldsymbol{x}) = f(\boldsymbol{x}; \theta)$ である．標本の値域 $\mathscr{X}^n$ を 3 つの互いに素な領域

$$C = \{(x_1, x_2, \ldots, x_n) : L(\theta_0) < kL(\theta_1)\}$$
$$D = \{(x_1, x_2, \ldots, x_n) : L(\theta_0) = kL(\theta_1)\}$$
$$E = \{(x_1, x_2, \ldots, x_n) : L(\theta_0) > kL(\theta_1)\}$$

に分割する．われわれの検定問題に対する水準 α の任意の検定 ψ は

$$E_{\theta_0}[\psi(X_1, X_2, \ldots, X_n)] \leqq \alpha$$

をみたすから，期待値の積分計算を C, D, E の 3 つの領域に分解して行うと

$$E_{\theta_1}[\varphi(X_1, X_2, \ldots, X_n)] - E_{\theta_1}[\psi(X_1, X_2, \ldots, X_n)]$$
$$= \int_{\mathscr{X}^n} (\varphi(\boldsymbol{x}) - \psi(\boldsymbol{x})) f(\boldsymbol{x}; \theta_1) \, d\boldsymbol{x}$$
$$= \int_C (1 - \psi(\boldsymbol{x})) f(\boldsymbol{x}; \theta_1) \, d\boldsymbol{x} + \int_D (\gamma - \psi(\boldsymbol{x})) f(\boldsymbol{x}; \theta_1) \, d\boldsymbol{x}$$

$$+ \int_E (-\psi(\boldsymbol{x})) f(\boldsymbol{x}; \theta_1) \, d\boldsymbol{x}$$

$$\geqq \frac{1}{k} \left\{ \int_C (1 - \psi(\boldsymbol{x})) f(\boldsymbol{x}; \theta_0) \, d\boldsymbol{x} + \int_D (\gamma - \psi(\boldsymbol{x})) f(\boldsymbol{x}; \theta_0) \, d\boldsymbol{x} \right.$$

$$\left. + \int_E (-\psi(\boldsymbol{x})) f(\boldsymbol{x}; \theta_0) \, d\boldsymbol{x} \right\}$$

$$= \frac{1}{k} \int_{\mathscr{X}^n} (\varphi(\boldsymbol{x}) - \psi(\boldsymbol{x})) f(\boldsymbol{x}; \theta_0) \, d\boldsymbol{x}$$

$$= \frac{1}{k} \left\{ E_{\theta_0}[\varphi(X_1, X_2, \ldots, X_n)] - E_{\theta_0}[\psi(X_1, X_2, \ldots, X_n)] \right\}$$

$$= \frac{1}{k} \left\{ \alpha - E_{\theta_0}[\psi(X_1, X_2, \ldots, X_n)] \right\} \geqq 0$$

となることがわかる.すなわち

$$E_{\theta_1}[\varphi(X_1, X_2, \ldots, X_n)] \geqq E_{\theta_1}[\psi(X_1, X_2, \ldots, X_n)]$$

が成り立つ.よって φ は水準 α の最強力検定である. ∎

なお,分布 P_θ が連続型の場合には

$$P_\theta \{(X_1, X_2, \ldots, X_n) \in D\} = 0$$

であるから,領域 D 上では $\varphi = 1$ または $\varphi = 0$ としてよい(非確率化検定関数).

例 8.6 正規母集団 $\mathrm{N}(\mu, \sigma_0^2)$ ($\mu_0 \leqq \mu < \infty$, σ_0^2 は既知の値)からの大きさ n の無作為標本 $X_1, X_2, \ldots, X_n$ に基づき,検定問題

$$H_0 : \mu = \mu_0 \quad \text{vs.} \quad H_1 : \mu > \mu_0 \tag{8.5}$$

に対する有意水準 α の一様最強力検定を構成してみよう.H_1 は複合対立仮説であり,帰無仮説 $\mu = \mu_0$ の片側(右側)にある.一般にこのような検定問題を**片側検定問題**という.

いま $\mu_1 (> \mu_0)$ を任意にとり固定する.そして単純仮説に対する検定問題

$$H_0' : \mu = \mu_0 \quad \text{vs.} \quad H_1' : \mu = \mu_1 \tag{8.6}$$

を考えよう.μ に関する尤度関数は

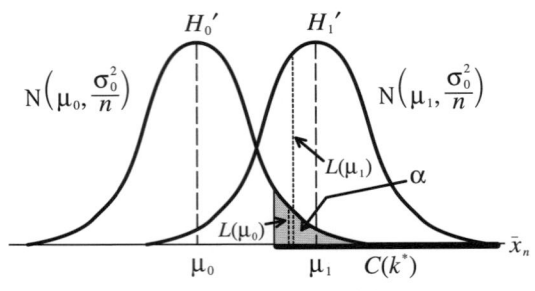

図 8.6 最強力検定の構成

$$L(\mu) = \left(\frac{1}{\sqrt{2\pi\sigma_0^2}}\right)^n \exp\left\{-\frac{\sum_{i=1}^n (x_i - \mu)^2}{2\sigma_0^2}\right\}$$

$$= \left(\frac{1}{\sqrt{2\pi\sigma_0^2}}\right)^n \exp\left\{-\frac{n(\bar{x}_n - \mu)^2 + \sum_{i=1}^n (x_i - \bar{x}_n)^2}{2\sigma_0^2}\right\}$$

$$\propto \frac{1}{\sqrt{2\pi\sigma_0^2/n}} \exp\left\{-\frac{(\bar{x}_n - \mu)^2}{2\sigma_0^2/n}\right\}$$

となる．最後の式は $\bar{x}_n$ の関数とみると，$\bar{X}_n$ の分布 $\mathrm{N}\left(\mu, \frac{\sigma_0^2}{n}\right)$ の確率密度関数そのものであることに注意する．このとき，$\mu_0 < \mu_1$ だから

$$\begin{aligned}
L(\mu_0) < kL(\mu_1) &\iff \frac{L(\mu_0)}{L(\mu_1)} < k \\
&\iff (\bar{x}_n - \mu_1)^2 - (\bar{x}_n - \mu_0)^2 < k' \\
&\iff \bar{x}_n > k''
\end{aligned} \tag{8.7}$$

を得る（図 8.6）．正規母集団は連続型であるから，

$$C(k'') = \{(x_1, x_2, \ldots, x_n) : \bar{x}_n > k''\}$$

とおくと，最強力な検定の候補は $\varphi = I_{C(k'')}$ という形をしているので，k'' を定めることが残されている．例 8.5 で計算したように

$$E_{\mu_0}[\varphi(X_1, X_2, \ldots, X_n)] = P_{\mu_0}(\bar{X}_n > k'') = 1 - \Phi\left(\frac{k'' - \mu_0}{\sigma_0/\sqrt{n}}\right)$$

であるから，$1 - \Phi(u) = \alpha$ となる u 値 $u(\alpha)$ を使い

$$k'' = k^* = \mu_0 + u(\alpha)\frac{\sigma_0}{\sqrt{n}}$$

と定めれば，$P_{\mu_0}(\bar{X}_n > k^*) = \alpha$ となる．よって，検定問題 (8.6) に対する水準 α の最強力検定の棄却域は

$$C(k^*) = \{(x_1, x_2, \ldots, x_n) : \bar{x}_n > k^*\}$$

で与えられる．

ところが k^* は任意に固定した μ_1 に "無関係" に決まることに注意すると，$C(k^*)$ は実は，検定問題 (8.5) に対する水準 α の一様最強力検定の棄却域であることがわかる．

仮説検定において，ネイマン–ピアソンの基本定理は検定関数の構成に有用な手段を提供しているが，適用範囲が帰無仮説，対立仮説がともに単純という場合に限られている．ここでは，この定理のアイディアを拡張し，多くの仮説検定問題に適用できるような形にする．

母集団分布を P_θ $(\theta \in \Theta)$ とする．いま，パラメータ空間 Θ の分割

$$\Theta = \Theta_0 \cup \Theta_1, \qquad \Theta_0 \cap \Theta_1 = \emptyset$$

に対し，仮説検定問題

$$H_0 : \theta \in \Theta_0 \quad \text{vs.} \quad H_1 : \theta \in \Theta_1$$

を考える．P_θ から大きさ n の標本値 $X_1 = x_1, X_2 = x_2, \ldots, X_n = x_n$ が得られたとき，θ に関する尤度関数を $L(\theta; x_1, x_2, \ldots, x_n)$ とすると，最も尤もらしい $\theta = \hat{\theta}_n$（最尤推定値）における尤度関数の値，すなわち最大尤度は

$$L(\hat{\theta}_n; x_1, x_2, \ldots, x_n) = \max_{\theta \in \Theta} L(\theta; x_1, x_2, \ldots, x_n)$$

で与えられる．これに対して，パラメータを帰無仮説に限定したときの尤度 $L(\theta; x_1, x_2, \ldots, x_n)$ $(\theta \in \Theta_0)$ の最大値

$$L(\tilde{\theta}_n; x_1, x_2, \ldots, x_n) = \max_{\theta \in \Theta_0} L(\theta; x_1, x_2, \ldots, x_n)$$

がどの程度近いかによって仮説 $H_0 : \theta \in \Theta$ の採否を決定する，という考えは自然であろう．

具体的には，抽出された標本値 $x_1, x_2, \ldots, x_n$ に対し

$$\Lambda(x_1, x_2, \ldots, x_n) = \frac{\max_{\theta \in \Theta_0} L(\theta; x_1, x_2, \ldots, x_n)}{\max_{\theta \in \Theta} L(\theta; x_1, x_2, \ldots, x_n)}$$
$$= \frac{L(\tilde{\theta}_n; x_1, x_2, \ldots, x_n)}{L(\hat{\theta}_n; x_1, x_2, \ldots, x_n)} \qquad (8.8)$$

を計算し，適当に定められた定数 λ に対し

$$\Lambda(x_1, x_2, \ldots, x_n) < \lambda$$

ならば $H_0 : \theta \in \Theta_0$ を棄却し，そうでないなら H_0 を受容する．ここで λ は

$$\sup_{\theta \in \Theta_0} P_\theta\bigl(\Lambda(X_1, X_2, \ldots, X_n) < \lambda\bigr) = \alpha \qquad (8.9)$$

をみたすように選ぶ．このような検定方式を水準 α の**尤度比検定** (likelihood ratio test) とよび，統計量 $\Lambda(X_1, X_2, \ldots, X_n)$ を**尤度比統計量** (likelihood ratio statistic) あるいは単に**尤度比**とよぶ．すなわち，複合仮説に関する検定問題を，$H_0 : \theta = \tilde{\theta}_n$ 対 $H_1 : \theta = \hat{\theta}_n$ というネイマン–ピアソンの基本定理と同じ形式に帰着させようというアイディアである．

尤度比検定は n が十分大のとき漸近的に最大の検出力をもつ（漸近有効性）など，望ましい性質を有する検定方式であることが知られているが，実際の問題において棄却限界 λ を正確に式 (8.9) となるように定めることが困難な場合がある．このようなときは，標本数 n がある程度大きければ，次の定理を用いて近似的に λ を求め利用することができる（証明は省略）．

定理 8.5 母数空間 Θ は $\boldsymbol{R}^k$ の部分集合とし，帰無仮説は与えられた数値 $\theta_1^0, \theta_2^0, \ldots, \theta_r^0$ $(r < k)$ に対し $H_0 : \theta \in \Theta_0$ とする．ここで

$$\Theta_0 = \bigl\{\theta = (\theta_1, \ldots, \theta_r, \theta_{r+1}, \ldots, \theta_k) \in \Theta \ : \ \theta_1 = \theta_1^0, \ldots, \theta_r = \theta_r^0\bigr\}$$

である．このとき，統計量 $-2 \log \Lambda(X_1, X_2, \ldots, X_n)$ の分布は帰無仮説 H_0 のもと，自由度 r の χ^2 分布 $\chi^2(r)$ に漸近的に収束する[5]．すなわち，$n \to \infty$ のとき

---

[5] 一般に，自由度 $\nu = \dim \Theta - \dim \Theta_0$ の χ^2 分布 $\chi^2(\nu)$ に漸近的に収束する．

$$P_\theta\left(-2\log\Lambda(X_1, X_2, \ldots, X_n) \leqq x\right) \to F_{\chi^2(r)}(x), \qquad \theta \in \Theta_0$$

が成り立つ．ここで $F_{\chi^2(r)}(x)$ は $\chi^2(r)$ の分布関数である．

問 題

8.1 $X_1, X_2, \ldots, X_n$ は正規母集団 $N(\mu, \sigma^2)$ $(-\infty < \mu < \infty,\ \sigma^2 > 0)$ からの大きさ n の無作為標本とする．
  (1) 分散 σ^2 の値が σ_0^2 とわかっているとき，μ の最尤推定量は $\bar{X}_n$ で与えられることを示せ．さらにこれが μ の不偏推定量であることを示せ．
  (2) 平均 μ の値が μ_0 とわかっているとき，σ^2 の最尤推定量は
$$\tilde{\sigma}_n^2 = \frac{1}{n}\sum_{i=1}^n (X_i - \mu_0)^2$$
で与えられることを示せ．さらにこれが σ^2 の不偏推定量であることを示せ．
  (3) μ, σ^2 がともに未知のとき，これらの最尤推定量はそれぞれ
$$\bar{X}_n \quad \text{および} \quad \hat{\sigma}_n^2 = \frac{1}{n}\sum_{i=1}^n (X_i - \bar{X}_n)^2$$
で与えられることを示せ．この場合，$\bar{X}_n$ は μ の不偏推定量であるが，$\hat{\sigma}_n^2$ は σ^2 の不偏推定量ではなく，不偏なものは偏差平方和をその**自由度**[6] (degrees of freedom) $n-1$ で割った
$$V_n^2 = \frac{1}{n-1}\sum_{i=1}^n (X_i - \bar{X}_n)^2$$
で与えられることを示せ．

8.2 $X_1, X_2, \ldots, X_n$ は正規母集団 $N(\mu, \sigma^2)$ $(-\infty < \mu < \infty,\ \sigma^2 > 0)$ からの大きさ n の無作為標本とする（記号は問題 8.1 と同じ）．
  (1) 分散 σ^2 の値が σ_0^2 とわかっているとき，μ に対する十分統計量は $\sum_{i=1}^n X_i$ または $\bar{X}_n$ で与えられることを示せ．
  (2) 平均 μ の値が μ_0 とわかっているとき，σ^2 に対する十分統計量は $\sum_{i=1}^n (X_i - \mu_0)^2$ または $\tilde{\sigma}_n^2$ で与えられることを示せ．
  (3) μ, σ^2 がともに未知のとき，(μ, σ^2) に対する十分統計量は $\left(\sum_{i=1}^n X_i, \sum_{i=1}^n X_i^2\right)$ または $(\bar{X}_n, V_n^2)$ で与えられることを示せ．

---

[6] 常に $\sum_{i=1}^n (X_i - \bar{X}_n) = 0$ が成り立つ．この制約に束縛され n 個の変量 $X_1 - \bar{X}_n, X_2 - \bar{X}_n, \ldots, X_n - \bar{X}_n$ は自由に変動できず，制約条件 1 個分の自由性が失われる．

8.3 $X_1, X_2, \ldots, X_n$ はベルヌーイ分布 $\mathrm{Bi}(1,p)$ $(0<p<1)$ からの大きさ n の無作為標本とする．
(1) ベルヌーイ分布 $\mathrm{Bi}(1,p)$ のフィッシャー情報量 $I_X(p)$ を求めよ．
(2) p の最尤推定量 $\bar{X}_n$ は一様最小分散不偏推定量であるかどうかを判定せよ．

8.4 $X_1, X_2, \ldots, X_n$ は指数分布 $\mathrm{Ex}\left(\dfrac{1}{\theta}\right)$ $(\theta>0)$ からの大きさ n の無作為標本とする．
(1) 指数分布 $\mathrm{Ex}\left(\dfrac{1}{\theta}\right)$ のフィッシャー情報量 $I_X(\theta)$ を求めよ．
(2) θ の最尤推定量 $\hat{\theta}_n$ を求めよ．
(3) $\hat{\theta}_n$ は θ の一様最小分散不偏推定量であることを示せ．
(4) $\hat{\theta}_n$ は θ の一致推定量であることを示せ．

8.5 $X_1, X_2, \ldots, X_m$ は正規母集団 $\mathrm{N}(\mu, \sigma_1^2)$ $(-\infty<\mu<\infty,\ \sigma_1^2$ は既知の値$)$ からの大きさ m の無作為標本，$Y_1, Y_2, \ldots, Y_n$ は正規母集団 $\mathrm{N}(\nu, \sigma_2^2)$ $(-\infty<\nu<\infty,\ \sigma_2^2$ は既知の値$)$ からの大きさ n の無作為標本とする．さらに，この 2 つの標本変量は独立とする．
(1) $\bar{X}_m - \bar{Y}_n$ はどのような分布にしたがうか．
(2) $\bar{X}_m - \bar{Y}_n$ の分布に基づき，2 つの母集団の平均の差 $\mu-\nu$ に関する 95% 信頼区間を構成せよ．

8.6 例 8.6 にならい，正規母集団 $\mathrm{N}(\mu, \sigma_0^2)$ $(-\infty<\mu\leqq\mu_0,\ \sigma_0^2$ は既知の値$)$ からの大きさ n の無作為標本 $X_1, X_2, \ldots, X_n$ に基づき，検定問題

$$H_0: \mu=\mu_0 \quad \text{vs.} \quad H_1: \mu<\mu_0$$

に対する有意水準 α の一様最強力検定を構成せよ．

8.7 X は指数分布 $\mathrm{Ex}\left(\dfrac{1}{\theta}\right)$ からの大きさ 1 の標本変量とする．いま，これに基づき θ に関する検定問題

$$H_0: \theta=1 \quad \text{vs.} \quad H_1: \theta>1$$

を有意水準 $\alpha=0.05$ で検定したい．
(1) X の分布関数 $F(x;\theta)=P_\theta(X\leqq x)$ を求めよ．
(2) $t\ (>1)$ を任意にとり固定したとき，検定問題

$$H_0': \theta=1 \quad \text{vs.} \quad H_1': \theta=t$$

に対する有意水準 $\alpha=0.05$ の最強力検定の棄却域 C を，ネイマン–ピアソンの基本定理を使い求めよ．ただし，この計算にあたっては $\log_e 0.05=-3$ としてよい．

(3) 棄却域 C は，検定問題 $H_0 : \theta = 1$ vs. $H_1 : \theta > 1$ に対する水準 0.05 の一様最強力検定の棄却域であるかどうかを判定し，その理由を述べよ．
(4) 棄却域 C の検出力関数 $\beta(\theta; C)$ $(\theta \geqq 1)$ を求め，そのグラフの概形を描け．

9
正規母集団に関する統計的推測

実際の問題では，連続型のデータに対する統計モデルとしてまず正規母集団を仮定して分析を行うことがしばしばある．したがって，応用上重要な正規母集団に関しては詳細な研究がなされ，数多くの統計理論が整備されてきた．ここではその一端について解説する．

9.1 正規母集団の母数の推定

9.1.1 母平均の推定

正規母集団 $N(\mu, \sigma^2)$ から大きさ n の無作為標本 $X_1, X_2, \ldots, X_n$ が取り出されたとする．このとき，μ の最尤推定量 $\bar{X}_n$ を標準化した $Z = \dfrac{\bar{X}_n - \mu}{\sigma/\sqrt{n}}$ は枢軸量となり，それは標準正規分布 $N(0,1)$ にしたがう．この事実を使い，σ の値が既知のときに μ の信頼区間を構成した（例 8.4 参照）．ところが σ が未知の場合にこの方法を適用すると，区間の両端に未知の σ が残ってしまい具合の悪いものとなる．これを解消するには σ を標本から推定すればよい．ところで σ^2 の自然な推定量として最尤推定量が考えられるが，ここでは不偏推定量

$$V_n^2 = \frac{1}{n-1} \sum_{i=1}^{n} (X_i - \bar{X}_n)^2$$

で推定することにする（問題 8.1 参照）．このとき $\dfrac{\bar{X}_n - \mu}{V_n/\sqrt{n}}$ の分布は標準正規分布でないことは明らかであるが，どういう分布になるであろうか．

ところで，$\dfrac{X_i - \mu}{\sigma}$ $(i = 1, 2, \ldots, n)$ は互いに独立に $N(0,1)$ にしたがうから，平方和 $\dfrac{1}{\sigma^2} \sum_{i=1}^{n} (X_i - \mu)^2$ は $\chi^2(n)$ にしたがう（6.5.1 項参照）．また，簡単な計算によりこの平方和は

$$\frac{1}{\sigma^2}\sum_{i=1}^{n}(X_i-\mu)^2 = \frac{1}{\sigma^2}\sum_{i=1}^{n}(X_i-\bar{X}_n)^2 + \left(\frac{\bar{X}_n-\mu}{\sigma/\sqrt{n}}\right)^2$$

と分解されることがわかる．$\bar{X}_n$ のしたがう分布は $N\left(\mu, \dfrac{\sigma^2}{n}\right)$ であるから，右辺第 2 項は $\chi^2(1)$ にしたがう．詳細は省くが，ここにコクラン (Cochran) の定理[1] を適用すると，右辺第 1 項

$$S = \frac{1}{\sigma^2}\sum_{i=1}^{n}(X_i-\bar{X}_n)^2 = \frac{(n-1)V_n^2}{\sigma^2} \tag{9.1}$$

は，$\bar{X}_n$ とは独立に $\chi^2(n-1)$ にしたがうことが示される．したがって，

$$T = \frac{\dfrac{\bar{X}_n-\mu}{\sigma/\sqrt{n}}}{\sqrt{\dfrac{(n-1)V_n^2}{\sigma^2}\bigg/(n-1)}} = \frac{\bar{X}_n-\mu}{V_n/\sqrt{n}}$$

は自由度 $n-1$ の t 分布 $t(n-1)$ にしたがうことがわかる（6.5.2 項参照）．この分布は (μ, σ^2) に無関係であるので T は枢軸量である．t 分布は対称なので，後の考え方は例 8.4 と同じである．

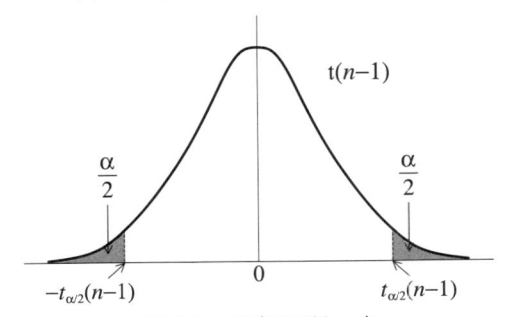

図 9.1 t 分布の両側 α 点

いま T が $t(n-1)$ にしたがうとき，$P(|T|>t) = \alpha$ あるいは対称性より $P(T>t) = \dfrac{\alpha}{2}$ をみたす点 t を $t_{\alpha/2}(n-1)$ とおく（図 9.1）．このとき

---

[1] $X_1, X_2, \ldots, X_n$ は互いに独立に $N(0,1)$ にしたがうとする．Q_j $(j=1,2,\ldots,k)$ は階数 n_j の非負行列をもつ $X_1, X_2, \ldots, X_n$ の 2 次形式で，$\sum_{i=1}^{n} X_i^2 = \sum_{j=1}^{k} Q_j$ をみたすとする．このとき，$Q_1, Q_2, \ldots, Q_k$ が互いに独立で，各 Q_j が $\chi^2(n_j)$ にしたがうための必要十分条件は $\sum_{j=1}^{k} n_j = n$ である．

$$1-\alpha = P\bigl(-t_{\alpha/2}(n-1) \leqq T \leqq t_{\alpha/2}(n-1)\bigr)$$
$$= P_{(\mu,\sigma^2)}\left(-t_{\alpha/2}(n-1) \leqq \frac{\bar{X}_n - \mu}{V_n/\sqrt{n}} \leqq t_{\alpha/2}(n-1)\right)$$
$$= P_{(\mu,\sigma^2)}\left(\bar{X}_n - t_{\alpha/2}(n-1)\frac{V_n}{\sqrt{n}} \leqq \mu \leqq \bar{X}_n + t_{\alpha/2}(n-1)\frac{V_n}{\sqrt{n}}\right)$$

したがって，μ の $100(1-\alpha)$% 信頼区間は

$$\left[\bar{X}_n - t_{\alpha/2}(n-1)\frac{V_n}{\sqrt{n}},\quad \bar{X}_n + t_{\alpha/2}(n-1)\frac{V_n}{\sqrt{n}}\right]$$

で与えられる．今度の場合，区間の幅は一定ではなく $2t_{\alpha/2}(n-1)\dfrac{V_n}{\sqrt{n}}$ と確率変数になることに注意する．

9.1.2 母分散の推定

$X_1, X_2, \ldots, X_n$ は正規母集団 $N(\mu, \sigma^2)$ からの大きさ n の無作為標本とする．前項で示したように，式 (9.1) で定義された S は枢軸量で $\chi^2(n-1)$ にしたがっている．いま $P(S > s) = \dfrac{\alpha}{2}$ をみたす点 s を $\chi^2_{\alpha/2}(n-1)$ とおく（図 9.2）．このとき

$$1-\alpha = P\bigl(\chi^2_{1-\alpha/2}(n-1) \leqq S \leqq \chi^2_{\alpha/2}(n-1)\bigr)$$
$$= P_{(\mu,\sigma^2)}\left(\chi^2_{1-\alpha/2}(n-1) \leqq \frac{(n-1)V_n^2}{\sigma^2} \leqq \chi^2_{\alpha/2}(n-1)\right)$$
$$= P_{(\mu,\sigma^2)}\left(\frac{(n-1)V_n^2}{\chi^2_{\alpha/2}(n-1)} \leqq \sigma^2 \leqq \frac{(n-1)V_n^2}{\chi^2_{1-\alpha/2}(n-1)}\right)$$

となり，

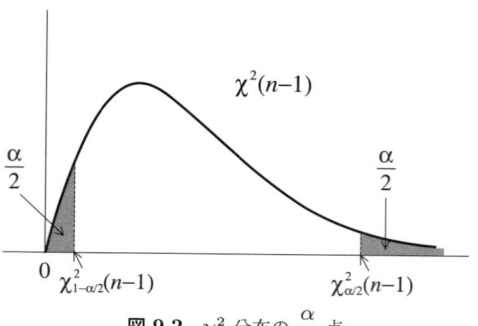

図 9.2 χ^2 分布の $\dfrac{\alpha}{2}$ 点

$$\left[\frac{(n-1)V_n^2}{\chi_{\alpha/2}^2(n-1)}, \frac{(n-1)V_n^2}{\chi_{1-\alpha/2}^2(n-1)}\right]$$

が σ^2 の $100(1-\alpha)\%$ 信頼区間になる．このように定めた区間の平均長は，χ^2 分布が非対称であるため，最小とはなっていないが，計算の便宜上この区間を用いる．

もし，母平均 μ の値が $\mu=\mu_0$ と知られているなら，σ^2 の推定に最尤推定量

$$\tilde{\sigma}_n^2 = \frac{1}{n}\sum_{i=1}^n (X_i - \mu_0)^2$$

を用いる．これは σ^2 の不偏推定量でもあり，$\dfrac{n\tilde{\sigma}_n^2}{\sigma^2} = \dfrac{1}{\sigma^2}\sum_{i=1}^n (X_i-\mu_0)^2$ は $\chi^2(n)$ にしたがう．このことに注意し，$\dfrac{(n-1)V_n^2}{\sigma^2}$ に対する上の議論を $\dfrac{n\tilde{\sigma}_n^2}{\sigma^2}$ に適用すると，σ^2 の $100(1-\alpha)\%$ 信頼区間は

$$\left[\frac{n\tilde{\sigma}_n^2}{\chi_{\alpha/2}^2(n)}, \frac{n\tilde{\sigma}_n^2}{\chi_{1-\alpha/2}^2(n)}\right]$$

で与えられることがわかる．

例 9.1 正規母集団から得られた 12 個の標本値 $x_1, x_2, \ldots, x_{12}$ は次のようであったとする．

$$18.0, \ 18.5, \ 16.8, \ 17.1, \ 16.4, \ 17.2$$
$$14.3, \ 13.6, \ 13.5, \ 14.5, \ 15.1, \ 15.3$$

この母集団の分散 σ^2 は未知とし，平均 μ の 95% 信頼区間を求めよう．与えられたデータから

$$\bar{x}_{12} = \frac{1}{12}\sum_{i=1}^{12} x_i = 15.86, \quad \sum_{i=1}^{12}(x_i - \bar{x}_{12})^2 = \sum_{i=1}^{12} x_i^2 - 12\bar{x}_{12}^2 = 31.91$$

が得られる．したがって，分散 σ^2 の最尤推定値，不偏推定値はそれぞれ

$$\hat{\sigma}_{12}^2 = \frac{31.91}{12} = 2.66, \quad v_{12}^2 = \frac{31.91}{11} = 2.90$$

となる．t 分布の表から $P(|T|>t) = 0.05$ となる t を求めると，自由度 11 に対する値として $t_{0.025}(11) = 2.201$ が得られる．よって求める信頼区間は

$$\left[15.86 - 2.201\frac{\sqrt{2.90}}{\sqrt{12}},\ 15.86 + 2.201\frac{\sqrt{2.90}}{\sqrt{12}}\right] = [15.78,\ 16.94]$$

となる．

次に分散 σ^2 の 95% 信頼区間を求めよう．χ^2 分布の表より，自由度 11 に対する値として $\chi^2_{0.025}(11) = 21.9$, $\chi^2_{0.975}(11) = 3.82$ を得る．よって，求める信頼区間は

$$\left[\frac{31.91}{21.9},\ \frac{31.91}{3.82}\right] = [1.46,\ 8.35]$$

となる．もし正規母集団の平均が $\mu = 16$ と知られているなら

$$12\,\tilde{\sigma}^2_{12} = \sum_{i=1}^{12}(x_i - 16)^2 = 32.15$$

となる．$\chi^2_{0.025}(12) = 23.3$ と $\chi^2_{0.975}(12) = 4.40$ であるから，この場合 σ^2 の 95% 信頼区間は

$$\left[\frac{32.15}{23.3},\ \frac{32.15}{4.40}\right] = [1.38,\ 7.31]$$

となる．

9.1.3　2つの正規母集団の推定による比較

2 つの正規母集団 $N(\mu_1, \sigma_1^2)$ と $N(\mu_2, \sigma_2^2)$ から，それぞれ大きさ m の無作為標本 $X_1, X_2, \ldots, X_m$ と大きさ n の無作為標本 $Y_1, Y_2, \ldots, Y_n$ が得られたとする．この 2 つの標本変量は独立とする．このとき，μ_1 と μ_2, あるいは σ_1^2 と σ_2^2 を比較する問題を考えよう．

a. 平均の比較

2 つの平均の差 $\mu_1 - \mu_2$ について考える．2 つの分散が既知の場合については問題 8.5 で述べてある．ここでは，σ_1^2 と σ_2^2 は未知ではあるが $\sigma_1^2 = \sigma_2^2 = \sigma^2$ と仮定できる場合を考えよう．これが仮定できない場合の取り扱いは大変難しいのでここでは言及しない．いま，σ_1^2, σ_2^2 はそれぞれ不偏推定量

$$V^2_{1,m} = \frac{1}{m-1}\sum_{i=1}^{m}(X_i - \bar{X}_m)^2, \qquad V^2_{2,n} = \frac{1}{n-1}\sum_{i=1}^{n}(Y_i - \bar{Y}_n)^2$$

で推定できるが，これらはともに共通の σ^2 を推定しているので，それらを込みにして利用した方が精度よく σ^2 を推定できる．2 つの変量

$$\frac{(m-1)V_{1,m}^2}{\sigma^2}, \qquad \frac{(n-1)V_{2,n}^2}{\sigma^2}$$

は，互いに独立にそれぞれ $\chi^2(m-1)$, $\chi^2(n-1)$ にしたがうので，その和

$$\frac{(m-1)V_{1,m}^2+(n-1)V_{2,n}^2}{\sigma^2}$$

は $\chi^2(m+n-2)$ にしたがう．よって

$$\begin{aligned} V_{m+n}^2 &= \frac{(m-1)V_{1,m}^2+(n-1)V_{2,n}^2}{m+n-2} \\ &= \frac{1}{m+n-2}\left(\sum_{i=1}^m (X_i-\bar{X}_m)^2 + \sum_{i=1}^n (Y_i-\bar{Y}_n)^2\right) \end{aligned}$$

は共通の σ^2 の不偏推定量になる．一方 $\dfrac{(\bar{X}_m-\bar{Y}_n)-(\mu_1-\mu_2)}{\sigma\sqrt{1/m+1/n}}$ は $N(0,1)$ にしたがうので，9.1.1 項と同様な議論から

$$T = \frac{(\bar{X}_m-\bar{Y}_n)-(\mu_1-\mu_2)}{V_{m+n}\sqrt{1/m+1/n}}$$

は自由度 $m+n-2$ の t 分布 $t(m+n-2)$ にしたがうことがわかる．したがって，$\mu_1-\mu_2$ の $100(1-\alpha)\%$ 信頼区間は

$$\left[\bar{X}_m-\bar{Y}_n-t_{\alpha/2}(m+n-2)V_{m+n}\sqrt{\frac{1}{m}+\frac{1}{n}},\right.$$
$$\left.\bar{X}_m-\bar{Y}_n+t_{\alpha/2}(m+n-2)V_{m+n}\sqrt{\frac{1}{m}+\frac{1}{n}}\right]$$

で与えられる．

b. 分散の比較

分散の比 $\dfrac{\sigma_1^2}{\sigma_2^2}$ の信頼区間を構成してみよう．この母数を分母分子それぞれの不偏推定量を使い $\dfrac{V_{1,m}^2}{V_{2,n}^2}$ で推定するのは自然であろう．$\dfrac{(m-1)V_{1,m}^2}{\sigma_1^2}$ と $\dfrac{(n-1)V_{2,n}^2}{\sigma_2^2}$ は互いに独立でそれぞれ $\chi^2(m-1)$ と $\chi^2(n-1)$ にしたがうから，6.5.3 項より

$$F = \frac{\dfrac{(m-1)V_{1,m}^2}{\sigma_1^2}\bigg/(m-1)}{\dfrac{(n-1)V_{2,n}^2}{\sigma_2^2}\bigg/(n-1)} = \frac{V_{1,m}^2}{V_{2,n}^2}\bigg/\frac{\sigma_1^2}{\sigma_2^2}$$

は枢軸量で自由度 $m-1, n-1$ の F 分布 $\mathrm{F}(m-1, n-1)$ にしたがうことがわかる.

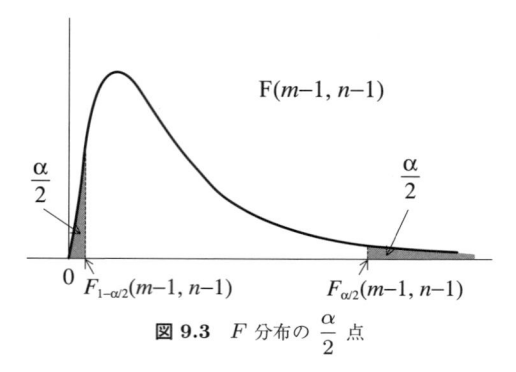

図 9.3 F 分布の $\dfrac{\alpha}{2}$ 点

いま, F が $\mathrm{F}(m-1, n-1)$ にしたがうとき, $P(F > f) = \dfrac{\alpha}{2}$ をみたす点 f を $F_{\alpha/2}(m-1, n-1)$ とおく (図 9.3). このとき, $\theta = (\mu_1, \mu_2, \sigma_1^2, \sigma_2^2)$ として

$$
\begin{aligned}
& 1-\alpha \\
&= P\bigl(F_{1-\alpha/2}(m-1, n-1) \leqq F \leqq F_{\alpha/2}(m-1, n-1)\bigr) \\
&= P_\theta\left(F_{1-\alpha/2}(m-1, n-1) \leqq \frac{V_{1,m}^2}{V_{2,n}^2} \bigg/ \frac{\sigma_1^2}{\sigma_2^2} \leqq F_{\alpha/2}(m-1, n-1) \right) \\
&= P_\theta\left(\frac{1}{F_{\alpha/2}(m-1, n-1)} \frac{V_{1,m}^2}{V_{2,n}^2} \leqq \frac{\sigma_1^2}{\sigma_2^2} \leqq \frac{1}{F_{1-\alpha/2}(m-1, n-1)} \frac{V_{1,m}^2}{V_{2,n}^2} \right)
\end{aligned}
$$

となるので,

$$
\left[\frac{1}{F_{\alpha/2}(m-1, n-1)} \frac{V_{1,m}^2}{V_{2,n}^2},\quad \frac{1}{F_{1-\alpha/2}(m-1, n-1)} \frac{V_{1,m}^2}{V_{2,n}^2} \right]
$$

が $\dfrac{\sigma_1^2}{\sigma_2^2}$ の $100(1-\alpha)\%$ 信頼区間になる. このように定めた区間の平均長は, F 分布が非対称であるため最小とはなっていないが, 計算の便宜上この区間を用いる. ここで関係式 (問題 6.11 参照)

$$
F_{1-\alpha}(k_1, k_2) = \frac{1}{F_\alpha(k_2, k_1)}
$$

を使って書き換えると, 求める信頼区間は

$$
\left[\frac{1}{F_{\alpha/2}(m-1, n-1)} \frac{V_{1,m}^2}{V_{2,n}^2},\quad F_{\alpha/2}(n-1, m-1) \frac{V_{1,m}^2}{V_{2,n}^2} \right]
$$

9.1 正規母集団の母数の推定

となる．

例 9.2 例 9.1 で与えられた標本値

$$18.0, \ 18.5, \ 16.8, \ 17.1, \ 15.3, \ 17.2$$
$$14.3, \ 13.6, \ 13.5, \ 14.5, \ 16.4, \ 15.1$$

の第 1 行は $N(\mu_1, \sigma_1^2)$ から抽出されたもの，第 2 行は $N(\mu_2, \sigma_2^2)$ から抽出されたものとする．

まず $\sigma_1^2 = \sigma_2^2 = \sigma^2$ の仮定のもと，$\mu_1 - \mu_2$ の 95% 信頼区間を求めてみよう．いま，$m = n = 6$,

$$\bar{x}_6 = \frac{1}{6}\sum_{i=1}^{6} x_i = 17.15, \quad \sum_{i=1}^{6}(x_i - \bar{x}_6)^2 = \sum_{i=6}^{6} x_i^2 - 6\,\bar{x}_6^2 = 6.09$$

$$\bar{y}_6 = \frac{1}{6}\sum_{i=1}^{6} y_i = 14.57, \quad \sum_{i=1}^{6}(y_i - \bar{y}_6)^2 = \sum_{i=1}^{6} y_i^2 - 6\,\bar{y}_6^2 = 5.79$$

であるから，$\mu_1 - \mu_2$ の推定値は $\bar{x}_6 - \bar{y}_6 = 2.58$, σ^2 の不偏推定値は

$$v_{6+6}^2 = \frac{1}{6+6-2}(6.09 + 5.79) = 1.19$$

となる．自由度 10 の t 分布の 0.025 点は $t_{0.025}(10) = 2.228$ であるから，求める信頼区間は

$$\left[2.58 - 2.228\sqrt{1.19}\sqrt{\frac{1}{6} + \frac{1}{6}}, \ 2.58 + 2.228\sqrt{1.19}\sqrt{\frac{1}{6} + \frac{1}{6}}\right] = [1.18, \ 3.98]$$

となる．

次に分散比 $\dfrac{\sigma_1^2}{\sigma_2^2}$ の 90% 信頼区間を求めてみよう．σ_1^2, σ_2^2 それぞれの不偏推定値は

$$v_{1,6}^2 = \frac{6.09}{6-1} = 1.22, \quad v_{2,6}^2 = \frac{5.79}{6-1} = 1.16$$

である．一方，F 分布の表より自由度 5, 5 に対する値として $F_{0.05}(5,5) = 5.050$ を得る．よって求める区間は

$$\left[\frac{1}{5.050}\frac{1.22}{1.16}, \ 5.050\frac{1.22}{1.16}\right] = [0.21, \ 5.31]$$

となる．

9.2 正規母集団の母数の検定

9.2.1 母平均に関する検定

a. 母分散が既知の場合

$X_1, X_2, \ldots, X_n$ は正規母集団 $N(\mu, \sigma_0^2)$ からの大きさ n の無作為標本とする.ここで σ_0^2 は既知の値である.このとき,**両側検定問題**

$$H_0 : \mu = \mu_0 \quad \text{vs.} \quad H_1 : \mu \neq \mu_0 \tag{9.2}$$

を考えてみよう[2]).尤度関数は

$$L(\mu; x_1, x_2, \ldots, x_n) = \left(\frac{1}{\sqrt{2\pi\sigma_0^2}}\right)^n \exp\left\{-\frac{\sum_{i=1}^{n}(x_i - \mu)^2}{2\sigma_0^2}\right\}$$

$$\propto \exp\left\{-\frac{n(\bar{x}_n - \mu)^2 + \sum_{i=1}^{n}(x_i - \bar{x}_n)^2}{2\sigma_0^2}\right\}$$

であり,全パラメータ空間は $\Theta = \{\mu : -\infty < \mu < \infty\}$,帰無仮説のパラメータ空間は $\Theta_0 = \{\mu_0\}$ であるから,尤度比 (8.8) は

$$\Lambda(x_1, x_2, \ldots, x_n) = \frac{L(\mu_0; x_1, x_2, \ldots, x_n)}{L(\bar{x}_n; x_1, x_2, \ldots, x_n)} = \exp\left\{-\frac{n(\bar{x}_n - \mu_0)^2}{2\sigma_0^2}\right\}$$

となる.これより尤度比検定の棄却域 C は

$$C = \{(x_1, x_2, \ldots, x_n) : |\bar{x}_n - \mu_0| > c\}$$

で与えられる.ここで定数 c は

$$P_{\mu_0}\left(|\bar{X}_n - \mu_0| > c\right) = \alpha$$

となるように定める.仮説 H_0 のもと $\dfrac{\bar{X}_n - \mu_0}{\sigma_0/\sqrt{n}}$ の分布は $N(0,1)$ であるから,$c = u\left(\dfrac{\alpha}{2}\right)\dfrac{\sigma_0}{\sqrt{n}}$ と選べばよい.したがって,両側検定問題 (9.2) に対する水準 α の棄却域は,やはり両側

---

[2]) 片側検定問題 $H_0 : \mu = \mu_0$ vs. $H_1 : \mu > \mu_0$ (あるいは $H_1 : \mu < \mu_0$) に対する一様最強力検定の構成は,例 8.6 と問題 8.6 で議論されている.

$$C = \left\{ (x_1, x_2, \ldots, x_n) : \bar{x}_n < \mu_0 - u\left(\frac{\alpha}{2}\right)\frac{\sigma_0}{\sqrt{n}} \text{ または } \bar{x}_n > \mu_0 + u\left(\frac{\alpha}{2}\right)\frac{\sigma_0}{\sqrt{n}} \right\}$$

となる．そして，この領域が決める検定関数 I_C の検出力関数 $\beta(\mu;C) = P_\mu(\bar{X}_n \in C)$ は，各 μ のもと $\dfrac{\bar{X}_n - \mu}{\sigma_0/\sqrt{n}}$ の分布は $N(0,1)$ であることに注意すると

$$\beta(\mu;C) = 1 - \Phi\left(\frac{\mu_0 - \mu}{\sigma_0/\sqrt{n}} + u\left(\frac{\alpha}{2}\right)\right) + \Phi\left(\frac{\mu_0 - \mu}{\sigma_0/\sqrt{n}} - u\left(\frac{\alpha}{2}\right)\right)$$

となることがわかる．ここで Φ は $N(0,1)$ の分布関数である．

数値例として，$\mu_0 = 0$, $\sigma_0 = 2$, $n = 16$, $\alpha = 0.05$ の場合を考えてみよう．このとき

$$C = \left\{ (x_1, x_2, \ldots, x_n) : \bar{x}_n < -1.96\frac{2}{\sqrt{16}} \text{ または } \bar{x}_n > 1.96\frac{2}{\sqrt{16}} \right\}$$

となる．これと比較するため，棄却域

$$D = \left\{ (x_1, x_2, \ldots, x_n) : \bar{x}_n > 1.64\frac{2}{\sqrt{16}} \right\}$$

も考えてみる．検定関数 I_C, I_D それぞれの検出力関数は

$$\beta(\mu;C) = 1 - \Phi(-2\mu + 1.96) + \Phi(-2\mu - 1.96)$$
$$\beta(\mu;D) = 1 - \Phi(-2\mu + 1.64)$$

で与えられる．図 9.4 のこれらのグラフをみると，$\mu > 0$ では I_D の検出力が尤度比検定 I_C のそれを一様に優越しているのがわかる．このように尤度比検定は必ずしも一様に最強力とはならない．実は，I_D は検定問題

$$H_0 : \mu = 0 \quad \text{vs.} \quad H_1 : \mu > 0$$

に対する水準 $\alpha = 0.05$ の一様最強力検定である．しかし $\mu < 0$ に対する検出力は極めて劣悪である．それに比べ，尤度比検定 I_C は対立仮説 $\mu > 0$ と $\mu < 0$ のどちらに対してもそれ相当の検出力をもっていることがわかる．これは検定関数としてひとつの望ましい性質であろう．この性質は一般的に次のように定式化される．

検定問題

図 9.4 検出力関数

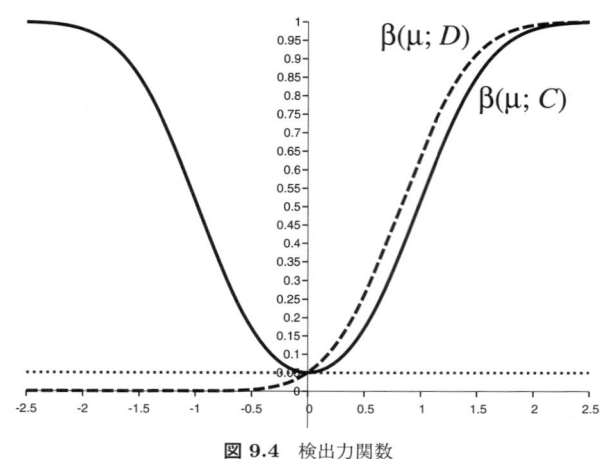

$$H_0: \theta \in \Theta_0 \quad \text{vs.} \quad H_1: \theta \in \Theta_1 \ (= \Theta - \Theta_0)$$

において，水準 α の検定関数 φ が α 以上の検出力をもつとき，すなわち

$$\beta(\theta; \varphi) = E_\theta[\varphi(X_1, X_2, \ldots, X_n)] \geqq \alpha, \qquad \theta \in \Theta_1$$

をみたすとき，検定 φ は水準 α の**不偏検定** (unbiased test) であるという．水準 α の不偏検定の中で検出力が一様に最大なものを，水準 α の**一様最強力不偏検定** (uniformly most powerful unbiased test) とよぶ．

この定義によると，I_C は不偏検定であるが I_D は不偏検定ではない．また，上でみたように I_C は一様最強力検定ではない．しかし I_C は一様最強力不偏検定であることがわかっている．

b. 母分散が未知の場合

$X_1, X_2, \ldots, X_n$ は正規母集団 $N(\mu, \sigma^2)$ からの大きさ n の無作為標本とする．ここでは，σ^2 は未知とし，前と同じ両側検定問題 (9.2) を考える．この問題においては

$$\Theta = \{(\mu, \sigma^2) : -\infty < \mu < \infty,\ \sigma^2 > 0\}, \quad \Theta_0 = \{(\mu_0, \sigma^2) : \sigma^2 > 0\}$$

である．問題 8.1 で示されたように，Θ における μ と σ^2 の最尤推定値はそれぞれ

$$\bar{x}_n, \qquad \hat{\sigma}_n^2 = \frac{1}{n}\sum_{i=1}^n (x_i - \bar{x}_n)^2$$

であり，Θ_0 における σ^2 の最尤推定値は

$$\tilde{\sigma}_n^2 = \frac{1}{n}\sum_{i=1}^n (x_i - \mu_0)^2 \quad \left(= \frac{1}{n}\sum_{i=1}^n (x_i - \bar{x}_n)^2 + (\bar{x}_n - \mu_0)^2\right)$$

であるので，これらを尤度関数

$$L(\mu, \sigma^2; x_1, x_2, \ldots, x_n) = \left(\frac{1}{\sqrt{2\pi\sigma^2}}\right)^n \exp\left\{-\frac{\sum_{i=1}^n (x_i - \mu)^2}{2\sigma^2}\right\}$$

に代入すると，尤度比 (8.8) は

$$\Lambda(x_1, x_2, \ldots, x_n) = \frac{L(\mu_0, \tilde{\sigma}_n^2; x_1, x_2, \ldots, x_n)}{L(\bar{x}_n, \hat{\sigma}_n^2; x_1, x_2, \ldots, x_n)} = \left(\frac{\tilde{\sigma}_n^2}{\hat{\sigma}_n^2}\right)^{-n/2}$$

となる．ところで

$$\frac{\tilde{\sigma}_n^2}{\hat{\sigma}_n^2} = 1 + \frac{n(\bar{x}_n - \mu_0)^2}{\sum_{i=1}^n (x_i - \bar{x}_n)^2}$$

であるから，σ^2 の不偏推定値 $v_n^2 = \dfrac{1}{n-1}\sum_{i=1}^n (x_i - \bar{x}_n)^2$ を使うと

$$\Lambda(x_1, x_2, \ldots, x_n) < \lambda \iff \frac{n(\bar{x}_n - \mu_0)^2}{\sum_{i=1}^n (x_i - \bar{x}_n)^2} > c \iff \left|\frac{\bar{x}_n - \mu_0}{v_n/\sqrt{n}}\right| > c'$$

となることがわかる．帰無仮説 H_0 のもとでは $T = \dfrac{\bar{X}_n - \mu_0}{V_n/\sqrt{n}}$ は自由度 $n-1$ の t 分布にしたがうから

$$P_{(\mu_0, \sigma^2)}\left(\left|\frac{\bar{X}_n - \mu_0}{V_n/\sqrt{n}}\right| > t_{\alpha/2}(n-1)\right) = \alpha$$

よって，両側検定問題 (9.2) に対する水準 α の尤度比検定の棄却域は

$$C = \left\{(x_1, x_2, \ldots, x_n) : \left|\frac{\bar{x}_n - \mu_0}{v_n/\sqrt{n}}\right| > t_{\alpha/2}(n-1)\right\} \tag{9.3}$$

で与えられる．一般に統計量 $T = \dfrac{\bar{X}_n - \mu_0}{V_n/\sqrt{n}}$ を **t 統計量**とよび，これに基づく検定方式を **t 検定**とよぶ．

同様な考察から，検定問題

$$H_0 : \mu = \mu_0 \quad \text{vs.} \quad H_1 : \mu > \mu_0$$

に対する水準 α の尤度比検定の棄却域は

$$C = \left\{ (x_1, x_2, \ldots, x_n) \ : \ \frac{\bar{x}_n - \mu_0}{v_n/\sqrt{n}} > t_\alpha(n-1) \right\}$$

となり，検定問題

$$H_0 : \mu = \mu_0 \quad \text{vs.} \quad H_1 : \mu < \mu_0$$

に対する水準 α の尤度比検定の棄却域は

$$C = \left\{ (x_1, x_2, \ldots, x_n) \ : \ \frac{\bar{x}_n - \mu_0}{v_n/\sqrt{n}} < -t_\alpha(n-1) \right\} \tag{9.4}$$

となることがわかる．

例 9.3 あるスナック菓子 1 袋あたりの脂質含有量 (mg) は母平均 $\mu = 30$ の正規分布 $N(30, \sigma^2)$ にしたがうとされていた．しかし，脂質含有量を減らすため，新しい製法に切り替えることになった．いま新しい製法で試作されたスナック菓子 20 袋を無作為に選び，それらの脂質含有量 $x_1, x_2, \ldots, x_{20}$ を測定したところ，

$$\bar{x}_{20} = \frac{1}{20} \sum_{i=1}^{20} x_i = 28.4, \qquad \sum_{i=1}^{20} (x_i - \bar{x}_{20})^2 = 304$$

を得た．新しい製法は脂質含有量を減らすのに効果があるかどうかを水準 $\alpha = 0.05$ で検定してみよう．

いま帰無仮説は $H_0 : \mu = 30$ であるが，対立仮説を $H_1 : \mu \neq 30$ と設定してよいであろうか．この場合はそうしない方がよい．なぜなら，脂質含有量が減ったかどうかが問題なのであって，μ が 30 と異なっているか否かの検定ではない．つまり，μ が 30 とは異なるということは，μ が 30 より小さいということを想定しているということである．そこで対立仮説は $H_1 : \mu < 30$ と設定すべきであって，まして $\mu > 30$ という事態ははじめから起こりえないと考えるべきである．したがって検定方式 (9.4) を適用する．いまの場合

$$\frac{\bar{x}_n - \mu_0}{v_n/\sqrt{n}} = \frac{28.4 - 30}{\sqrt{304/19}/\sqrt{20}} = -1.789 < -t_{0.05}(19) = -1.729$$

となり，帰無仮説 $H_0 : \mu = 30$ は有意となり棄却される．すなわち新製法は脂質の削減に効果があったと判断される．もしこの問題を対立仮説 $H_1 : \mu \neq 30$ に対する検定と考え式 (9.3) を適用すると，

$$\left| \frac{\bar{x}_n - \mu_0}{v_n/\sqrt{n}} \right| = \left| \frac{28.4 - 30}{\sqrt{304/19}/\sqrt{20}} \right| = 1.789 \not> t_{0.025}(19) = 2.093$$

となり H_0 は棄却されない．すなわち効果がなかったと判断されてしまう．

9.2.2 母分散に関する検定

$X_1, X_2, \ldots, X_n$ は正規母集団 $N(\mu, \sigma^2)$ からの大きさ n の無作為標本とする．ここでは μ は未知とし，検定問題

$$H_0 : \sigma^2 = \sigma_0^2 \quad \text{vs.} \quad H_1 : \sigma^2 \neq \sigma_0^2 \tag{9.5}$$

を考える．この問題においては

$$\Theta = \{(\mu, \sigma^2) : -\infty < \mu < \infty,\ \sigma^2 > 0\}, \quad \Theta_0 = \{(\mu, \sigma_0^2) : -\infty < \mu < \infty\}$$

である．したがって前項と同様な考察から，尤度比は容易に

$$\Lambda(x_1, x_2, \ldots, x_n) = \frac{L(\bar{x}_n, \sigma_0^2; x_1, x_2, \ldots, x_n)}{L(\bar{x}_n, \hat{\sigma}_n^2; x_1, x_2, \ldots, x_n)} = \left(\frac{s}{n}\right)^{n/2} \exp\left\{-\frac{1}{2}(s - n)\right\}$$

となることがわかる．ここで

$$s = S(x_1, x_2, \ldots, x_n) = \frac{n\hat{\sigma}_n^2}{\sigma_0^2} = \frac{(n-1)v_n^2}{\sigma_0^2} = \frac{1}{\sigma_0^2} \sum_{i=1}^{n}(x_i - \bar{x}_n)^2$$

である．Λ は s の関数として連続で，$(0, n)$ で狭義単調増加，(n, ∞) で狭義単調減少であるから

$$\Lambda(x_1, x_2, \ldots, x_n) < \lambda \iff$$
$$S(x_1, x_2, \ldots, x_n) < c_1 \text{ または } S(x_1, x_2, \ldots, x_n) > c_2$$

となる．ただし，c_1, c_2 は $c_1^{n/2} e^{-c_1/2} = c_2^{n/2} e^{-c_2/2}$ をみたさなければならない．9.1.1 項の式 (9.1) で説明したように，仮説 H_0 のもと $S = S(X_1, X_2, \ldots, X_n)$ は自由度 $n-1$ の χ^2 分布 $\chi^2(n-1)$ にしたがうから，水準 α の棄却域をつくる

ためには，χ^2 分布の表から c_1，したがって c_2 を $\alpha = P(S < c_1) + P(S > c_2)$ をみたすように定めればよい．しかし一般にこれは難しい．そこで実用上は，$P(S < c_1') = \dfrac{\alpha}{2}$, $P(S > c_2'') = \dfrac{\alpha}{2}$ となるような c_1', c_1'' を c_1, c_2 のかわりに用いる．よって，水準 α の検定の棄却域は

$$C = \left\{ (x_1, x_2, \ldots, x_n) : \dfrac{(n-1)v_n^2}{\sigma_0^2} < \chi_{1-\alpha/2}^2(n-1) \text{ または } \dfrac{(n-1)v_n^2}{\sigma_0^2} > \chi_{\alpha/2}^2(n-1) \right\}$$

で与えられる．

$\mu = \mu_0$ と既知の場合の検定問題 (9.5) の取り扱いも同様である．唯一の違いは σ^2 の推定を最尤推定値

$$\tilde{\sigma}_n^2 = \dfrac{1}{n} \sum_{i=1}^n (x_i - \mu_0)^2$$

で行うという点である．この場合

$$S(X_1, X_2, \ldots, X_n) = \dfrac{1}{\sigma_0^2} \sum_{i=1}^n (X_i - \mu_0)^2$$

は仮説 H_0 のもと自由度 n の χ^2 分布 $\chi^2(n)$ にしたがうことに注意すると，水準 α の検定の棄却域は

$$C = \left\{ (x_1, x_2, \ldots, x_n) : \dfrac{n\tilde{\sigma}_n^2}{\sigma_0^2} < \chi_{1-\alpha/2}^2(n) \text{ または } \dfrac{n\tilde{\sigma}_n^2}{\sigma_0^2} > \chi_{\alpha/2}^2(n) \right\}$$

で与えられることがわかる．

9.2.3　2つの正規母集団の検定による比較

2つの正規母集団 $N(\mu_1, \sigma_1^2)$ と $N(\mu_2, \sigma_2^2)$ から，それぞれ大きさ m の無作為標本 $X_1, X_2, \ldots, X_m$ と大きさ n の無作為標本 $Y_1, Y_2, \ldots, Y_n$ が得られたとする．この2つの標本変量は独立とする．このとき，μ_1 と μ_2，あるいは σ_1^2 と σ_2^2 が等しいかどうかを検定する問題を考えよう．

a. 母平均の差の検定

σ_1^2 と σ_2^2 は未知ではあるが $\sigma_1^2 = \sigma_2^2 = \sigma^2$ と仮定できるとし，検定問題

$$H_0 : \mu_1 = \mu_2 \quad \text{vs.} \quad H_1 : \mu_1 \neq \mu_2$$

を考えてみよう．この場合

$$\Theta = \{(\mu_1, \mu_2, \sigma^2) : -\infty < \mu_1 < \infty, \ -\infty < \mu_2 < \infty, \ \sigma^2 > 0\}$$
$$\Theta_0 = \{(\mu, \mu, \sigma^2) : -\infty < \mu < \infty, \ \sigma^2 > 0\}$$

である．このとき

$$\Lambda(x_1, \ldots, x_m, y_1, \ldots, y_n) < \lambda \Longleftrightarrow \frac{|\bar{x}_m - \bar{y}_n|}{v_{m+n}\sqrt{1/m + 1/n}} > c$$

を示すことができる．ただし

$$v_{m+n}^2 = \frac{1}{m+n-2}\left\{\sum_{i=1}^{m}(x_i - \bar{x}_m)^2 + \sum_{i=1}^{n}(y_i - \bar{y}_n)^2\right\}$$

である．仮説 H_0 のもとでは $T = \dfrac{\bar{X}_m - \bar{Y}_n}{V_{m+n}\sqrt{1/m + 1/n}}$ は自由度 $m+n-2$ の t 分布 $t(m+n-2)$ にしたがうから，$c = t_{\alpha/2}(m+n-2)$ とすれば水準 α の尤度比検定が得られる．その棄却域は

$$C = \left\{(x_1, \ldots, x_m, y_1, \ldots, y_n) : \frac{|\bar{x}_m - \bar{y}_n|}{v_{m+n}\sqrt{1/m + 1/n}} > t_{\alpha/2}(m+n-2)\right\}$$

で与えられる．同様な考察から，検定問題

$$H_0 : \mu_1 = \mu_2 \quad \text{vs.} \quad H_1 : \mu_1 > \mu_2 \quad \text{あるいは} \quad H_1 : \mu_1 < \mu_2$$

に対する水準 α の尤度比検定が構成でき，その棄却域はそれぞれ

$$C = \left\{(x_1, \ldots, x_m, y_1, \ldots, y_n) : \frac{\bar{x}_m - \bar{y}_n}{v_{m+n}\sqrt{1/m + 1/n}} > t_{\alpha}(m+n-2)\right\}$$
$$C = \left\{(x_1, \ldots, x_m, y_1, \ldots, y_n) : \frac{\bar{x}_m - \bar{y}_n}{v_{m+n}\sqrt{1/m + 1/n}} < -t_{\alpha}(m+n-2)\right\}$$

で与えられる．

母分散 σ_1^2, σ_2^2 の値が既知の場合は，仮説 H_0 のもとで $\dfrac{\bar{X}_m - \bar{Y}_n}{\sqrt{\sigma_1^2/m + \sigma_2^2/n}}$ は $N(0,1)$ にしたがうことに注意すれば，上とまったく同様な議論から次のことは容易にわかる：検定問題

$$H_0 : \mu_1 = \mu_2 \quad \text{vs.} \quad H_1 : \mu_1 \neq \mu_2$$

に対する水準 α の尤度比検定の棄却域は

$$C = \left\{ (x_1, \ldots, x_m, y_1, \ldots, y_n) : \frac{|\bar{x}_m - \bar{y}_n|}{\sqrt{\sigma_1^2/m + \sigma_2^2/n}} > u\left(\frac{\alpha}{2}\right) \right\}$$

で与えられ，検定問題

$$H_0 : \mu_1 = \mu_2 \quad \text{vs.} \quad H_1 : \mu_1 > \mu_2 \quad \text{あるいは} \quad H_1 : \mu_1 < \mu_2$$

に対する水準 α の一様最強力検定の棄却域は，それぞれ

$$C = \left\{ (x_1, \ldots, x_m, y_1, \ldots, y_n) : \frac{\bar{x}_m - \bar{y}_n}{\sqrt{\sigma_1^2/m + \sigma_2^2/n}} > u(\alpha) \right\}$$

$$C = \left\{ (x_1, \ldots, x_m, y_1, \ldots, y_n) : \frac{\bar{x}_m - \bar{y}_n}{\sqrt{\sigma_1^2/m + \sigma_2^2/n}} < -u(\alpha) \right\}$$

で与えられる．

b. 等分散の検定

検定問題

$$H_0 : \sigma_1^2 = \sigma_2^2 \quad \text{vs.} \quad H_1 : \sigma_1^2 \neq \sigma_2^2$$

を考える．この場合

$$\Theta = \{(\mu_1, \mu_2, \sigma_1^2, \sigma_2^2) : -\infty < \mu_1 < \infty,\ -\infty < \mu_2 < \infty,\ \sigma_1^2 > 0,\ \sigma_2^2 > 0\},$$

$$\Theta_0 = \{(\mu_1, \mu_2, \sigma^2, \sigma^2) : -\infty < \mu_1 < \infty,\ -\infty < \mu_2 < \infty,\ \sigma^2 > 0\}$$

である．このとき

$$\Lambda(x_1, \ldots, x_m, y_1, \ldots, y_n) < \lambda \iff \frac{v_{2,n}^2}{v_{1,m}^2} < c_1 \ \text{または} \ \frac{v_{2,n}^2}{v_{1,m}^2} > c_2$$

を示すことができる．ただし,

$$v_{1,m}^2 = \frac{1}{m-1} \sum_{i=1}^{m} (x_i - \bar{x}_m)^2, \qquad v_{2,n}^2 = \frac{1}{n-1} \sum_{i=1}^{n} (y_i - \bar{y}_n)^2$$

である．仮説 H_0 のもとでは

$$F = \frac{\dfrac{(n-1)V_{2,n}^2}{\sigma^2} \bigg/ (n-1)}{\dfrac{(m-1)V_{1,m}^2}{\sigma^2} \bigg/ (m-1)} = \frac{V_{2,n}^2}{V_{1,m}^2} \tag{9.6}$$

は自由度 $n-1, m-1$ の F 分布 $F(n-1, m-1)$ にしたがうから, 水準 α の尤度比検定の棄却域を定めるには c_1, c_2 を $P(F < c_1) + P(F > c_2) = \alpha$ をみたすように決めればよいが, 一般に困難である. 実用的には, $c_1 = F_{1-\alpha/2}(n-1, m-1) = \dfrac{1}{F_{\alpha/2}(m-1, n-1)}$, $c_2 = F_{\alpha/2}(n-1, m-1)$ で代用する. よって水準 α の検定の棄却域として

$$C = \left\{ (x_1, \ldots, x_m, y_1, \ldots, y_n) : \frac{v_{2,n}^2}{v_{1,m}^2} < \frac{1}{F_{\alpha/2}(m-1, n-1)} \right.$$
$$\left. \text{または } \frac{v_{2,n}^2}{v_{1,m}^2} > F_{\alpha/2}(n-1, m-1) \right\}$$

が得られる. 一般に, 2 つの分散の推定量の比からなる統計量 $F = \dfrac{V_{2,n}^2}{V_{1,m}^2}$ を **F 統計量**とよび, これに基づく検定方式を **F 検定**とよぶ.

例 9.4 次の数値 $x_1, x_2, \ldots, x_8$ は $N(\mu_1, \sigma_1^2)$ から抽出されたもの, $y_1, y_2, \ldots, y_8$ は $N(\mu_2, \sigma_2^2)$ から抽出されたものである. このとき, 水準 0.05 で

$$H_0 : \mu_1 = \mu_2 \quad \text{vs.} \quad H_1 : \mu_1 > \mu_2 \tag{9.7}$$

を検定してみよう.

| x_i | 105 | 108 | 86 | 103 | 103 | 107 | 124 | 105 |
| y_i | 89 | 92 | 84 | 97 | 103 | 107 | 111 | 97 |

まず, 2 つの母集団の分散は同じであるとみなしてよいかどうかを調べてみよう. これは検定問題

$$H_0 : \sigma_1^2 = \sigma_2^2 \quad \text{vs.} \quad H_1 : \sigma_1^2 \neq \sigma_2^2$$

を考えることである. 与えられたデータから

$$\bar{x}_8 = \frac{1}{8}\sum_{i=1}^{8} x_i = 105.125, \quad \sum_{i=1}^{8}(x_i - \bar{x}_8^2)^2 = \sum_{i=1}^{8} x_i^2 - 8\bar{x}_8^2 = 742.875$$

$$\bar{y}_8 = \frac{1}{8}\sum_{i=1}^{8} y_i = 97.5, \quad \sum_{i=1}^{8}(y_i - \bar{y}_8^2)^2 = \sum_{i=1}^{8} x_i^2 - 8\bar{y}_8^2 = 588.0$$

であるから，それぞれの分散の推定値は

$$v_{1,8}^2 = \frac{742.875}{7} = 106.125, \qquad v_{2,8}^2 = \frac{588.0}{7} = 84.0$$

となる．よって F 統計量の値は

$$f = \frac{v_{2,8}^2}{v_{1,8}^2} = \frac{84.0}{106.125} = 0.792$$

である．この値は $\frac{1}{F_{0.025}(7,7)} = \frac{1}{4.995} = 0.200$ と $F_{0.025}(7,7) = 4.995$ の間にあるから，水準 0.05 で等分散の仮説は有意でない．すなわち $\sigma_1^2 = \sigma_2^2$ と考えてよい．

次に，等分散の仮定のもと検定問題 (9.7) を考える．共通の分散の不偏推定値は

$$v_{8+8}^2 = \frac{742.875 + 588.0}{8+8-2} = 95.0625$$

となる．これより t 統計量の値を求めると

$$t = \frac{\bar{x}_8 - \bar{y}_8}{v_{8+8}\sqrt{1/8 + 1/8}} = \frac{105.125 - 97.5}{\sqrt{95.0625}/\sqrt{4}} = 1.564 \not> t_{0.05}(14) = 1.761$$

であるから，仮説 $H_0 : \mu_1 = \mu_2$ は棄却されない．

9.3 2変量正規母集団に関する統計的推測

9.3.1 母数の推定

2 変量の正規母集団 $N(\mu_1, \mu_2, \sigma_1^2, \sigma_2^2, \rho)$ を考える．この母集団から抽出された大きさ n の無作為標本を $(X_1, Y_1), (X_2, Y_2), \ldots, (X_n, Y_n)$ とする．このとき，5 つ母数 $\mu_1, \mu_2, \sigma_1^2, \sigma_2^2, \rho$ の最尤推定量はそれぞれ

$$\hat{\mu}_{1,n} = \bar{X}_n = \frac{1}{n}\sum_{i=1}^n X_i, \qquad \hat{\mu}_{2,n} = \bar{Y}_n = \frac{1}{n}\sum_{i=1}^n Y_i$$

$$\hat{\sigma}_{1,n}^2 = \frac{1}{n}\sum_{i=1}^n (X_i - \bar{X}_n)^2, \qquad \hat{\sigma}_{2,n}^2 = \frac{1}{n}\sum_{i=1}^n (Y_i - \bar{Y}_n)^2$$

$$\hat{\rho}_n = \frac{\hat{\sigma}_{12,n}}{\hat{\sigma}_{1,n}\hat{\sigma}_{2,n}} = \frac{\sum_{i=1}^n (X_i - \bar{X}_n)(Y_i - \bar{Y}_n)}{\sqrt{\sum_{i=1}^n (X_i - \bar{X}_n)^2}\sqrt{\sum_{i=1}^n (Y_i - \bar{Y}_n)^2}} \qquad (9.8)$$

で与えられる．ここで

$$\hat{\sigma}_{12,n} = \frac{1}{n}\sum_{i=1}^{n}(X_i-\bar{X}_n)(Y_i-\bar{Y}_n)$$

は X と Y の共分散 $\sigma_{12} = \mathrm{Cov}(X,Y)$ の最尤推定量である．そして前と同様に，$\sigma_1^2, \sigma_2^2, \sigma_{12}$ の不偏推定量はそれぞれ

$$V_{1,n}^2 = \frac{1}{n-1}\sum_{i=1}^{n}(X_i-\bar{X}_n)^2, \qquad V_{2,n}^2 = \frac{1}{n-1}\sum_{i=1}^{n}(Y_i-\bar{Y}_n)^2$$

$$V_{12,n} = \frac{1}{n-1}\sum_{i=1}^{n}(X_i-\bar{X}_n)(Y_i-\bar{Y}_n)$$

で与えられる．

相関係数 ρ の信頼区間をつくってみよう．最尤推定量 $\hat{\rho}_n$ のしたがう分布を直接求めることは困難であるが，フィッシャーの **Z 変換** とよばれる変換

$$Z_n = \frac{1}{2}\log\frac{1+\hat{\rho}_n}{1-\hat{\rho}_n}$$

を行うと，

$$\sqrt{n-3}\left(Z_n - \frac{1}{2}\log\frac{1+\rho}{1-\rho}\right)$$

は近似的に標準正規分布 $\mathrm{N}(0,1)$ にしたがうことが知られている．したがって，$\frac{1}{2}\log\frac{1+\rho}{1-\rho}$ の近似的 $100(1-\alpha)\%$ 信頼区間は

$$[L_n, U_n] = \left[Z_n - u\left(\frac{\alpha}{2}\right)\frac{1}{\sqrt{n-3}}, \quad Z_n + u\left(\frac{\alpha}{2}\right)\frac{1}{\sqrt{n-3}}\right]$$

で与えられる．関数 $z = \frac{1}{2}\log\frac{1+\rho}{1-\rho}$ は単調増加関数であり，$\rho = \frac{e^{2z}-1}{e^{2z}+1}$ であるから，ρ の近似的 $100(1-\alpha)\%$ 信頼区間として

$$\left[\frac{e^{2L_n}-1}{e^{2L_n}+1}, \quad \frac{e^{2U_n}-1}{e^{2U_n}+1}\right]$$

が得られる．

9.3.2 母数に関する検定

2 変量の正規母集団 $\mathrm{N}(\mu_1,\mu_2,\sigma_1^2,\sigma_2^2,\rho)$ から抽出された，大きさ n の無作為標本を $(X_1,Y_1),(X_2,Y_2),\ldots,(X_n,Y_n)$ とする．この場合，第 1 の標本 X_i の各々に第 2 の標本 Y_i が厳格に対応しており，X_i と Y_i は必ずしも独立でないことに注意する必要がある．このとき，平均の差 $\mu_1-\mu_2$ および相関係数 ρ に関する検定問題を考えよう．

a. 対比較

検定問題

$$H_0: \mu_1 = \mu_2 \quad \text{vs.} \quad H_1: \mu_1 \neq \mu_2 \quad (H_1: \mu_1 > \mu_2,\ H_1: \mu_1 < \mu_2)$$

を考えよう．$Z_i = X_i - Y_i$ とすると，$Z_1, Z_2, \ldots, Z_n$ は正規母集団 $\mathrm{N}(\mu,\sigma^2)$ $(\mu=\mu_1-\mu_2)$ からの大きさ n の無作為標本とみなすことができる[3]．したがって，この問題は

$$H_0: \mu = 0 \quad \text{vs.} \quad H_1: \mu \neq 0 \quad (H_1: \mu > 0,\ H_1: \mu < 0)$$

を検定することに帰着するので，9.2.1 項で述べた方法で検定すればよい．

b. 無相関性の検定

検定問題

$$H_0: \rho = 0 \quad \text{vs.} \quad H_1: \rho \neq 0 \tag{9.9}$$

を考えよう．ρ の最尤推定量 $\hat{\rho}_n$ は式 (9.8) で与えられる．計算の詳細は省くが，この場合の尤度比統計量は

$$\Lambda((X_1,Y_1),(X_2,Y_2),\ldots,(X_n,Y_n)) < \lambda \iff \frac{\sqrt{n-2}\,|\hat{\rho}_n|}{\sqrt{1-\hat{\rho}_n^2}} > c$$

をみたす．ところで，仮説 H_0 のもとでは $T = \dfrac{\sqrt{n-2}\,\hat{\rho}_n}{\sqrt{1-\hat{\rho}_n^2}}$ は自由度 $n-2$ の t 分布 $t(n-2)$ にしたがうことが知られている．したがって，水準 α の尤度比検定の棄却域は

$$C = \left\{ (x_1,y_1),(x_2,y_2),\ldots,(x_n,y_n)\ :\ \frac{\sqrt{n-2}\,|\hat{\rho}_n|}{\sqrt{1-\hat{\rho}_n^2}} > t_{\alpha/2}(n-2) \right\}$$

で与えられる．

---

[3] (X,Y) が $\mathrm{N}(\mu_1,\mu_2,\sigma_1^2,\sigma_2^2,\rho)$ にしたがうとき，$Z = X-Y$ は正規分布
$$\mathrm{N}(\mu_1-\mu_2,\sigma_1^2+\sigma_2^2-2\rho\sigma_1\sigma_2)$$
にしたがう．

図 9.5 散布図

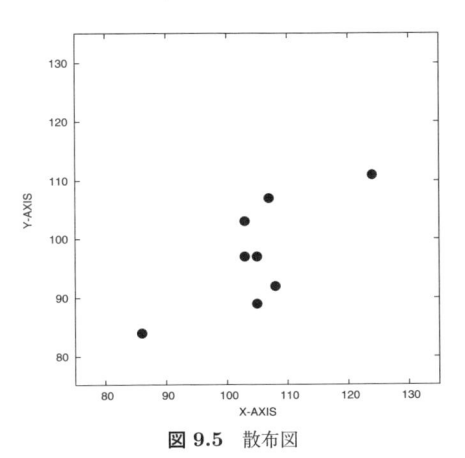

例 9.5 例 9.4 の数値の各列を対のデータとみなし，2 次元平面上にプロットしたものを図 9.5 に示す．このような図を**散布図** (scatter diagram) という．この図からみると，X と Y の間には強い正の相関がありそうである．

相関係数 ρ の最尤推定値を求めてみよう．

$$\sum_{i=1}^{8}(x_i-\bar{x}_8)(y_i-\bar{y}_8) = \sum_{i=1}^{8}x_i y_j - 8\bar{x}_8\bar{y}_8 = 505.5$$

であるから，最尤推定値は

$$\hat{\rho}_8 = \frac{505.5}{\sqrt{742.875}\sqrt{588.0}} = 0.765$$

となり，X と Y の相関はかなり強いことが予想される．念のため検定問題 (9.9) を考えてみよう．検定統計量の値を計算すると

$$t = \frac{\sqrt{8-2}\,|\hat{\rho}_8|}{\sqrt{1-\hat{\rho}_8^2}} = \frac{\sqrt{6}\times 0.765}{\sqrt{1-0.765^2}} = 2.910 > t_{0.025}(6) = 2.447$$

となる．よって仮説 $H_0 : \rho = 0$ は水準 0.05 で有意であり棄却される．

問 題

9.1 ある食品の製造において，小麦粉を同じ分量に分ける工程がある．この工程はよく管理されていて，その重さの分布は正規分布 $N(\mu, \sigma^2)$ であると仮定できる．いま，この工程から無作為に 5 個の標本を取り出して重さ（単位グラム）を測定したところ

$$26.2,\ 25.4,\ 24.2,\ 26.0,\ 23.6$$

であった．

(1) 母平均 μ の 95% 信頼区間を次の場合に求めよ．
   (i) $\sigma = 1$ とわかっているとき　(ii) 母分散 σ^2 が未知のとき
(2) 母分散 σ^2 の 95% 信頼区間を次の場合に求めよ．
   (i) $\mu = 25$ とわかっているとき　(ii) 母平均 μ が未知のとき

9.2　1 羽の鶏が産む卵の重さは正規分布にしたがうと考えてよいとする．ほぼ同じ分布にしたがって卵を産んでいる鶏 2 羽に対し，一方にはいつもの飼料を与え，他方には新しい飼料を与えて飼育したところ，2 羽の鶏が産んだ卵の重さ（単位グラム）は次のようであった．このとき以下の検定問題を有意水準 5% で考えよ．

| 従来の飼料 | 55.71 | 56.65 | 56.72 | 57.56 | 58.27 | 56.58 | 57.08 | 57.13 | 57.92 | 56.21 |
| 新しい飼料 | 58.59 | 58.45 | 59.64 | 58.64 | 58.00 | 57.03 | 57.33 | 57.80 | | |

(1) 分散が等しいかどうかを検定せよ．
(2) もし等分散性が棄却されなければ，新しい飼料に効果があるかどうかを検定せよ．
(3) 飼料会社は「新飼料の効果は卵 1 個あたり 1 グラム以上」と宣伝している．これが正しいかどうかを検定せよ．

9.3　次のデータは (x_i, y_i), $i = 1, 2, \ldots, 9$ と，対の形で 2 変量の正規母集団 $N(\mu_1, \mu_2, \sigma_1^2, \sigma_2^2, \rho)$ から無作為に抽出されたものである．

i	1	2	3	4	5	6	7	8	9
x_i	61	67	53	57	60	59	62	66	55
y_i	58	63	52	53	59	65	62	61	58

(1) 母平均の差 $\mu_1 - \mu_2$ の 95% 信頼区間を求めよ．仮に 2 つの標本変量は独立で $\sigma_1^2 = \sigma_2^2$ が成り立つとしたとき，母平均の差 $\mu_1 - \mu_2$ の 95% 信頼区間を求めよ．
(2) 相関係数 ρ の 90% 信頼区間を求めよ．
(3) 2 つの母平均 μ_1, μ_2 に関し

$$H_0 : \mu_1 = \mu_2 \quad \text{vs.} \quad H_1 : \mu_1 \neq \mu_2$$

を有意水準 5% で検定せよ．
(4) 相関係数 ρ に関し

$$H_0 : \rho = 0 \quad \text{vs.} \quad H_1 : \rho \neq 0$$

を有意水準 5% で検定せよ．

10 母集団比率に関する統計的推測

統計において度数データの解析は実用上も重要である．このようなデータの母集団分布モデルはベルヌーイ分布と多項分布である．ここではこの2つのモデルにおける統計的推測を，標本数が大きい場合に限定して解説する．

10.1 ベルヌーイ分布の母数の推定

10.1.1 母集団比率の推定

$X_1, X_2, \ldots, X_n$ はベルヌーイ分布 $\mathrm{Bi}(1, p)$ からの大きさ n の無作為標本とする．n が大きいとき，母集団比率 p の推定問題を考えよう．p の最尤推定量は $\bar{X}_n = \dfrac{1}{n} \sum_{i=1}^{n} X_i$ である．$n\bar{X}_n$ は二項分布 $\mathrm{Bi}(n, p)$ にしたがうが，n が大きいときその確率を計算するのは大変である．そこで中心極限定理（定理 4.4）を適用し，正規分布を利用して確率を近似する．いま $E_p(\bar{X}_n) = p$, $V_p(\bar{X}_n) = \dfrac{p(1-p)}{n}$ であるから，$\dfrac{\bar{X}_n - p}{\sqrt{p(1-p)/n}}$ の分布は標準正規分布 $\mathrm{N}(0, 1)$ で近似できる．したがって，この量は漸近的な枢軸量と考えることができる．このとき

$$1 - \alpha \fallingdotseq P_p\left(-u\left(\frac{\alpha}{2}\right) \leqq \frac{\bar{X}_n - p}{\sqrt{p(1-p)/n}} \leqq u\left(\frac{\alpha}{2}\right)\right)$$

となるので，括弧の中を p について解けば p の近似的 $100(1-\alpha)\%$ 信頼区間を求めることができる．しかし実際に計算すると，その両端は

$$\frac{2n\bar{X}_n + u^2\left(\dfrac{\alpha}{2}\right) \pm u\left(\dfrac{\alpha}{2}\right) \sqrt{u^2\left(\dfrac{\alpha}{2}\right) + 4n\bar{X}_n(1-\bar{X}_n)}}{2\left(n + u^2\left(\dfrac{\alpha}{2}\right)\right)}$$

と，かなり複雑なものとなり実用的とはいえない．そこでもう少し簡素な形を求めてみる．$\bar{X}_n$ の分散 $\dfrac{p(1-p)}{n}$ を，p の一致推定量 $\bar{X}_n$ を利用し，$\dfrac{\bar{X}_n(1-\bar{X}_n)}{n}$

で推定し

$$\frac{\bar{X}_n - p}{\sqrt{\bar{X}_n(1-\bar{X}_n)/n}} = \frac{\bar{X}_n - p}{\sqrt{p(1-p)/n}} \times \frac{\sqrt{p(1-p)}}{\sqrt{\bar{X}_n(1-\bar{X}_n)}}$$

を考える．右辺第 1 項は中心極限定理から $N(0,1)$ に収束し，右辺第 2 項は大数の法則から $\frac{\sqrt{p(1-p)}}{\sqrt{p(1-p)}} = 1$ に確率収束する．このことから $\frac{\bar{X}_n - p}{\sqrt{\bar{X}_n(1-\bar{X}_n)/n}}$ もまた近似的に $N(0,1)$ にしたがうことが示される．この事実を利用すると，p の近似的 $100(1-\alpha)\%$ 信頼区間として

$$\left[\bar{X}_n - u\left(\frac{\alpha}{2}\right)\sqrt{\frac{\bar{X}_n(1-\bar{X}_n)}{n}},\quad \bar{X}_n + u\left(\frac{\alpha}{2}\right)\sqrt{\frac{\bar{X}_n(1-\bar{X}_n)}{n}}\right]$$

が得られることは容易にわかる．たとえば数値例として，$n = 500, \bar{x}_{500} = 0.4$, $u\left(\frac{0.05}{2}\right) = 1.96$ の場合，2 つの方法で信頼区間を計算してみると，前者では $[0.358, 0.444]$，後者では $[0.357, 0.443]$ となりほとんど違いはない．

10.1.2　2 つの母集団比率の推定による比較

$X_1, X_2, \ldots, X_m$ はベルヌーイ分布 $Bi(1, p_1)$ からの大きさ m の無作為標本，$Y_1, Y_2, \ldots, Y_n$ はベルヌーイ分布 $Bi(1, p_2)$ からの大きさ n の無作為標本とする．この 2 つの標本変量は独立とする．このとき，母数の 1 次結合 $c_1 p_1 + c_2 p_2$ を考える．興味があるのは，$p_1 - p_2$, $cp_1 + (1-c)p_2$ $(0 < c < 1)$ などの推定問題である．

前項で述べたように $\frac{\bar{X}_m - p_1}{\sqrt{p_1(1-p_1)/m}}, \frac{\bar{Y}_n - p_2}{\sqrt{p_2(1-p_2)/n}}$ の分布はともに $N(0,1)$ で近似できる．そして両者は独立であるから，その 1 次結合である

$$\frac{(c_1\bar{X}_m + c_2\bar{Y}_n) - (c_1 p_1 + c_2 p_2)}{\sqrt{c_1^2 \dfrac{p_1(1-p_1)}{m} + c_2^2 \dfrac{p_2(1-p_2)}{n}}}$$

も近似的に $N(0,1)$ にしたがう．さらに，分母の p_1, p_2 をそれぞれの一致推定量 $\bar{X}_m, \bar{Y}_n$ で推定し

$$\frac{(c_1\bar{X}_m + c_2\bar{Y}_n) - (c_1 p_1 + c_2 p_2)}{\sqrt{c_1^2 \dfrac{\bar{X}_m(1-\bar{X}_m)}{m} + c_2^2 \dfrac{\bar{Y}_n(1-\bar{Y}_n)}{n}}}$$

とすると、これもまた近似的に $N(0,1)$ にしたがうことがわかる。このことから、$c_1 p_1 + c_2 p_2$ の近似的 $100(1-\alpha)\%$ 信頼区間は

$$\left[c_1 \bar{X}_m + c_2 \bar{Y}_n - u\left(\frac{\alpha}{2}\right) \sqrt{c_1^2 \frac{\bar{X}_m(1-\bar{X}_m)}{m} + c_2^2 \frac{\bar{Y}_n(1-\bar{Y}_n)}{n}}, \right.$$
$$\left. c_1 \bar{X}_m + c_2 \bar{Y}_n + u\left(\frac{\alpha}{2}\right) \sqrt{c_1^2 \frac{\bar{X}_m(1-\bar{X}_m)}{m} + c_2^2 \frac{\bar{Y}_n(1-\bar{Y}_n)}{n}} \right]$$

で与えられる。とくに母集団比率の差 $p_1 - p_2$ に興味がある場合は、その近似的 $100(1-\alpha)\%$ 信頼区間として

$$\left[\bar{X}_m - \bar{Y}_n - u\left(\frac{\alpha}{2}\right) \sqrt{\frac{\bar{X}_m(1-\bar{X}_m)}{m} + \frac{\bar{Y}_n(1-\bar{Y}_n)}{n}}, \right.$$
$$\left. \bar{X}_m - \bar{Y}_n + u\left(\frac{\alpha}{2}\right) \sqrt{\frac{\bar{X}_m(1-\bar{X}_m)}{m} + \frac{\bar{Y}_n(1-\bar{Y}_n)}{n}} \right]$$

が得られる。

例 10.1 ある都市の市議会議員選挙に関する世論調査のため、青年層から 120 人、年配層から 45 人を無作為に抽出して調査を行ったところ、保守系を支持すると回答したのはそれぞれの層で 63 人と 32 人であった。この都市の青年層と年配層の人口比は 3:2 である。このとき、この都市の住民の保守系の支持率の近似的 95% 信頼区間を求めてみよう。

青年層の保守系支持率を p_1、年配層の保守系支持率を p_2 とすると、ここで推定すべき母数は $p = \frac{3}{5}p_1 + \frac{2}{5}p_2$ であることに注意する。いま、

$$\bar{x}_{120} = \frac{63}{120} = 0.525, \qquad \bar{y}_{45} = \frac{32}{45} = 0.711, \qquad u\left(\frac{0.05}{2}\right) = 1.96$$

$$\sqrt{\left(\frac{3}{5}\right)^2 \frac{\bar{x}_{120}(1-\bar{x}_{120})}{120} + \left(\frac{2}{5}\right)^2 \frac{\bar{y}_{45}(1-\bar{y}_{45})}{45}} = 0.0385$$

であるから、p の近似的 95% 信頼区間として

$$[0.599 - 0.075,\ 0.599 + 0.075] = [0.524,\ 0.674]$$

を得る。

10.2 ベルヌーイ分布の母数の検定

10.2.1 母集団比率に関する検定

$X_1, X_2, \ldots, X_n$ はベルヌーイ分布 $\mathrm{Bi}(1,p)$ からの大きさ n の無作為標本とする．母集団比率 p に関する両側検定問題

$$H_0 : p = p_0 \quad \text{vs.} \quad H_1 : p \neq p_0$$

を考えてみよう．p の最尤推定量は $\bar{X}_n$ で与えられる．10.1.1 項で述べたように，n が大きいとき $\dfrac{\bar{X}_n - p}{\sqrt{p(1-p)/n}}$ は各 p のもと近似的に正規分布 $\mathrm{N}(0,1)$ にしたがうと考えてよいから，仮説 H_0 に対する近似的な水準 α の棄却域は

$$C = \left\{ (x_1, x_2, \ldots, x_n) : \frac{|\bar{x}_n - p_0|}{\sqrt{p_0(1-p_0)/n}} > u\left(\frac{\alpha}{2}\right) \right\}$$

で与えられる．片側検定問題

$$H_0 : p = p_0 \quad \text{vs.} \quad H_1 : p > p_0 \quad \text{あるいは} \quad H_1 : p < p_0$$

に対する近似的な水準 α の棄却域はそれぞれ

$$C = \left\{ (x_1, x_2, \ldots, x_n) : \frac{\bar{x}_n - p_0}{\sqrt{p_0(1-p_0)/n}} > u(\alpha) \right\}$$

$$C = \left\{ (x_1, x_2, \ldots, x_n) : \frac{\bar{x}_n - p_0}{\sqrt{p_0(1-p_0)/n}} < -u(\alpha) \right\}$$

で与えられる．

10.2.2 2つの母集団比率の検定による比較

$X_1, X_2, \ldots, X_m$ はベルヌーイ分布 $\mathrm{Bi}(1, p_1)$ からの大きさ m の無作為標本，$Y_1, Y_2, \ldots, Y_n$ はベルヌーイ分布 $\mathrm{Bi}(1, p_2)$ からの大きさ n の無作為標本とする．この 2 つの標本変量は独立とする．このとき母集団比率の差 $p_1 - p_2$ に関する検定を考える．$p_1 - p_2$ の最尤推定量 $\bar{X}_m - \bar{Y}_n$ の分布については，10.1.2 項で述べたように，

$$\frac{(\bar{X}_m - \bar{Y}_n) - (p_1 - p_2)}{\sqrt{\dfrac{\bar{X}_m(1 - \bar{X}_m)}{m} + \dfrac{\bar{Y}_n(1 - \bar{Y}_n)}{n}}}$$

が各 p_1, p_2 のもと近似的に $N(0,1)$ にしたがうことが知られている．これを利用すると，検定問題

$$H_0 : p_1 - p_2 = 0 \quad \text{vs.} \quad H_1 : p_1 - p_2 \neq 0$$

に対する近似的な水準 α の棄却域は

$$C = \left\{ (x_1, \ldots, x_m, y_1, \ldots, y_n) : \frac{|\bar{x}_m - \bar{y}_n|}{\sqrt{\dfrac{\bar{x}_m(1-\bar{x}_m)}{m} + \dfrac{\bar{y}_n(1-\bar{y}_n)}{n}}} > u\left(\frac{\alpha}{2}\right) \right\}$$

で与えられ，片側検定問題

$$H_0 : p_1 - p_2 = 0 \quad \text{vs.} \quad H_1 : p_1 - p_2 > 0 \quad \text{あるいは} \quad H_1 : p_1 - p_2 < 0$$

に対する近似的な水準 α の棄却域はそれぞれ

$$C = \left\{ (x_1, \ldots, x_m, y_1, \ldots, y_n) : \frac{\bar{x}_m - \bar{y}_n}{\sqrt{\dfrac{\bar{x}_m(1-\bar{x}_m)}{m} + \dfrac{\bar{y}_n(1-\bar{y}_n)}{n}}} > u(\alpha) \right\}$$

$$C = \left\{ (x_1, \ldots, x_m, y_1, \ldots, y_n) : \frac{\bar{x}_m - \bar{y}_n}{\sqrt{\dfrac{\bar{x}_m(1-\bar{x}_m)}{m} + \dfrac{\bar{y}_n(1-\bar{y}_n)}{n}}} < -u(\alpha) \right\}$$

で与えられることが容易にわかる．

例 10.1（続き） 青年層と年配層の保守系支持率に差があるかどうかを検定してみよう．考える検定問題は

$$H_0 : p_1 - p_2 = 0 \quad \text{vs.} \quad H_1 : p_1 - p_2 \neq 0$$

である．

$$\frac{|\bar{x}_{120} - \bar{y}_{45}|}{\sqrt{\dfrac{\bar{x}_{120}(1-\bar{x}_{120})}{120} + \dfrac{\bar{y}_{45}(1-\bar{y}_{45})}{45}}} = \frac{0.186}{0.0815} = 2.28 > u(0.025) = 1.96$$

よって仮説 H_0 は水準 0.05 で有意となる．すなわち世代間には差がある．

10.3 適合度の検定

第 5 章の問題 5.3 において 2 変量の多項分布を導いた．それを拡張し，ある試行において k 個の排反な事象 $A_1, A_2, \ldots, A_k$ のうちの 1 つが，それぞれ確率 $p_1, p_2, \ldots, p_k$ で起こるとする．その試行を独立に n 回行ったときの各事象 A_i の生起回数を X_i とすると，$\boldsymbol{X} = (X_1, X_2, \ldots, X_{k-1})$ の同時確率関数は

$$f_{\boldsymbol{X}}(x_1, x_2, \ldots, x_{k-1}; p_1, p_2, \ldots, p_{k-1}) = \frac{n!}{x_1! x_2! \cdots x_k!} p_1^{x_1} p_2^{x_2} \cdots p_k^{x_k}$$

$$x_i = 0, 1, \ldots, n \quad (i = 1, 2, \ldots, k-1), \quad \sum_{i=1}^{k-1} x_i \leqq n$$

$$x_k = n - \sum_{i=1}^{k-1} x_i, \quad p_k = 1 - \sum_{i=1}^{k-1} p_i$$

であることを導くことができる．この分布を $k-1$ 変量の**多項分布**とよび，$\mathrm{M}(n; p_1, p_2, \ldots, p_{k-1})$ で表す．この分布の母数空間は

$$\Theta = \left\{ (p_1, p_2, \ldots, p_k) : \sum_{i=1}^{k} p_i = 1,\ 0 < p_i < 1\ (i = 1, 2, \ldots, k) \right\} \subset \boldsymbol{R}^{k-1}$$

である．

10.3.1 多項分布の適合の検定
a. 単純帰無仮説

標本変量ベクトル $\boldsymbol{X} = (X_1, X_2, \ldots, X_{k-1})$ は，多項分布 $\mathrm{M}(n; p_1, p_2, \ldots, p_{k-1})$ にしたがうとする．$\boldsymbol{p} = (p_1, p_2, \ldots, p_{k-1})$，$\boldsymbol{p}_0 = (p_{01}, p_{02}, \ldots, p_{0,k-1})$ と表したとき，検定問題

$$H_0 : \boldsymbol{p} = \boldsymbol{p}_0 \quad \text{vs.} \quad H_1 : \boldsymbol{p} \not\equiv \boldsymbol{p}_0$$

を考える．標本値 $\boldsymbol{X} = \boldsymbol{x} = (x_1, x_2, \ldots, x_{k-1})$ が得られたとき，尤度関数は

$$L(\boldsymbol{p}; \boldsymbol{x}) \propto p_1^{x_1} p_2^{x_2} \cdots p_{k-1}^{x_{k-1}} (1 - p_1 - p_2 - \cdots - p_{k-1})^{n - x_1 - x_2 - \cdots - x_{k-1}}$$

であるから，Θ における $p_1, p_2, \ldots, p_{k-1}, p_k$ の最尤推定値は

$$(\hat{\boldsymbol{p}}_n, \hat{p}_{kn}) = (\hat{p}_{1n}, \hat{p}_{2n}, \ldots, \hat{p}_{k-1,n}, \hat{p}_{kn}) = \left(\frac{x_1}{n}, \frac{x_2}{n}, \ldots, \frac{x_{k-1}}{n}, \frac{x_k}{n} \right)$$

で与えられる．よって尤度比を計算すると

$$\Lambda(\boldsymbol{x}) = \frac{L(\boldsymbol{p}_0;\boldsymbol{x})}{L(\hat{\boldsymbol{p}}_n;\boldsymbol{x})} = \left(\frac{p_{01}}{x_1/n}\right)^{x_1}\left(\frac{p_{02}}{x_2/n}\right)^{x_2}\cdots\left(\frac{p_{0k}}{x_k/n}\right)^{x_k} < \lambda$$

は

$$-2\log\Lambda(\boldsymbol{x}) = 2\sum_{i=1}^{k} x_i\left(\log\frac{x_i}{n} - \log p_{0i}\right) > \lambda'$$

と同等であることがわかる．定理 8.5 より，仮説 H_0 のもと $-2\log\Lambda(\boldsymbol{X})$ は $n\to\infty$ のとき自由度 $k-1$ の χ^2 分布 $\chi^2(k-1)$ にしたがうから，尤度比による近似的な水準 α の棄却域は

$$C = \left\{(x_1, x_2, \ldots, x_k) : 2\sum_{i=1}^{k} x_i\left(\log\frac{x_i}{n} - \log p_{0i}\right) > \chi_\alpha^2(k-1)\right\}$$

で与えられる．

一方，この問題は伝統的にピアソンの χ^2 **統計量**[1]

$$\chi^2 = \sum_{i=1}^{k} \frac{(X_i - np_{0i})^2}{np_{0i}}$$

を用い，近似的な水準 α の棄却域を

$$C = \left\{(x_1, x_2, \ldots, x_k) : \sum_{i=1}^{k} \frac{(x_i - np_{0i})^2}{np_{0i}} > \chi_\alpha^2(k-1)\right\}$$

で与える方式で解かれてきた．この検定方式を χ^2 **適合度検定** (chi–square test of goodness of fit) あるいは単に χ^2 **検定**とよぶ．この 2 つの検定方式は $n\to\infty$ のとき漸近的に同等であることが示されているので，計算の簡便さから χ^2 統計量を用いることが多い[2]．

例 10.2 表 1.1 に，実際にさいころを 600 回投げた結果がある．このデータに基づき，さいころが公正につくられたものかどうかを検定してみよう．さいころの i の目の出る確率を p_i とすると，帰無仮説は

---

[1] 各 np_{0i} を"理論値"あるいは"理論期待値"などとよび，χ^2 統計量の各項は $\dfrac{(実現値 - 理論値)^2}{理論値}$ の形をしている，と覚えると記憶しやすいであろう．

[2] 近似の精度を保証するためには，各 $i=1,2,\ldots,k$ に対し $np_{0i} \geqq 5$ であることが要求される．もしこれをみたさない事象 A_i があれば，それらを適当に合併（プール）し理論値が 5 以上となるようにする．

である．

$$H_0 : p_1 = p_2 = p_3 = p_4 = p_5 = p_6 = \frac{1}{6}$$

である．データを再録するとともに，計算に便利なように次のような表をつくる（表 10.1）．この表の最終行の数値をすべて加えると

表 10.1 χ^2 検定

目の数	1	2	3	4	5	6	計
出現回数 (x_i)	94	91	106	101	105	103	600
理論値 (np_{0i})	100	100	100	100	100	100	600
$x_i - np_{0i}$	-6	-9	6	1	5	3	0
$(x_i - np_{0i})^2$	36	81	36	1	25	9	
$\dfrac{(x_i - np_{0i})^2}{np_{0i}}$	0.36	0.81	0.36	0.01	0.25	0.09	$\chi^2 = 1.88$

$$\chi^2 = \sum_{i=1}^{6} \frac{(x_i - np_{0i})^2}{np_{0i}} = 1.88 \not> \chi^2_{0.05}(5) = 11.07$$

となる．したがって仮説 H_0 は水準 0.05 で有意ではない．言い換えるなら，さいころは公正であったと考えてもよさそうである．

b. 複合帰無仮説

T を $\boldsymbol{R}^r$ $(r < k-1)$ の部分集合とする．帰無仮説の母数空間 Θ_0 が $\tau = (\tau_1, \tau_2, \ldots, \tau_r) \in T$ を通して

$$\Theta_0 = \{(p_1(\tau), p_2(\tau), \ldots, p_k(\tau)) : \tau \in T\}$$

と表されているときに，検定問題

$$H_0 : (p_1, p_2, \ldots, p_k) \in \Theta_0 \quad \text{vs.} \quad H_1 : (p_1, p_2, \ldots, p_k) \in \Theta - \Theta_0$$

を考える．帰無仮説の母数は τ を通して決まるから，τ を最尤推定量 $\hat{\tau}_n = (\hat{\tau}_{1n}, \hat{\tau}_{2n}, \ldots, \hat{\tau}_{rn})$ で推定し，理論値を $np_i(\hat{\tau}_n)$ $(i = 1, 2, \ldots, k)$ で算出する．このとき χ^2 統計量

$$\chi^2 = \sum_{i=1}^{k} \frac{(X_i - np_i(\hat{\tau}_n))^2}{np_i(\hat{\tau}_n)}$$

は，n が大きいとき近似的に自由度 $k-1-r$ の χ^2 分布 $\chi^2(k-1-r)$ にしたがうことが知られている[3]．このことを利用すると，近似的な水準 α の棄却域は

---

[3] 一般に

$$\text{自由度} = \text{事象の数} - 1 - \text{推定された母数の数} \tag{10.1}$$

が成り立つ．

$$C = \left\{(x_1, x_2, \ldots, x_k) : \sum_{i=1}^{k} \frac{(x_i - np_i(\hat{\tau}_n))^2}{np_i(\hat{\tau}_n)} > \chi_\alpha^2(k-1-r)\right\}$$

で与えられる.

例 10.3 ある動物は 1 回の出産で平均 4 匹の子供を産む.その子供の雌雄数の分布を知るため,4 匹の子供を産んだ親を無作為に 200 匹抽出し雄の分布を調べたところ,表 10.2 のようであった.このとき

$$H_0 : 母集団分布は二項分布 \text{Bi}(4,\tau) である$$

という分布形に関する帰無仮説を検定したいものとする.

表 10.2 分布形の検定

雄の出産数	0	1	2	3	4	計
親の数 (x_i)	2	34	98	54	12	200
$p_i(\hat{\tau}_n)$	0.041	0.200	0.368	0.300	0.091	1.000
理論値 $(np_i(\hat{\tau}_n))$	8.2	40.0	73.6	60.0	18.2	200
$x_i - np_i(\hat{\tau}_n)$	-6.2	-6.0	24.4	-6.0	-6.2	0.0
$(x_i - np_i(\hat{\tau}_n))^2$	38.44	36.00	595.36	36.00	38.44	
$\dfrac{(x_i - np_i(\hat{\tau}_n))^2}{np_i(\hat{\tau}_n)}$	4.69	0.90	8.09	0.60	2.11	$\chi^2 = 16.39$

まず,各出産数に対応する理論値を求める.H_0 のもと雄 i 匹を出産する確率は,$r = 1$ 個のパラメータ τ を用い $p_i(\tau) = \binom{4}{i} \tau^i (1-\tau)^{4-i}$ で与えられるから,理論値は $200 \times p_i(\tau)$ で計算される.しかし,今の場合 τ は未知であるので最尤推定値で推定する.尤度関数は

$$L(\tau) \propto \{\tau^0(1-\tau)^4\}^2 \{\tau^1(1-\tau)^3\}^{34} \{\tau^2(1-\tau)^2\}^{98}$$
$$\times \{\tau^3(1-\tau)^1\}^{54} \{\tau^4(1-\tau)^0\}^{12}$$
$$= \tau^{440}(1-\tau)^{360}$$

であるから,τ の最尤推定値は $\hat{\tau}_{200} = \dfrac{440}{800} = 0.55$ となる.この数値から計算した理論値や χ^2 値は表 10.2 にまとめたとおりである.この問題における χ^2 統計量の自由度は $5-1-1=3$ であるから

$$\chi^2 = \sum_{i=0}^{4} \frac{(x_i - np_i(\hat{\tau}_n))^2}{np_i(\hat{\tau}_n)} = 16.39 > \chi_{0.01}^2(3) = 11.34$$

がわかる．したがって仮説 H_0 は水準 0.01 で有意である．すなわち分布形は二項分布とはみなされない．

10.3.2 分割表による独立性の検定

ある試行の結果が 2 つの属性 A, B によって分類されるとする．すなわち，結果は属性 A に関連する排反かつ包括的な事象群

$$A_1, A_2, \ldots, A_r; \qquad A_i \cap A_k = \emptyset \ (i \neq k), \quad \bigcup_{i=1}^{r} A_i = \Omega$$

のいずれか，そして属性 B に関連する排反かつ包括的な事象群

$$B_1, B_2, \ldots, B_c; \qquad B_j \cap B_k = \emptyset \ (j \neq k), \quad \bigcup_{j=1}^{c} B_j = \Omega$$

のいずれかに属する．その確率を

$$p_{ij} = P(A_i \cap B_j), \qquad i = 1, 2, \ldots, r;\ j = 1, 2, \ldots, c$$

とする．この試行を独立に n 回行ったとき事象 $A_i \cap B_j$ の出現度数を X_{ij} とすると，確率ベクトル $\boldsymbol{X} = (X_{11}, \ldots, X_{1c}, X_{21}, \ldots, X_{2c}, \ldots, X_{r1}, \ldots, X_{r,c-1})$ は $r \times c - 1$ 変量の多項分布 $\mathrm{M}(n; p_{11}, \ldots, p_{1c}, p_{21}, \ldots, p_{2c}, \ldots, p_{r1}, \ldots, p_{r,c-1})$ にしたがうことがわかる．このデータを表 10.3 のような $r \times c$ **分割表** (contingency table) で表す．ここで

$$X_{i\cdot} = \sum_{j=1}^{c} X_{ij}, \quad i = 1, 2, \ldots, r; \qquad X_{\cdot j} = \sum_{i=1}^{r} X_{ij}, \quad j = 1, 2, \ldots, c$$

である．

表 10.3 $r \times c$ 分割表

	B_1	B_2	$\cdots$	B_c	計
A_1	X_{11}	X_{12}	$\cdots$	X_{1c}	$X_{1\cdot}$
A_2	X_{21}	X_{22}	$\cdots$	X_{2c}	$X_{2\cdot}$
$\vdots$	$\vdots$	$\vdots$	$\ddots$	$\vdots$	$\vdots$
A_r	X_{r1}	X_{r2}	$\cdots$	X_{rc}	$X_{r\cdot}$
計	$X_{\cdot 1}$	$X_{\cdot 2}$	$\cdots$	$X_{\cdot c}$	n

いま，属性 A と属性 B は互いに独立であるかどうかを考える．結果が A_i に属する(周辺)確率，B_j に属する(周辺)確率はそれぞれ

$$p_{i\cdot} = P(A_i) = \sum_{j=1}^{c} P(A_i \cap B_j) = \sum_{j=1}^{c} p_{ij}, \quad i = 1, 2, \ldots, r$$

$$p_{\cdot j} = P(B_j) = \sum_{i=1}^{r} P(A_i \cap B_j) = \sum_{i=1}^{r} p_{ij}, \quad j = 1, 2, \ldots, c$$

であるから，独立という仮説は

$$H_0 : p_{ij} = p_{i\cdot} p_{\cdot j}, \quad i = 1, 2, \ldots, r; \ j = 1, 2, \ldots, c$$

と定式化される．対立仮説 H_1 は，ある (i,j) に対して $p_{ij} \neq p_{i\cdot} p_{\cdot j}$ である．もちろん $\sum_{i=1}^{r} p_{i\cdot} = \sum_{j=1}^{c} p_{\cdot j} = 1$ であるから，帰無仮説は $r+c-2$ 個の母数

$$p_{1\cdot}, p_{2\cdot}, \ldots, p_{(r-1)\cdot}; \quad p_{\cdot 1}, p_{\cdot 2}, \ldots, p_{\cdot(c-1)}$$

で定められていることに注意する．ここで $p_{i\cdot}$ の最尤推定量は $\dfrac{X_{i\cdot}}{n}$, $p_{\cdot j}$ の最尤推定量は $\dfrac{X_{\cdot j}}{n}$ であるから，事象 $A_i \cap B_j$ の理論度数は $n\dfrac{X_{i\cdot}}{n}\dfrac{X_{\cdot j}}{n} = \dfrac{X_{i\cdot}X_{\cdot j}}{n}$ で推定される．よって χ^2 統計量は

$$\chi^2 = \sum_{i=1}^{r}\sum_{j=1}^{c} \frac{(X_{ij} - X_{i\cdot}X_{\cdot j}/n)^2}{X_{i\cdot}X_{\cdot j}/n}$$

で与えられる．n が大きいとき，式 (10.1) からこれは自由度 $rc-1-(r+c-2) = (r-1)(c-1)$ の χ^2 分布 $\chi^2((r-1)(c-1))$ にしたがうことがわかる．よって，近似的な水準 α の棄却域は

$$C = \left\{ (x_{11}, x_{12}, \ldots, x_{rc}) : \sum_{i=1}^{r}\sum_{j=1}^{c} \frac{(x_{ij} - x_{i\cdot}x_{\cdot j}/n)^2}{x_{i\cdot}x_{\cdot j}/n} > \chi^2_{\alpha}((r-1)(c-1)) \right\}$$

で与えられる．

例 10.4 表 10.4 のデータは，300 人の新聞購読者の職業と購読紙による分類である．職業によって購読紙に違いがあるかどうかを調べてみよう．

職業という属性を A, 購読紙という属性を B とすると，問題は

$$H_0 : A \text{ と } B \text{ は互いに独立}$$

を検定することである．括弧内の最初の数値はこの仮説のもとで推定した各セルの理論度数 $\dfrac{x_{i\cdot}x_{\cdot j}}{300}$ であり，第 2 の数値は重みつき偏差平方 $\dfrac{(x_{ij} - x_{i\cdot}x_{\cdot j}/300)^2}{x_{i\cdot}x_{\cdot j}/300}$ の値である．これより

表 10.4 独立性の検定

	B_1 新聞	B_2 新聞	B_3 新聞	計
職業 A_1	35 (24.2; 4.82)	15 (21.4; 1.91)	16 (20.4; 0.95)	66
職業 A_2	55 (53.9; 0.02)	45 (47.5; 0.13)	47 (45.6; 0.04)	147
職業 A_3	20 (31.9; 4.44)	37 (28.1; 2.82)	30 (27.0; 0.33)	87
計	110	97	93	300

$$\chi^2 = \sum_{i=1}^{3}\sum_{j=1}^{3} \frac{(x_{ij} - x_{i.}x_{.j}/300)^2}{x_{i.}x_{.j}/300} = 15.46 > \chi^2_{0.01}(4) = 13.28$$

であるから，仮説 H_0 は水準 0.01 で有意である．すなわち職業と購読紙の間には強い関連があることが示唆される．

問 題

10.1 ある国の大統領選挙に A, B の 2 人が立候補した．選挙予想をするため，有権者から無作為に調査対象を選び出し，A, B どちらの候補者を支持するかをアンケート調査をすることにした．
(1) 無作為に選んだ 500 人中 275 人が，A を支持すると回答した．A の支持率 p の 95% 信頼区間を求めよ．
(2) A の支持率 p を誤差 0.025 以下で推定することが求められているとする．
  (i) A の方が有利で国民の 6 割程度は支持してるといわれている．このとき，0.99 の確率で要求どおりの精度の推定値を得るためには，どれだけの標本数が必要か．
  (ii) 選挙選は接戦になるであろうといわれている．このとき，0.99 の確率で要求どおりの精度の推定値を得るためには，どれだけの標本数が必要か．

10.2 A 市と B 町の合併案に関する賛否を調査することになった．A 市, B 町でそれぞれ 100 人, 80 人を無作為に選び合併の賛否を聞いたところ，A 市では 70 人が賛成し，B 町では 40 人が賛成した．
(1) A 市と B 町とでは合併案に対する支持率に差があるといえるか．有意水準 5% で検定せよ．
(2) 合併案は A 市 B 町全体の住民投票で $\frac{2}{3}$ 以上の賛成が得られなければ廃案になる．現在 A 市と B 町の人口比は 3 : 2 である．この合併案が白紙になるかどうかを，有意水準 5% で検定せよ．

10.3 次のデータは，ある学級において 80 日間にわたって欠席者の数を調査したものである．1 日の欠席者数はポアソン分布にしたがっているとみなせるかどうかを有意水準 5% で検定せよ．

欠席者数	0	1	2	3	4	5
日 数	33	27	12	4	3	1

10.4 120人の学生の標本を，入学時の選抜方法の種別と卒業時の評定平均によって分類した．選抜方法にはI, II, IIIの3つのカテゴリーがある．評定平均は，高いAから低いDまでの4つのカテゴリーを用いた．これで分類した結果が次の表である．選抜方法と卒業時の成績は関係がないとみなしてよいかどうかを，有意水準5%で検定せよ．

	A	B	C	D
I	13	12	10	5
II	9	16	17	14
III	3	4	7	10

問題の略解

● 第 1 章

1.2 (1) $\dfrac{1}{4}$　(2) $\dfrac{4}{13}$　(3) $\dfrac{1}{13}$　(4) $\dfrac{4}{13}$

1.3 (3) $P(A\cap B) = P(A)+P(B)-P(A\cup B) = (1-P(A^c))+(1-P(B^c))-P(A\cup B) = 1-P(A^c)-P(B^c)+(1-P(A\cup B)) \geqq 1-P(A^c)-P(B^c)$.

1.5 (1) $P(A) = P(A\cap(B\cup B^c)) = P(A\cap B)+P(A\cap B^c)$. ゆえに $P(A\cap B^c) = P(A)-P(A)P(B) = P(A)(1-P(B)) = P(A)P(B^c)$. よって A と B^c は独立.

1.6 白球が取り出される事象を W, 青・赤・黄の袋が選ばれる事象をそれぞれ B, R, Y で表すと, $P(B) = \dfrac{2}{5}$, $P(R) = \dfrac{2}{5}$, $P(Y) = \dfrac{1}{5}$. それぞれの袋から白球が取り出される条件つき確率は $P(W|B) = \dfrac{2}{5}$, $P(W|R) = \dfrac{1}{5}$, $P(W|Y) = \dfrac{4}{5}$. よって
$$P(Y|W) = \dfrac{P(Y)P(W|Y)}{P(B)P(W|B)+P(R)P(W|R)+P(Y)P(W|Y)} = \dfrac{2}{5}.$$

● 第 2 章

2.1 $a>0$ の場合は明らか. $a<0$ の場合, $F_Y(y) = P(Y\leqq y) = P(aX+b\leqq y) = P\left(X\geqq \dfrac{y-b}{a}\right) = 1-P\left(X<\dfrac{y-b}{a}\right) = 1-F_X\left(\left(\dfrac{y-b}{a}\right)-\right)$. X が連続型の場合には, 最後の式は $1-F_X\left(\dfrac{y-b}{a}\right)$ に一致. 確率密度関数を求めるため, これらの式を y で微分すればよい.

2.2 (1) $f_X(x) = 1\ (x=a),\ =0\ (x\neq a)$.
(2) $F_X(x) = 0\ (x<a),\ =1\ (x\geqq a)$.
(3) $E(X) = af_X(a) = a$, $V(X) = (a-a)^2 f_X(a) = 0$.

2.3 変数変換と対称性の仮定より $I = \int_{-\infty}^{\infty}(x-c)f_X(x)\,dx = -\int_{-\infty}^{\infty}xf_X(c-x)\,dx = -\int_{-\infty}^{\infty}xf_X(c+x)\,dx = -I$. よって $I = 0$. これより $E(X) = c$.

2.4 (1) $c = 2$.

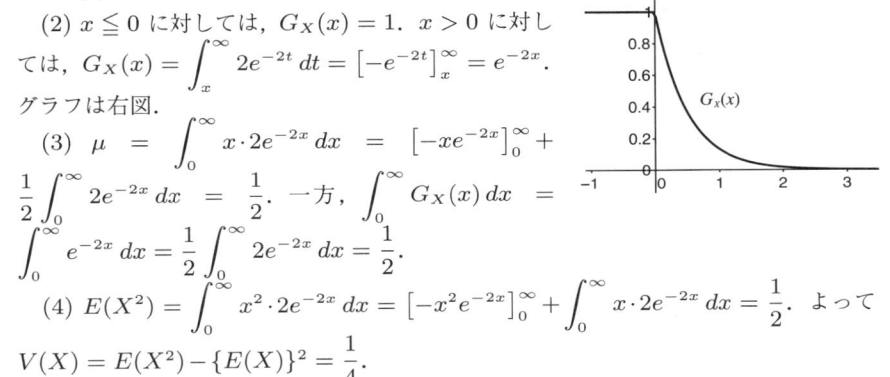

(2) $x \leqq 0$ に対しては, $G_X(x) = 1$. $x > 0$ に対しては, $G_X(x) = \int_x^{\infty} 2e^{-2t}\,dt = \left[-e^{-2t}\right]_x^{\infty} = e^{-2x}$. グラフは右図.

(3) $\mu = \int_0^{\infty} x \cdot 2e^{-2x}\,dx = \left[-xe^{-2x}\right]_0^{\infty} + \frac{1}{2}\int_0^{\infty} 2e^{-2x}\,dx = \frac{1}{2}$. 一方, $\int_0^{\infty} G_X(x)\,dx = \int_0^{\infty} e^{-2x}\,dx = \frac{1}{2}\int_0^{\infty} 2e^{-2x}\,dx = \frac{1}{2}$.

(4) $E(X^2) = \int_0^{\infty} x^2 \cdot 2e^{-2x}\,dx = \left[-x^2 e^{-2x}\right]_0^{\infty} + \int_0^{\infty} x \cdot 2e^{-2x}\,dx = \frac{1}{2}$. よって $V(X) = E(X^2) - \{E(X)\}^2 = \frac{1}{4}$.

2.5 右辺 $= \int_0^{\infty}\left\{\int_x^{\infty} dF_X(t)\right\} dx = \int_0^{\infty}\left\{\int_0^t dx\right\} dF_X(t) = E(X)$

2.8 X の分布関数を $F_X(x)$ とする. $\mu = E(X)$ とおくと, $V(X) = E[(X-\mu)^2] = \int_{-\infty}^{\infty}(x-\mu)^2\,dF_X(x) = \int_{-\infty}^{\infty}x^2\,dF_X(x) - 2\mu\int_{-\infty}^{\infty}x\,dF_X(x) + \mu^2 = E(X^2) - \mu^2$.

2.9 (1) A_n は単調減少列で $A_1 \cap A_2 \cap \cdots = \{\omega : X(\omega) \leqq x\}$. 部分列 $\{n'\}$, $\{n''\}$ を $\frac{1}{n'} \leqq h \leqq \frac{1}{n''}$ となるように選べば, 分布関数の非減少性 (D1) と (ii) より $\lim_{h \to +0} F_X(x+h) = \lim_{n \to \infty} F_X\left(x + \frac{1}{n}\right) = \lim_{n \to \infty} P(A_n) = P(X \leqq x) = F_X(x)$.

(2) A_n は単調増大列で $A_1 \cup A_2 \cup \cdots = \Omega$. 部分列 $\{n'\}$, $\{n''\}$ を $n' \leqq x \leqq n''$ となるように選べば, 分布関数の非減少性 (D1) と (i) より $F_X(\infty) = \lim_{x \to \infty} F_X(x) = \lim_{n \to \infty} F_X(n) = \lim_{n \to \infty} P(A_n) = P(\Omega) = 1$. 後半も同様.

● **第 3 章**

3.1 (1) X の周辺密度関数は $0 \leqq x \leqq 1$ に対して $f_X(x) = g_X(x) = x + \frac{1}{2}$. Y の周辺密度関数も $0 \leqq y \leqq 1$ に対して $f_Y(y) = g_Y(y) = y + \frac{1}{2}$.

(2) 前者の場合 X と Y は独立でない. なぜなら, $(x,y) \in D$ において $f_{(X,Y)}(x,y) \neq f_X(x)f_Y(y)$. 後者の場合 X と Y は独立.

(3) 前者の場合 $P(X+Y<1) = \iint_{x+y<1} f_{(X,Y)}(x,y)\,dxdy = \int_0^1 \left\{\int_0^{1-x} (x+y)\,dy\right\}dx = \frac{1}{3}$. 後者も同様に計算すると $P(X+Y<1) = \frac{1}{3}$.

3.2 (1) X と Y は独立であるから $dF_{(X,Y)}(x,y) = dF_X(x)dF_Y(y)$. よって $F_Z(z) = P(X+Y \leqq z) = \iint_{x+y\leqq z} dF_{(X,Y)}(x,y) = \iint_{x+y\leqq z} dF_X(x)dF_Y(y) = \int_{-\infty}^{\infty} \left\{\int_{-\infty}^{z-x} dF_Y(y)\right\} dF_X(x) = \int_{-\infty}^{\infty} F_Y(z-x)\,dF_X(x)$. 後半も同様.

(2) 例 3.1 の計算結果から, $0<x<z$ において $dF_X(x) = 2e^{-2x}\,dx$, $F_Y(z-x) = 1-e^{-(z-x)/2}$ (それ以外では, どちらか一方が 0). よって, $z>0$ のとき $F_Z(z) = \int_0^z \{1-e^{-(z-x)/2}\}\cdot 2e^{-2x}\,dx = 1-\frac{4}{3}e^{-z/2} + \frac{1}{3}e^{-2z}$. $z\leqq 0$ においては $F_Z(z) = 0$. これを z で微分すると, $f_Z(z) = \frac{2}{3}\left(e^{-z/2}-e^{-2z}\right)$ $(z>0)$, $=0$ $(z\leqq 0)$. グラフは右図.

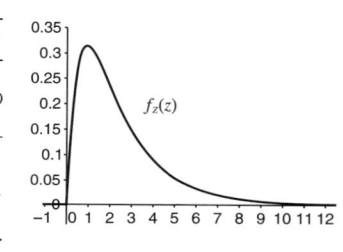

3.3 (1) Θ が区間 $[0,2\pi)$ に一様に分布することは, (X,Y) が半径 1 の円周上に一様に分布することと同等. 第 1 象限の任意の点 $A(x,y) = (\cos\theta, \sin\theta)$ に対し, $F_{(X,Y)}(x,y)$ は (X,Y) が弧 BC 上 $(\pi-\theta \leqq \Theta \leqq 2\pi-\theta)$ に落ちる確率であるから, その値は $\frac{\pi}{2\pi}$. 一方, $F_X(x)$ は (X,Y) が弧 ABC 上 $(\theta \leqq \Theta \leqq 2\pi-\theta)$ に落ちる確率, $F_Y(y)$ は (X,Y) が弧 BCA 上 $(0 \leqq \Theta \leqq \theta, \pi-\theta \leqq \Theta < 2\pi)$ に落ちる確率であるから, その値はそれぞれ $\frac{2\pi-2\theta}{2\pi}, \frac{\pi+2\theta}{2\pi}$. よって, $0<\theta<\frac{\pi}{2}$ において $F_{(X,Y)}(x,y) = \frac{1}{2} < \frac{(\pi-\theta)(\pi+2\theta)}{2\pi^2} = F_X(x)F_Y(y)$. すなわち X と Y は独立ではない.

(2) $\mathrm{Cov}(X,Y) = 0$ を示せばよい. $E(X) = \frac{1}{2\pi}\int_0^{2\pi}\cos\theta\,d\theta = 0$, $E(Y) = \frac{1}{2\pi}\int_0^{2\pi}\sin\theta\,d\theta = 0$. よって $\mathrm{Cov}(X,Y) = E(XY) = \frac{1}{2\pi}\int_0^{2\pi}\cos\theta\sin\theta\,d\theta = 0$.

3.5 (2) $E(X_i^2) = V(X_i) + \{E(X_i)\}^2 = \sigma^2 + \mu^2$, $E(X_iX_j) = \mathrm{Cov}(X_1,X_2) + E(X_i)E(X_j) = \rho\sigma^2 + \mu^2$ であることに注意. $E[(\bar{X}_n)^2] = E\left[\frac{1}{n^2}\left(\sum_{i=1}^n X_i^2 + \sum_{i\neq j} X_iX_j\right)\right] = \frac{1}{n^2}\left\{\sum_{i=1}^n E(X_i^2) + \sum_{i\neq j} E(X_iX_j)\right\} = \frac{1}{n^2}\{n(\sigma^2+\mu^2) + n(n-1)(\rho\sigma^2+\mu^2)\} = \frac{1}{n}\sigma^2 + \frac{n-1}{n}\rho\sigma^2 + \mu^2$. ゆえに, $V(\bar{X}_n) = E[(\bar{X}_n)^2] - \{E(\bar{X}_n)\}^2 = \frac{1}{n}\sigma^2 + \frac{n-1}{n}\rho\sigma^2$.

3.6 任意の実数 t に対して, $\{tX(\omega)+Y(\omega)\}^2 \geqq 0$ がすべての $\omega \in \Omega$ に対して成り立つので, 定理 3.3 (2) より $E[(tX+Y)^2] = t^2 E(X^2) + 2tE(XY) + E(Y^2) \geqq 0$.

これを t に関する 2 次式とみなすと、判別式から $\{E(XY)\}^2 - E(X^2)E(Y^2) \leqq 0$. これより目的の不等式が導かれる。等号が成り立つのは $E[(tX+Y)^2] = 0$ をみたす t が存在する場合に限られる。これは $P(tX+Y=0) = 1$ と同値.

3.7 X_1 と X_2 が独立だから $dF_{(X_1, X_2)}(x_1, x_2) = dF_{X_1}(x_1)dF_{X_2}(x_2)$. よって
$$M_{(X_1, X_2)}(t_1, t_2) = \int_{-\infty}^{\infty}\int_{-\infty}^{\infty} e^{t_1 x_1}e^{t_2 x_2}\,dF_{X_1}(x_1)dF_{X_2}(x_2) = M_{X_1}(t_1)M_{X_2}(t_2).$$
同様に、$M_Y(t) = E(e^{tY}) = E[e^{t(X_1+X_2)}] = M_{(X_1, X_2)}(t, t) = M_{X_1}(t)M_{X_2}(t)$.

3.8 (1) 定義から明らか.

(2) $X_2 = x_2^*$ と固定すると、$dF_{X_1|X_2}(x_1|x_2^*)$ に関する積分においては $\psi(X_2)$ は一定値 $\psi(x_2^*)$ である。よって
$$E[\varphi(X_1)\psi(X_2)|X_2 = x_2^*] = \int_{-\infty}^{\infty}\varphi(x_1)\psi(x_2^*)\,dF_{X_1|X_2}(x_1|x_2^*)$$
$$= \psi(x_2^*)\int_{-\infty}^{\infty}\varphi(x_1)\,dF_{X_1|X_2}(x_1|x_2^*) = \psi(x_2^*)E[\varphi(X_1)|X_2 = x_2^*]$$

(3) 積分の線形性と $E(1|X_2) = 1$ および (2) から明らか.

(4) $dF_{X_1|X_2}(x_1|x_2)dF_{X_2}(x_2) = dF_{(X_1, X_2)}(x_1, x_2)$ であるから
$$E\{E[\varphi(X_1)|X_2]\} = \int_{-\infty}^{\infty}\left\{\int_{-\infty}^{\infty}\varphi(x_1)\,dF_{X_1|X_2}(x_1|x_2)\right\}dF_{X_2}(x_2)$$
$$= \int_{-\infty}^{\infty}\int_{-\infty}^{\infty}\varphi(x_1)\,dF_{(X_1, X_2)}(x_1, x_2) = E[\varphi(X_1)]$$

(5) X_1 と X_2 が独立なら $dF_{X_1|X_2}(x_1|x_2) = dF_{X_1}(x_1)$ であることより明らか.

(6) $E(X_1|X_2)$ は X_2 の関数であることに注意すると、(2), (3) より $V(X_1|X_2) = E(X_1^2|X_2) - \{E(X_1|X_2)\}^2$. ゆえに $E[V(X_1|X_2)] = E(X_1^2) - E[\{E(X_1|X_2)\}^2]$. 両辺に $0 = -\{E(X_1)\}^2 + \{E[E(X_1|X_2)]\}^2$ を加えると、$E[V(X_1|X_2)] = V(X_1) - V[E(X_1|X_2)]$ が得られる。移項すると $V(X_1) = E[V(X_1|X_2)] + V[E(X_1|X_2)]$.

3.9 (1) $5000 \cdot \dfrac{2}{5} + 6000 \cdot \dfrac{2}{5} + 7000 \cdot \dfrac{1}{5} = 5800$ 円.

(2) $5000 \cdot \dfrac{2}{9} + 6000 \cdot \dfrac{4}{9} + 7000 \cdot \dfrac{3}{9} = 6111$ 円(ベイズの定理を適用).

● 第 4 章

4.1 $x = r\cos\theta,\ y = r\sin\theta$ $(0 \leqq r < \infty,\ 0 \leqq \theta \leqq 2\pi)$ とおけば、$x^2 + y^2 = r^2$, $dxdy = r\,drd\theta$ であるから $I = \displaystyle\int_0^{\infty}\int_0^{2\pi} re^{-r^2/2}\,drd\theta = \int_0^{2\pi}\left[-e^{-r^2/2}\right]_0^{\infty}d\theta = 2\pi$. 一方、$I = 2\pi\left(\displaystyle\int_{-\infty}^{\infty}\phi(x)\,dx\right)^2$ であるから、式 (4.3) が成り立つ.

4.4 $E(X_1) = 0.2$, $V(X_1) = 0.2 \times 0.8 = 0.16$. 中心極限定理から $Z_{25} = \dfrac{S_{25} - 5}{2}$ は近似的に $N(0,1)$ にしたがう.

(1) $P(3 \leqq S_{25} \leqq 6) = P\left(\dfrac{3-5}{2} \leqq \dfrac{S_{25}-5}{2} \leqq \dfrac{6-5}{2}\right) = P(-1.0 \leqq Z_{25} \leqq 0.5) \fallingdotseq \Phi(0.5) - \Phi(-1.0) = \Phi(0.5) + \Phi(1.0) - 1 = 0.532$.

(2) $P(3 \leqq S_{25} \leqq 6) \fallingdotseq P\left(\dfrac{3-0.5-5}{2} \leqq \dfrac{S_{25}-5}{2} \leqq \dfrac{6+0.5-5}{2}\right) = P(-1.25 \leqq Z_{25} \leqq 0.75) \fallingdotseq \Phi(0.75) - \Phi(-1.25) = \Phi(0.75) + \Phi(1.25) - 1 = 0.668$.

参考:S_{25} は二項分布 $Bi(25, 0.2)$ にしたがうので (5.2 節参照), これより直接確率を計算すると $P(3 \leqq S_{25} \leqq 6) = \sum_{k=3}^{6} \binom{25}{k} 0.2^k 0.8^{25-k} = 0.682$. 連続補正によってかなり近似がよくなっていることがわかる.

● 第 5 章

5.3 (1) $f_{(S,T)}(s,t) = p_1^s p_2^t (1-p_1-p_2)^{1-(s+t)}$

(2) $(S_1, T_1) = (s_1, t_1), (S_2, T_2) = (s_2, t_2), \ldots, (S_n, T_n) = (s_n, t_n)$ が起こる確率は $p_1^{s_1+s_2+\cdots+s_n} p_2^{t_1+t_2+\cdots+t_n}(1-p_1-p_2)^{n-(s_1+s_2+\cdots+s_n+t_1+t_2+\cdots+t_n)}$. $X = s_1 + s_2 + \cdots + s_n = x$, $Y = t_1 + t_2 + \cdots + t_n = y$ が起こる場合の数は $\dfrac{n!}{x! y! (n-x-y)!}$. そして各々は同じ確率 $p_1^x p_2^y (1-p_1-p_2)^{n-(x+y)}$ で起こるから, $f_{(X,Y)}(x,y) = \dfrac{n!}{x! y! (n-x-y)!} p_1^x p_2^y (1-p_1-p_2)^{n-(x+y)}$.

(3) 0 と n の間の整数 x を任意に選び固定する. このとき $y = 0, 1, \ldots, n-x$. よって $f_X(x) = \sum_{y=0}^{n-x} f_{(X,Y)}(x,y) = \dfrac{n!}{x!} p_1^x \sum_{y=0}^{n-x} \dfrac{1}{y!(n-x-y)!} p_2^y (1-p_1-p_2)^{n-(x+y)} = \dfrac{n!}{x!(n-x)!} p_1^x \sum_{y=0}^{n-x} \dfrac{(n-x)!}{y!(n-x-y)!} p_2^y (1-p_1-p_2)^{n-(x+y)} = \binom{n}{x} p_1^x \{p_2 + (1-p_1-p_2)\}^{n-x} = \binom{n}{x} p_1^x (1-p_1)^{n-x}$. すなわち X の周辺確率分布は $Bi(n, p_1)$. 同様に Y の周辺確率分布は $Bi(n, p_2)$.

(4) 前問の結果より $E(X) = np_1$, $V(X) = np_1(1-p_1)$, $E(Y) = np_2$, $V(Y) = np_2(1-p_2)$. 次に $E(XY)$ を計算する. (S, T) のモーメント母関数は $M_{(S,T)}(u, v) = E(e^{uS+vT}) = p_1 e^u + p_2 e^v + (1-p_1-p_2)$. (X, Y) の定義と定理 3.9 より, $M_{(X,Y)}(u,v) = \{M_{(S,T)}(u,v)\}^n = \{p_1 e^u + p_2 e^v + (1-p_1-p_2)\}^n$. よって $E(XY) = \dfrac{\partial^2 M_{(X,Y)}(u,v)}{\partial u \partial v}\bigg|_{u=0, v=0} = n(n-1) p_1 p_2$. これと問題 3.4 の結果を結びつけると $Cov(X, Y) = E(XY) - E(X)E(Y) = -np_1 p_2$. よって $\rho(X, Y) = \dfrac{Cov(X, Y)}{\sqrt{V(X)} \sqrt{V(Y)}} = -\dfrac{\sqrt{p_1 p_2}}{\sqrt{(1-p_1)(1-p_2)}}$.

問題の略解　　　　　　　　　　　　　　　　　　　　　　　　　　　　　187

5.8　たたみ込みの公式 $dF_X(x) = \int_{-\infty}^{\infty} dF_{X_1}(x-t)\,dF_{X_2}(t)$ を使う．x が正の整数でない場合は明らかに $f_X(x) = 0$．$x = 0, 1, 2, \ldots$ に対しては $f_X(x) = \sum_{j=0}^{x} f_{X_1}(x-j) f_{X_2}(j) = \sum_{j=0}^{x} \frac{\lambda_1^{x-j}}{(x-j)!} e^{-\lambda_1} \frac{\lambda_2^j}{j!} e^{-\lambda_2} = \frac{1}{x!} \Big(\sum_{j=0}^{x} \frac{x!}{(x-j)!j!} \lambda_1^{x-j} \lambda_2^j \Big) e^{-(\lambda_1+\lambda_2)}$
$= \frac{(\lambda_1+\lambda_2)^x}{x!} e^{-(\lambda_1+\lambda_2)}$．これはポアソン分布 $\mathrm{Poi}(\lambda_1+\lambda_2)$ の確率関数．

● 第 6 章

6.3　$M_X(t) = \exp\Big\{\mu t + \frac{\sigma^2}{2} t^2\Big\} \int_{-\infty}^{\infty} \frac{1}{\sqrt{2\pi\sigma^2}} \exp\Big\{ -\frac{\{x-(\mu+\sigma^2 t)\}^2}{2\sigma^2} \Big\} dx = \exp\Big\{\mu t + \frac{\sigma^2}{2} t^2\Big\}$．これを微分すると $M_X'(t) = (\mu+\sigma^2 t)\exp\Big\{\mu t + \frac{\sigma^2}{2} t^2\Big\}$, $M_X''(t) = (\mu+\sigma^2 t)^2 \exp\Big\{\mu t + \frac{\sigma^2}{2} t^2\Big\} + \sigma^2 \exp\Big\{\mu t + \frac{\sigma^2}{2} t^2\Big\}$ であるから，$E(X) = M_X'(0) = \mu$, $E(X^2) = M_X''(0) = \mu^2 + \sigma^2$．よって $V(X) = E(X^2) - \{E(X)\}^2 = \sigma^2$.

6.4　$X_1 + X_2 + \cdots + X_n$ は $N(n\mu, n\sigma^2)$ にしたがう（定理 6.2）．よって $\bar{X}_n$ は $N\Big(\mu, \frac{\sigma^2}{n}\Big)$ にしたがう（定理 6.1）．

6.5　(1) 両辺を微分して $\Phi' = \phi$ を使えばよい．

(2) $h(x)$ が最小になるのは $h'(x) = 0$ のとき．よって $h(x)$ は $\phi(x+h(x)) - \phi(x) = 0$ をみたさなくてはならない．$\phi(x)$ は対称であるから，これは $x < 0$ で $x+h(x)+x = 0$ のとき．すなわち $h(x) = -2x$.

(3) $\Phi(-x) - \Phi(x) = 1 - \alpha$ をみたす $x < 0$ を求めればよい．問題 4.2 の結果を使うと $1 - \Phi(-x) = \frac{\alpha}{2}$．よって $x = -u\Big(\frac{\alpha}{2}\Big)$.

6.6　変数変換 $z = x+y, v = y$ すなわち $x = z-v, y = v$ を考える．$\dfrac{\partial(x,y)}{\partial(z,v)} = \begin{vmatrix} 1 & -1 \\ 0 & 1 \end{vmatrix} = 1$ であるから，(Z, V) の同時確率密度関数は式 (6.3) より $f_{(Z,V)}(z,v) = f_X(z-v)f_Y(v)$．これより Z の（周辺）確率密度関数を求めると（記号 v を y に改めて）$f_Z(z) = \int_{-\infty}^{\infty} f_X(z-y) f_Y(y)\, dy$.

6.9　Z の確率密度関数を $f_Z(z)$ とすると，$z \leqq 0$ に対しては明らかに $f_Z(z) = 0$．$z > 0$ に対しては $f_Z(z) = \int_{-\infty}^{\infty} f_X(z-y) f_Y(y)\, dy = \int_0^z \frac{1}{\sqrt{2\pi}} (z-y)^{-1/2} e^{-(z-y)/2} \cdot \frac{1}{\sqrt{2\pi}} y^{-1/2} e^{-y/2}\, dy = \frac{1}{2\pi} e^{-z/2} \int_0^1 (1-t)^{-1/2} t^{-1/2}\, dt = \frac{1}{2} e^{-z/2}$．すなわち Z は

$\chi^2(2) = \mathrm{Ex}\left(\dfrac{1}{2}\right)$ にしたがう．なお最後の積分については式 (6.9) 参照．

6.10 $X_1, X_2, \ldots, X_n$ が独立に同一の標準正規分布 N(0,1) にしたがうとき，$Y = X_1^2 + X_2^2 + \cdots + X_n^2$ は自由度 n の χ^2 分布 $\chi^2(n)$ にしたがうから，$E(Y) = nE(X_1^2) = n$, $V(Y) = nV(X_1^2) = 2n$．ここで N(0,1) のモーメント母関数 $e^{t^2/2}$ から，$V(X_1^2) = E(X_1^4) - \{E(X_1^2)\}^2 = 3 - 1 = 2$．

6.11 2 つの確率変数 U, V が独立でそれぞれ $\chi^2(k_1), \chi^2(k_2)$ にしたがうとき，$X = \dfrac{U/k_1}{V/k_2}$ のしたがう分布が $\mathrm{F}(k_1, k_2)$ である．よって $Y = \dfrac{1}{X} = \dfrac{V/k_2}{U/k_1}$ は $\mathrm{F}(k_2, k_1)$ にしたがう．

6.12 2 つの確率変数 U, V が独立でそれぞれ N(0,1), $\chi^2(k)$ にしたがうとき，$X = \dfrac{U}{\sqrt{V/k}}$ のしたがう分布が $\mathrm{t}(k)$ である．$Y = X^2 = \dfrac{U^2/1}{V/k}$ において，U^2 と V は独立でそれぞれ $\chi^2(1), \chi^2(k)$ にしたがっている．よって Y は $\mathrm{F}(1, k)$ にしたがう．

● 第 7 章

7.3 反射律，対称律は明らか．$i \leftrightarrow j, j \leftrightarrow k$ であるから $p_{ij}^{(n)} > 0, p_{jk}^{(m)} > 0$ となる n, m が存在する．よって $p_{ik}^{(n+m)} = \sum\limits_{l=1}^{N} p_{il}^{(n)} p_{lk}^{(m)} \geqq p_{ij}^{(n)} p_{jk}^{(m)} > 0$．すなわち $i \to k$．同様にして $k \to i$ がいえるから，$i \leftrightarrow k$ （推移律）．

7.4 (1) $C = \{1,2,3\}$ （既約）．
(2) $C_1 = \{1,2,3\}$ （閉じている），$C_2 = \{4\}$ （閉じていない）．
(3) $C_1 = \{1,3\}$ （閉じている），$C_2 = \{2\}$ （閉じていない），$C_3 = \{4,5\}$ （閉じている）．

7.6 全確率の公式を適用すると $p_{ij}^{(n)} = P(X_n = j | X_0 = i) = \sum\limits_{k=1}^{n} P(T_j = k, X_n = j | X_0 = i) = \sum\limits_{k=1}^{n} P(T_j = k | X_0 = i) P(X_n = j | X_k = j) = \sum\limits_{k=1}^{n} f_{ij}(k) p_{jj}^{(n-k)}$ （式 (7.9)）．この結果を代入すると，$P_{ij}(x) = \delta_{ij} + \sum\limits_{n=1}^{\infty} \Big(\sum\limits_{m=1}^{n} f_{ij}(m) p_{jj}^{(n-m)} \Big) x^m x^{n-m} = \delta_{ij} + \sum\limits_{m=1}^{\infty} f_{ij}(m) x^m \sum\limits_{n=m}^{\infty} p_{jj}^{(n-m)} x^{n-m} = \delta_{ij} + F_{ij}(x) P_{jj}(x)$．

7.7 (1) $X_n = j$ のとき，X_{n+1} は $j \pm 1$ の値をそれぞれ確率 p, q でとり，$X_0, X_1, \ldots, X_{n-1}$ の値には無関係である．
(2) P, (3) Q, (4) R （この場合の状態空間は $\{1,2,3\}$）とすると

$$P = \begin{pmatrix} 1 & 0 & 0 & 0 & 0 \\ q & 0 & p & 0 & 0 \\ 0 & q & 0 & p & 0 \\ 0 & 0 & q & 0 & p \\ 0 & 0 & 0 & 0 & 1 \end{pmatrix}, \quad Q = \begin{pmatrix} 0 & 1 & 0 & 0 & 0 \\ q & 0 & p & 0 & 0 \\ 0 & q & 0 & p & 0 \\ 0 & 0 & q & 0 & p \\ 0 & 0 & 0 & 1 & 0 \end{pmatrix}, \quad R = \begin{pmatrix} q & p & 0 \\ q & 0 & p \\ 0 & q & p \end{pmatrix}$$

7.8 (1) C の状態はいずれも再帰的.

(2) C_1 の状態はいずれも再帰的, C_2 の状態は一時的 ($f_{44} = 0$).

(3) C_1, C_3 の状態はいずれも再帰的, C_2 の状態は一時的 $\left(f_{22} = \dfrac{3}{5}\right)$.

7.9 (1) 任意の i, j に対して $p_{ij} > 0$ または $p_{ij}^{(2)} > 0$. よって既約. $1 \to 1$ は $2, 4, 6, \ldots$ ステップでのみ起こりうる. 既約であるからどの状態の周期も 2.

(2) 高次の推移確率は

$$P^2 = P^4 = \cdots = \begin{pmatrix} \frac{1}{2} & \frac{1}{2} & 0 & 0 \\ \frac{1}{2} & \frac{1}{2} & 0 & 0 \\ 0 & 0 & \frac{1}{2} & \frac{1}{2} \\ 0 & 0 & \frac{1}{2} & \frac{1}{2} \end{pmatrix}, \quad P^3 = P^5 = \cdots = \begin{pmatrix} 0 & 0 & \frac{1}{2} & \frac{1}{2} \\ 0 & 0 & \frac{1}{2} & \frac{1}{2} \\ \frac{1}{2} & \frac{1}{2} & 0 & 0 \\ \frac{1}{2} & \frac{1}{2} & 0 & 0 \end{pmatrix}$$

(3) $\boldsymbol{p}(2k-1) = \boldsymbol{p}(0) P^{2k-1} = \left(0, 0, \dfrac{1}{2}, \dfrac{1}{2}\right)$, $\boldsymbol{p}(2k) = \boldsymbol{p}(0) P^k = \left(\dfrac{1}{2}, \dfrac{1}{2}, 0, 0\right)$. よって極限分布は存在しない.

(4) 定常分布を $(\pi_1, \pi_2, \pi_3, \pi_4)$ とすれば, $\pi_1 = \pi_2 = \dfrac{1}{3}\pi_3 + \dfrac{2}{3}\pi_4$, $\pi_3 = \pi_4 = \dfrac{1}{2}\pi_1 + \dfrac{1}{2}\pi_2$, $\pi_1 + \pi_2 + \pi_3 + \pi_4 = 1$ を解いて, $\pi_1 = \pi_2 = \pi_3 = \pi_4 = \dfrac{1}{4}$.

7.10 (1) 退学を s°, 第 j 年次在学を s_j, 卒業を s^* で表すと

$$P = \begin{pmatrix} & s^\circ & s_1 & s_2 & s_3 & s_4 & s^* \\ s^\circ & 1 & 0 & 0 & 0 & 0 & 0 \\ s_1 & p & q & r & 0 & 0 & 0 \\ s_2 & p & 0 & q & r & 0 & 0 \\ s_3 & p & 0 & 0 & q & r & 0 \\ s_4 & p & 0 & 0 & 0 & q & r \\ s^* & 0 & 0 & 0 & 0 & 0 & 1 \end{pmatrix}, \quad Q = \begin{pmatrix} q & r & 0 & 0 \\ 0 & q & r & 0 \\ 0 & 0 & q & r \\ 0 & 0 & 0 & q \end{pmatrix}$$

(2) 2 つの吸収状態 s°, s^* に対応する行と列を除いた行列を Q とする（上式）. $p + q + r = 1$ であるから

$$M = (I-Q)^{-1} = \begin{pmatrix} (p+r)^{-1} & r(p+r)^{-2} & r^2(p+r)^{-3} & r^3(p+r)^{-4} \\ 0 & (p+r)^{-1} & r(p+r)^{-2} & r^2(p+r)^{-3} \\ 0 & 0 & (p+r)^{-1} & r(p+r)^{-2} \\ 0 & 0 & 0 & (p+r)^{-1} \end{pmatrix}$$

よって第 j 学年生の期待在学期間 τ_j は $\boldsymbol{\tau} = M\mathbf{1}$ の第 j 成分であるから，$\tau_j = \sum_{k=1}^{5-j} r^{k-1}(p+r)^{-k} = \frac{1}{p}\Big(1-\Big(\frac{r}{p+r}\Big)^{5-j}\Big)$.

(3) 吸収確率 MR を計算する．

$$R = \begin{pmatrix} & s^\circ & s^* \\ s_1 & p & 0 \\ s_2 & p & 0 \\ s_3 & p & 0 \\ s_4 & p & r \end{pmatrix} \quad \text{ゆえに} \quad MR = \begin{pmatrix} & s^\circ & s^* \\ s_1 & p\tau_1 & r^4(p+r)^{-4} \\ s_2 & p\tau_2 & r^3(p+r)^{-3} \\ s_3 & p\tau_3 & r^2(p+r)^{-2} \\ s_4 & p\tau_4 & r(p+r)^{-1} \end{pmatrix}$$

(4) 上記の式に $p=0.1$, $q=0.2$, $r=0.7$ を代入すると

$$\boldsymbol{\tau} = (4.12, 3.30, 2.34, 1.25), \quad MR = \begin{pmatrix} 0.41 & 0.59 \\ 0.33 & 0.67 \\ 0.23 & 0.77 \\ 0.13 & 0.88 \end{pmatrix}$$

● 第 8 章

8.1 (3) $E_{(\mu,\sigma^2)}(\hat{\sigma}_n^2) = E_{(\mu,\sigma^2)}\Big[\frac{1}{n}\sum_{i=1}^n X_i^2 - (\bar{X}_n)^2\Big] = \frac{1}{n}\sum_{i=1}^n E_{(\mu,\sigma^2)}(X_i^2) - \frac{1}{n^2}\Big\{\sum_{i=1}^n E_{(\mu,\sigma^2)}(X_i^2) + \sum_{i\neq j} E_{(\mu,\sigma^2)}(X_i X_j)\Big\} = \frac{1}{n}\sum_{i=1}^n(\sigma^2+\mu^2) - \frac{1}{n^2}\Big\{\sum_{i=1}^n(\sigma^2+\mu^2) + \sum_{i\neq j}\mu^2\Big\} = \frac{n-1}{n}\sigma^2$. よって σ^2 の不偏推定量は $V_n^2 = \frac{n}{n-1}\hat{\sigma}_n^2 = \frac{1}{n-1}\sum_{i=1}^n(X_i-\bar{X}_n)^2$.

8.2 同時確率密度関数は $\prod_{i=1}^n f(x_i;\mu,\sigma^2) = \Big(\frac{1}{\sqrt{2\pi}\sigma}\Big)^n \exp\Big\{-\frac{1}{2\sigma^2}\Big(\sum_{i=1}^n(x_i-\mu)^2\Big)\Big\}$
$= \Big(\frac{1}{\sqrt{2\pi}\sigma}\Big)^n \exp\Big\{-\frac{1}{2\sigma^2}\sum_{i=1}^n x_i^2\Big\} \exp\Big\{-\frac{1}{2\sigma^2}\Big(-2\mu\sum_{i=1}^n x_i + n\mu^2\Big)\Big\}$.

(1) $\sigma^2 = \sigma_0^2$ のとき $h(x_1,x_2,\ldots,x_n) = \Big(\frac{1}{\sqrt{2\pi}\sigma_0}\Big)^n \exp\Big\{-\frac{1}{2\sigma_0^2}\sum_{i=1}^n x_i^2\Big\}$ と考えると，$\prod_{i=1}^n f(x_i;\mu,\sigma_0^2)$ の後半の形から，$\sum_{i=1}^n X_i$ は μ に対する十分統計量．それと 1 対 1 の対応のつく $\bar{X}_n$ も十分統計量．

(2) $\mu = \mu_0$ のとき $h(x_1, x_2, \ldots, x_n) = 1$ と考えると，$\prod_{i=1}^{n} f(x_i; \mu_0, \sigma^2)$ の最初の形から，$\sum_{i=1}^{n}(X_i - \mu_0)^2$ は σ^2 に対する十分統計量．それと 1 対 1 の対応のつく $\tilde{\sigma}_n^2$ も十分統計量．

(3) $h(x_1, x_2, \ldots, x_n) = 1$ と考えると，$\prod_{i=1}^{n} f(x_i; \mu, \sigma^2)$ の後半の形から，$\left(\sum_{i=1}^{n} X_i, \sum_{i=1}^{n} X_i^2\right)$ は (μ, σ^2) に対する十分統計量．それと 1 対 1 の対応のつく $(\bar{X}_n, V_n^2)$ も十分統計量．

8.4 (1) $X > 0$ であるから $\log f(X; \theta) = -\log \theta - \dfrac{X}{\theta}$，$\dfrac{\partial}{\partial \theta} \log f(X; \theta) = \dfrac{X - \theta}{\theta^2}$．よって $I_X(\theta) = \dfrac{E_\theta[(X-\theta)^2]}{\theta^4} = \dfrac{V_\theta(X)}{\theta^4} = \dfrac{1}{\theta^2}$．

(2) $\hat{\theta}_n = \bar{X}_n$．

(3) $E_\theta(\hat{\theta}_n) = \dfrac{1}{n}\sum_{i=1}^{n} E_\theta(X_i) = \theta$, $V_\theta(\hat{\theta}_n) = \dfrac{1}{n^2}\sum_{i=1}^{n} V_\theta(X_i) = \dfrac{\theta^2}{n} = \dfrac{1}{nI_X(\theta)}$ ($\theta > 0$)．よって $\hat{\theta}_n$ は θ の一様最小分散不偏推定量．

(4) チェビシェフの不等式から，任意の $\varepsilon > 0$ に対して $n \to \infty$ のとき $P_\theta(|\hat{\theta}_n - \theta| \geq \varepsilon) \leq \dfrac{\theta^2}{n\varepsilon^2} \to 0$ ($\theta > 0$)．よって $\hat{\theta}_n$ は θ の一致推定量．

8.5 (1) $\bar{X}_m$ は $\mathrm{N}\left(\mu, \dfrac{\sigma_1^2}{m}\right)$，$\bar{Y}_n$ は $\mathrm{N}\left(\nu, \dfrac{\sigma_2^2}{n}\right)$ にしたがい，$\bar{X}_m$ と $\bar{Y}_n$ は独立である．よって $\bar{X}_m - \bar{Y}_n$ は $\mathrm{N}\left(\mu - \nu, \dfrac{\sigma_1^2}{m} + \dfrac{\sigma_2^2}{n}\right)$ にしたがう（定理 6.2, 系 6.1 参照）．

(2) $Z = \dfrac{(\bar{X}_m - \bar{Y}_n) - (\mu - \nu)}{\sqrt{\sigma_1^2/m + \sigma_2^2/n}}$ が標準正規分布 $\mathrm{N}(0,1)$ にしたがうことに注意して例 8.4 の議論を適用すると，$\mu - \nu$ に関する 95% 信頼区間は

$$\left[(\bar{X}_m - \bar{Y}_n) - 1.96\sqrt{\dfrac{\sigma_1^2}{m} + \dfrac{\sigma_2^2}{n}},\ (\bar{X}_m - \bar{Y}_n) + 1.96\sqrt{\dfrac{\sigma_1^2}{m} + \dfrac{\sigma_2^2}{n}}\right]$$

8.6 水準 α の一様最強力検定の棄却域は $C(k^*) = \{(x_1, x_2, \ldots, x_n) : \bar{x}_n < k^*\}$．ここで $k^* = \mu_0 - u(\alpha)\dfrac{\sigma_0}{\sqrt{n}}$．

8.7 (1) $F(x; \theta) = 1 - \exp(-x\theta^{-1})$

(2) $C = \{x : x > 3\}$．

(3) 棄却域 C は任意に固定した t に無関係であるから，これは検定問題 $H_0 : \theta = 1$ vs. $H_1 : \theta > 1$ に対する水準 0.05 の一様最強力検定の棄却域．

(4) 各 $\theta \geq 1$ に対して検出力は

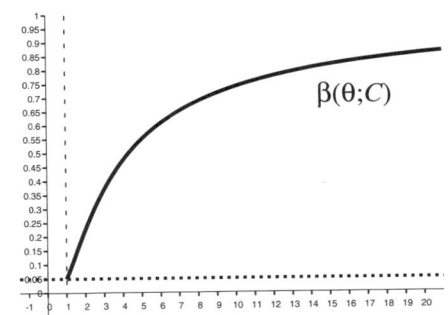

$\beta(\theta; C) = P_\theta(X \in C) = 1 - F(3; \theta) = \exp(-3\theta^{-1})$ となる．この関数のグラフは前ページの図．

● 第 9 章

9.1

(1) (i) $\left[25.08 - 1.96\dfrac{1}{\sqrt{5}},\ 25.08 + 1.96\dfrac{1}{\sqrt{5}}\right] = [24.20,\ 25.96]$.

(ii) $\left[25.08 - 2.776\dfrac{\sqrt{1.292}}{\sqrt{5}},\ 25.08 + 2.776\dfrac{\sqrt{1.292}}{\sqrt{5}}\right] = [23.67,\ 26.49]$.

(2) (i) $\left[\dfrac{5.2}{12.83},\ \dfrac{5.2}{0.831}\right] = [0.41,\ 6.26]$. (ii) $\left[\dfrac{5.168}{11.14},\ \dfrac{5.168}{0.484}\right] = [0.46,\ 10.68]$.

9.2 いつもの飼料で育てられた鶏が産んだ卵の重量の分布を $N(\mu_1, \sigma_1^2)$，新しい飼料で育てられた鶏が産んだ卵の重量の分布を $N(\mu_2, \sigma_2^2)$ とする．前者のデータの平均と偏差平方和は $\bar{x}_{10} = 56.98$, $\sum_{i=1}^{10}(x_i - \bar{x}_{10})^2 = 5.46$．後者のデータ平均と偏差平方和は $\bar{y}_8 = 58.19$, $\sum_{i=1}^{8}(y_i - \bar{y}_8)^2 = 4.81$.

(1) 検定問題 $H_0: \sigma_1^2 = \sigma_2^2$ vs. $H_1: \sigma_1^2 \neq \sigma_2^2$ を考える．σ_1^2, σ_2^2 の不偏推定値はそれぞれ $v_{1,10}^2 = \dfrac{5.46}{10-1} = 0.61$, $v_{2,8}^2 = \dfrac{4.81}{8-1} = 0.69$．よって F 統計量の値は $f = \dfrac{v_{2,8}^2}{v_{1,10}^2} = \dfrac{0.69}{0.61} = 1.13$. $F_{0.025}(7,9) = 4.20$, $\dfrac{1}{F_{0.025}(9,7)} = \dfrac{1}{4.82} = 0.21$ であるから $0.21 < f = 1.13 < 4.20$ となり，H_0 は有意ではない．すなわち等分散とみなしてよい．

(2) $\sigma_1^2 = \sigma_2^2$ が棄却されなかったので，この仮定のもと検定問題 $H_0: \mu_2 - \mu_1 = 0$ vs. $H_1: \mu_2 - \mu_1 > 0$ を考える．共通の分散の不偏推定値は $v_{10+8}^2 = \dfrac{5.46+4.81}{10+8-2} = 0.64$．よって $t = \dfrac{\bar{y}_8 - \bar{x}_{10}}{v_{10+8}\sqrt{1/10 + 1/8}} = \dfrac{58.19 - 56.98}{\sqrt{0.64}\sqrt{1/10 + 1/8}} = 3.19 > t_{0.05}(16) = 1.746$．したがって H_0 は有意水準 5% で有意．すなわち新しい飼料は効果がある．

(3) この問題は $H_0: \mu_2 - \mu_1 = 1$ vs. $H_1: \mu_2 - \mu_1 < 1$ の検定問題と定式化される．帰無仮説 H_0 のもとでは $T = \dfrac{\bar{Y}_8 - \bar{X}_{10} - 1}{V_{10+8}\sqrt{1/10 + 1/8}}$ が $t(16)$ にしたがう．この事実を使って検定する．$t = \dfrac{\bar{y}_8 - \bar{x}_{10} - 1}{v_{10+8}\sqrt{1/10 + 1/8}} = \dfrac{58.19 - 56.98 - 1}{\sqrt{0.64}\sqrt{1/10 + 1/8}} = 0.55 \not< -t_{0.05}(16) = -1.746$．よって H_0 は棄却されない．すなわち飼料会社の宣伝は不当ではない．

9.3 右の数表より平均は $\bar{x}_9 = 60$, $\bar{y}_9 = 59$, 偏差平方和は $\sum_{i=1}^{9}(x_i - $

i	1	2	3	4	5	6	7	8	9
$x_i - y_i$	3	4	1	4	1	-6	0	5	-3
$x_i - \bar{x}_9$	1	7	-7	-3	0	-1	2	6	-5
$y_i - \bar{y}_9$	-1	4	-7	-6	0	6	3	2	-1

$\bar{x}_9)^2 = 174$, $\sum_{i=1}^{9}(y_i - \bar{y}_9)^2 = 152$, $\sum_{i=1}^{9}\{(x_i - y_i) - (\bar{x}_9 - \bar{y}_9)\}^2 = 104$, 偏差積和は $\sum_{i=1}^{9}(x_i - \bar{x}_9)(y_i - \bar{y}_9) = 111$.

(1) $x_i - y_i$, $i = 1, 2, \ldots, 9$ は $N(\mu_1 - \mu_2, \tau^2)$ からのデータとみることができる. τ^2 の不偏推定値は $v_9^2 = \dfrac{104}{9-1} = 13$. $t_{0.025}(8) = 2.306$ であるから $\mu_1 - \mu_2$ の 95% 信頼区間は $\left[1 - 2.306\dfrac{\sqrt{13}}{\sqrt{9}},\ 1 + 2.306\dfrac{\sqrt{13}}{\sqrt{9}}\right] = [-1.77,\ 3.77]$.

もし 2 つの標本が独立で母分散が同じと仮定すると, 分散の不偏推定値は $v_{9+9}^2 = \dfrac{1}{9+9-2}(174+152) = 20.375$. $t_{0.025}(16) = 2.120$ であるから, $\mu_1 - \mu_2$ の 95% 信頼区間は $\left[1 - 2.12\sqrt{20.375}\sqrt{\dfrac{1}{9}+\dfrac{1}{9}},\ 1 + 2.12\sqrt{20.375}\sqrt{\dfrac{1}{9}+\dfrac{1}{9}}\right] = [-3.51,\ 5.51]$.

(2) ρ の最尤推定値は $\hat{\rho}_9 = \dfrac{111}{\sqrt{174}\sqrt{152}} = 0.68$. Z 変換をすると $z_9 = \dfrac{1}{2}\log\dfrac{1+0.68}{1-0.68} = 0.83$. $\dfrac{1}{2}\log\dfrac{1+\rho}{1-\rho}$ の近似的 90% 信頼区間は $\left[0.83 - 1.645\dfrac{1}{\sqrt{9-3}},\ 0.83 + 1.645\dfrac{1}{\sqrt{9-3}}\right] = [0.16,\ 1.50]$. これを変換すると ρ の 90% 信頼区間は $\left[\dfrac{e^{2\times 0.16}-1}{e^{2\times 0.16}+1},\ \dfrac{e^{2\times 1.50}-1}{e^{2\times 1.50}+1}\right] = [0.16,\ 0.91]$.

(3) $|t| = \left|\dfrac{\bar{x}_9 - \bar{y}_9}{v_9/\sqrt{9}}\right| = \dfrac{1}{\sqrt{13}/\sqrt{9}} = 0.832 \not> t_{0.025}(8) = 2.306$. よって $H_0: \mu_1 = \mu_2$ は棄却されない.

(4) $t = \dfrac{\sqrt{9-2}|\hat{\rho}_9|}{\sqrt{1-\hat{\rho}_9^2}} = \dfrac{\sqrt{7}\times 0.69}{\sqrt{1-0.69^2}} = 2.52 > t_{0.025}(7) = 2.365$. よって $H_0: \rho = 0$ は水準 0.05 で有意であり棄却される.

● 第 10 章

10.1 (1) A の支持率 p の最尤推定値は $\bar{x}_{500} = \dfrac{275}{500} = 0.55$. 最尤推定量の分散 $\dfrac{p(1-p)}{500}$ の推定値は $\dfrac{\bar{x}_{500}(1-\bar{x}_{500})}{500} = 0.000495$. よって p の 95% 信頼区間は $[0.55 - 1.96\sqrt{0.000495},\ 0.55 + 1.96\sqrt{0.000495}] = [0.506,\ 0.594]$.

(2) 中心極限定理から, $\dfrac{\bar{X}_n - p}{\sqrt{p(1-p)/n}}$ は $N(0,1)$ を分布にもつ Z とほぼ同じように分布するから, $|\bar{X}_n - p| \leqq 0.025$ である確率は $P_p(|\bar{X}_n - p| \leqq 0.025) \doteqdot P\left(|Z| \leqq \dfrac{0.025\sqrt{n}}{\sqrt{p(1-p)}}\right)$. よって, この値が 0.99 以上であるためには, n は $\dfrac{0.025\sqrt{n}}{\sqrt{p(1-p)}} \geqq 2.576$ すなわち $n \geqq \dfrac{2.576^2 p(1-p)}{0.025^2}$ をみたさなくてはならない.

(i) $p = 0.6$ と考えられるから,このとき $n \geq \dfrac{2.576^2 \cdot 0.6 \cdot 0.4}{0.025^2} = 2548.1$. よって大きさ 2550 の無作為標本をとれば十分.

(ii) 接戦であるということから $p = 0.5$ と仮定してよい.このとき
$n \geq \dfrac{2.576^2 \cdot 0.5 \cdot 0.5}{0.025^2} = 2654.3$. よって大きさ 2655 の無作為標本をとれば十分[1]).

10.2 A 市の支持率を p_1, B 町の支持率を p_2 とする.それぞれの最尤推定値は $\bar{x}_{100} = 0.7$, $\bar{y}_{80} = 0.5$.

(1) 考える検定問題は $H_0 : p_1 - p_2 = 0$ vs. $H_1 : p_1 - p_2 \neq 0$.
$\dfrac{|\bar{x}_{100} - \bar{y}_{80}|}{\sqrt{\dfrac{\bar{x}_{100}(1-\bar{x}_{100})}{100} + \dfrac{\bar{y}_{80}(1-\bar{y}_{80})}{80}}} = \dfrac{0.2}{0.072} = 2.78 > u(0.025) = 1.96$. よって仮説 H_0 は水準 0.05 で有意である.すなわち A 市と B 町の間には差がある.

(2) $p = \dfrac{3}{5}p_1 + \dfrac{2}{5}p_2$ とおくと,考える検定問題は $H_0 : p = \dfrac{2}{3}$ vs. $H_1 : p < \dfrac{2}{3}$ である.帰無仮説 H_0 のもとでは $\dfrac{\frac{3}{5}\bar{X}_{100} + \frac{2}{5}\bar{Y}_{80} - \frac{2}{3}}{\sqrt{(\frac{3}{5})^2 \frac{\bar{X}_{100}(1-\bar{X}_{100})}{100} + (\frac{2}{5})^2 \frac{\bar{Y}_{80}(1-\bar{Y}_{80})}{80}}}$ が近似的に $N(0,1)$ にしたがう.この事実を使って検定する. $\dfrac{\frac{3}{5}\bar{x}_{100} + \frac{2}{5}\bar{y}_{80} - \frac{2}{3}}{\sqrt{(\frac{3}{5})^2 \frac{\bar{x}_{100}(1-\bar{x}_{100})}{100} + (\frac{2}{5})^2 \frac{\bar{y}_{80}(1-\bar{y}_{80})}{80}}}$
$= \dfrac{-0.0467}{0.0354} = -1.317 \not< -u(0.05) = -1.645$. よって帰無仮説 H_0 は棄却されない.すなわち合併案は棄却されるとはいえない.

10.3 パラメータ λ のポアソン分布の確率関数は $f(x; \lambda) = \dfrac{\lambda^x}{x!}e^{-\lambda}$ ($x = 0, 1, 2, \ldots$). x_i を i 日目の欠席者とすると,対数尤度関数は $l(\lambda) = \left(\sum\limits_{i=1}^{80} x_i\right)\log \lambda - 80\lambda - \sum\limits_{i=1}^{80} \log x_i!$. 最尤推定値

欠席者数	0	1	2	3	4	5
日数	33.00	27.00	12.00	4.00	3.00	1.00
理論値	29.43	29.43	14.72	4.91	1.23	0.25

欠席者数	0	1	2	3〜5
日数	33.00	27.00	12.00	8.00
理論値	29.43	29.43	14.72	6.39

は $l'(\lambda) = \dfrac{1}{\lambda}\sum\limits_{i=1}^{80} x_i - 80 = 0$ の解.よって $\hat{\lambda}_{80} = \bar{x}_{80}$. 欠席者の延べ数は 80 であるから $\hat{\lambda}_{80} = 1$. これより 1 日 x 人の欠席者がいる確率は $f(x; 1) = \dfrac{1}{x!}e^{-1} = \dfrac{0.368}{x!}$ と推定される.よって欠席者数がポアソン分布にしたがっていると仮定すると,80 日の間に x 人の欠席者のある日数の理論値は $80 \times \dfrac{0.368}{x!}$ で計算される(第 1 の表).

---

[1]) $\dfrac{2.576^2 p(1-p)}{0.025^2}$ が最大になるのは $p = \dfrac{1}{2}$ のとき.したがって $n = 2655$ はどのような p に対しても適用できるが,必要以上に過大な値となるかもしれない.

しかし欠席者数 3,4,5 に対する理論数は 5 より小さいので，このまま χ^2 値を計算すると χ^2 分布による近似が悪い．そこで理論数が 5 以上になるよう欠席者数 3,4,5 の値はプールする．そうすると第 2 の表のようになる．これより χ^2 値を計算すると
$$\chi^2 = \frac{(33-29.43)^2}{29.43} + \frac{(27-29.43)^2}{29.43} + \frac{(12-14.72)^2}{14.72} + \frac{(8-6.39)^2}{6.39} = 1.542.$$ 理論値を計算するのにパラメータを 1 個推定したので，この値が $\chi^2_{0.05}(4-1-1)$ より大きいときポアソン分布にしたがうという仮説が棄却される．$\chi^2 = 1.542 \not> \chi^2_{0.05}(2) = 5.99$ であるから仮説は棄却されない．

10.4 学生がどの方法で選抜されたかとその学生の学業成績とは独立である，という仮説を検定する．独立の仮定のもとでは各 (i,j) セルの理論度数は $\dfrac{x_{i\cdot}x_{\cdot j}}{120}$ で計算される．それらは次の表の括弧内の第 1 の数値である．第 2 の数値は $\dfrac{(x_{ij} - x_{i\cdot}x_{\cdot j}/120)^2}{x_{i\cdot}x_{\cdot j}/120}$ の値である．これより $\chi^2 = \sum_{i=1}^{3}\sum_{j=1}^{4} \dfrac{(x_{ij} - x_{i\cdot}x_{\cdot j}/120)^2}{x_{i\cdot}x_{\cdot j}/120} = 10.80 \not> \chi^2_{0.05}(6) = 12.59.$ よって独立性は棄却されない．

	A	B	C	D	計
I	13 (8.3; 2.66)	12 (10.7; 0.16)	10 (11.3; 0.15)	5 (9.7; 2.28)	40
II	9 (11.7; 0.62)	16 (14.9; 0.08)	17 (15.9; 0.08)	14 (13.5; 0.02)	56
III	3 (5.0; 0.80)	4 (6.4; 0.90)	7 (6.8; 0.01)	10 (5.8; 3.04)	24
計	25	32	34	29	120

表 A.1 正規分布 $N(0,1)$ の上側 100α パーセント点
$u(\alpha) : \alpha \rightarrow u(\alpha)$

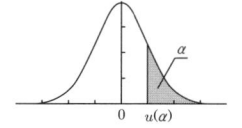

α	.000	.001	.002	.003	.004	.005	.006	.007	.008	.009
.00	∞	3.09023	2.87816	2.74778	2.65207	2.57583	2.51214	2.45726	2.40892	2.36562
.01	2.32635	2.29037	2.25713	2.22621	2.19729	2.17009	2.14441	2.12007	2.09693	2.07485
.02	2.05375	2.03352	2.01409	1.99539	1.97737	1.95996	1.94313	1.92684	1.91104	1.89570
.03	1.88079	1.86630	1.85218	1.83842	1.82501	1.81191	1.79912	1.78661	1.77438	1.76241
.04	1.75069	1.73920	1.72793	1.71689	1.70604	1.69540	1.68494	1.67466	1.66456	1.65463
.05	1.64485	1.63523	1.62576	1.61644	1.60725	1.59819	1.58927	1.58047	1.57179	1.56322
.06	1.55477	1.54643	1.53820	1.53007	1.52204	1.51410	1.50626	1.49851	1.49085	1.48328
.07	1.47579	1.46838	1.46106	1.45381	1.44663	1.43953	1.43250	1.42554	1.41865	1.41183
.08	1.40507	1.39838	1.39174	1.38517	1.37866	1.37220	1.36581	1.35946	1.35317	1.34694
.09	1.34076	1.33462	1.32854	1.32251	1.31652	1.31058	1.30469	1.29884	1.29303	1.28727
.10	1.28155	1.27587	1.27024	1.26464	1.25908	1.25357	1.24808	1.24264	1.23723	1.23186
.11	1.22653	1.22123	1.21596	1.21073	1.20553	1.20036	1.19522	1.19012	1.18504	1.18000
.12	1.17499	1.17000	1.16505	1.16012	1.15522	1.15035	1.14551	1.14069	1.13590	1.13113
.13	1.12639	1.12168	1.11699	1.11232	1.10768	1.10306	1.09847	1.09390	1.08935	1.08482
.14	1.08032	1.07584	1.07138	1.06694	1.06252	1.05812	1.05374	1.04939	1.04505	1.04073
.15	1.03643	1.03215	1.02789	1.02365	1.01943	1.01522	1.01103	1.00686	1.00271	.99858
.16	.99446	.99036	.98627	.98220	.97815	.97411	.97009	.96609	.96210	.95812
.17	.95417	.95022	.94629	.94238	.93848	.93459	.93072	.92686	.92301	.91918
.18	.91537	.91156	.90777	.90399	.90023	.89647	.89273	.88901	.88529	.88159
.19	.87790	.87422	.87055	.86689	.86325	.85962	.85600	.85239	.84879	.84520
.20	.84162	.83805	.83450	.83095	.82742	.82389	.82038	.81687	.81338	.80990
.21	.80642	.80296	.79950	.79606	.79262	.78919	.78577	.78237	.77897	.77557
.22	.77219	.76882	.76546	.76210	.75875	.75542	.75208	.74876	.74545	.74214
.23	.73885	.73556	.73228	.72900	.72574	.72248	.71923	.71599	.71275	.70952
.24	.70630	.70309	.69988	.69668	.69349	.69031	.68713	.68396	.68080	.67764
.25	.67449	.67135	.66821	.66508	.66196	.65884	.65573	.65262	.64952	.64643
.26	.64335	.64027	.63719	.63412	.63106	.62801	.62496	.62191	.61887	.61584
.27	.61281	.60979	.60678	.60376	.60076	.59776	.59477	.59178	.58879	.58581
.28	.58284	.57987	.57691	.57395	.57100	.56805	.56511	.56217	.55924	.55631
.29	.55338	.55047	.54755	.54464	.54174	.53884	.53594	.53305	.53016	.52728
.30	.52440	.52153	.51866	.51579	.51293	.51007	.50722	.50437	.50153	.49869
.31	.49585	.49302	.49019	.48736	.48454	.48173	.47891	.47610	.47330	.47050
.32	.46770	.46490	.46211	.45933	.45654	.45376	.45099	.44821	.44544	.44268
.33	.43991	.43715	.43440	.43164	.42889	.42615	.42340	.42066	.41793	.41519
.34	.41246	.40974	.40701	.40429	.40157	.39886	.39614	.39343	.39073	.38802
.35	.38532	.38262	.37993	.37723	.37454	.37186	.36917	.36649	.36381	.36113
.36	.35846	.35579	.35312	.35045	.34779	.34513	.34247	.33981	.33716	.33450
.37	.33185	.32921	.32656	.32392	.32128	.31864	.31600	.31337	.31074	.30811
.38	.30548	.30286	.30023	.29761	.29499	.29237	.28976	.28715	.28454	.28193
.39	.27932	.27671	.27411	.27151	.26891	.26631	.26371	.26112	.25853	.25594
.40	.25335	.25076	.24817	.24559	.24301	.24043	.23785	.23527	.23269	.23012
.41	.22754	.22497	.22240	.21983	.21727	.21470	.21214	.20957	.20701	.20445
.42	.20189	.19934	.19678	.19422	.19167	.18912	.18657	.18402	.18147	.17892
.43	.17637	.17383	.17128	.16874	.16620	.16366	.16112	.15858	.15604	.15351
.44	.15097	.14843	.14590	.14337	.14084	.13830	.13577	.13324	.13072	.12819
.45	.12566	.12314	.12061	.11809	.11556	.11304	.11052	.10799	.10547	.10295
.46	.10043	.09791	.09540	.09288	.09036	.08784	.08533	.08281	.08030	.07778
.47	.07527	.07276	.07024	.06773	.06521	.06271	.06020	.05768	.05517	.05266
.48	.05015	.04764	.04513	.04263	.04012	.03761	.03510	.03259	.03008	.02758
.49	.02507	.02256	.02005	.01755	.01504	.01253	.01003	.00752	.00501	.00251

数 値 表

表 A.2 t 分布の上側 100α パーセント点 $t_\alpha(\nu)$
$\alpha \rightarrow t_\alpha(\nu)$

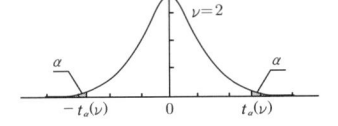

ν \ α (2α)	.250 (.500)	.200 (.400)	.150 (.300)	.100 (.200)	.050 (.100)	.025 (.050)	.010 (.020)	.005 (.010)	.0005 (.0010)
1	1.000	1.376	1.963	3.078	6.314	12.706	31.821	63.657	636.619
2	.816	1.061	1.386	1.886	2.920	4.303	6.965	9.925	31.599
3	.765	.978	1.250	1.638	2.353	3.182	4.541	5.841	12.924
4	.741	.941	1.190	1.533	2.132	2.776	3.747	4.604	8.610
5	.727	.920	1.156	1.476	2.015	2.571	3.365	4.032	6.869
6	.718	.906	1.134	1.440	1.943	2.447	3.143	3.707	5.959
7	.711	.896	1.119	1.415	1.895	2.365	2.998	3.499	5.408
8	.706	.889	1.108	1.397	1.860	2.306	2.896	3.355	5.041
9	.703	.883	1.100	1.383	1.833	2.262	2.821	3.250	4.781
10	.700	.879	1.093	1.372	1.812	2.228	2.764	3.169	4.587
11	.697	.876	1.088	1.363	1.796	2.201	2.718	3.106	4.437
12	.695	.873	1.083	1.356	1.782	2.179	2.681	3.055	4.318
13	.694	.870	1.079	1.350	1.771	2.160	2.650	3.012	4.221
14	.692	.868	1.076	1.345	1.761	2.145	2.624	2.977	4.140
15	.691	.866	1.074	1.341	1.753	2.131	2.602	2.947	4.073
16	.690	.865	1.071	1.337	1.746	2.120	2.583	2.921	4.015
17	.689	.863	1.069	1.333	1.740	2.110	2.567	2.898	3.965
18	.688	.862	1.067	1.330	1.734	2.101	2.552	2.878	3.922
19	.688	.861	1.066	1.328	1.729	2.093	2.539	2.861	3.883
20	.687	.860	1.064	1.325	1.725	2.086	2.528	2.845	3.850
21	.686	.859	1.063	1.323	1.721	2.080	2.518	2.831	3.819
22	.686	.858	1.061	1.321	1.717	2.074	2.508	2.819	3.792
23	.685	.858	1.060	1.319	1.714	2.069	2.500	2.807	3.768
24	.685	.857	1.059	1.318	1.711	2.064	2.492	2.797	3.745
25	.684	.856	1.058	1.316	1.708	2.060	2.485	2.787	3.725
26	.684	.856	1.058	1.315	1.706	2.056	2.479	2.779	3.707
27	.684	.855	1.057	1.314	1.703	2.052	2.473	2.771	3.690
28	.683	.855	1.056	1.313	1.701	2.048	2.467	2.763	3.674
29	.683	.854	1.055	1.311	1.699	2.045	2.462	2.756	3.659
30	.683	.854	1.055	1.310	1.697	2.042	2.457	2.750	3.646
31	.682	.853	1.054	1.309	1.696	2.040	2.453	2.744	3.633
32	.682	.853	1.054	1.309	1.694	2.037	2.449	2.738	3.622
33	.682	.853	1.053	1.308	1.692	2.035	2.445	2.733	3.611
34	.682	.852	1.052	1.307	1.691	2.032	2.441	2.728	3.601
35	.682	.852	1.052	1.306	1.690	2.030	2.438	2.724	3.591
36	.681	.852	1.052	1.306	1.688	2.028	2.434	2.719	3.582
37	.681	.851	1.051	1.305	1.687	2.026	2.431	2.715	3.574
38	.681	.851	1.051	1.304	1.686	2.024	2.429	2.712	3.566
39	.681	.851	1.050	1.304	1.685	2.023	2.426	2.708	3.558
40	.681	.851	1.050	1.303	1.684	2.021	2.423	2.704	3.551
41	.681	.850	1.050	1.303	1.683	2.020	2.421	2.701	3.544
42	.680	.850	1.049	1.302	1.682	2.018	2.418	2.698	3.538
43	.680	.850	1.049	1.302	1.681	2.017	2.416	2.695	3.532
44	.680	.850	1.049	1.301	1.680	2.015	2.414	2.692	3.526
45	.680	.850	1.049	1.301	1.679	2.014	2.412	2.690	3.520
46	.680	.850	1.048	1.300	1.679	2.013	2.410	2.687	3.515
47	.680	.849	1.048	1.300	1.678	2.012	2.408	2.685	3.510
48	.680	.849	1.048	1.299	1.677	2.011	2.407	2.682	3.505
49	.680	.849	1.048	1.299	1.677	2.010	2.405	2.680	3.500
50	.679	.849	1.047	1.299	1.676	2.009	2.403	2.678	3.496
60	.679	.848	1.045	1.296	1.671	2.000	2.390	2.660	3.460
80	.678	.846	1.043	1.292	1.664	1.990	2.374	2.639	3.416
120	.677	.845	1.041	1.289	1.658	1.980	2.358	2.617	3.373
240	.676	.843	1.039	1.285	1.651	1.970	2.342	2.596	3.332
∞	.674	.842	1.036	1.282	1.645	1.960	2.326	2.576	3.291

表 A.3 χ^2 分布の上側 100α パーセント点 $\chi^2_\alpha(\nu)$
$\alpha \to \chi^2_\alpha(\nu)$

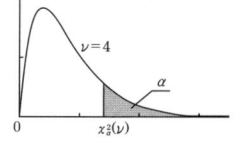

ν \ α	.995	.990	.975	.950	.900	.750
1	.0⁴3927	.0³1571	.0³9821	.0²3932	.01579	.1015
2	.01003	.02010	.05064	.1026	.2107	.5754
3	.07172	.1148	.2158	.3518	.5844	1.213
4	.2070	.2971	.4844	.7107	1.064	1.923
5	.4117	.5543	.8312	1.145	1.610	2.675
6	.6757	.8721	1.237	1.635	2.204	3.455
7	.9893	1.239	1.690	2.167	2.833	4.255
8	1.344	1.646	2.180	2.733	3.490	5.071
9	1.735	2.088	2.700	3.325	4.168	5.899
10	2.156	2.558	3.247	3.940	4.865	6.737
11	2.603	3.053	3.816	4.575	5.578	7.584
12	3.074	3.571	4.404	5.226	6.304	8.438
13	3.565	4.107	5.009	5.892	7.042	9.299
14	4.075	4.660	5.629	6.571	7.790	10.17
15	4.601	5.229	6.262	7.261	8.547	11.04
16	5.142	5.812	6.908	7.962	9.312	11.91
17	5.697	6.408	7.564	8.672	10.09	12.79
18	6.265	7.015	8.231	9.390	10.86	13.68
19	6.844	7.633	8.907	10.12	11.65	14.56
20	7.434	8.260	9.591	10.85	12.44	15.45
21	8.034	8.897	10.28	11.59	13.24	16.34
22	8.643	9.542	10.98	12.34	14.04	17.24
23	9.260	10.20	11.69	13.09	14.85	18.14
24	9.886	10.86	12.40	13.85	15.66	19.04
25	10.52	11.52	13.12	14.61	16.47	19.94
26	11.16	12.20	13.84	15.38	17.29	20.84
27	11.81	12.88	14.57	16.15	18.11	21.75
28	12.46	13.56	15.31	16.93	18.94	22.66
29	13.12	14.26	16.05	17.71	19.77	23.57
30	13.79	14.95	16.79	18.49	20.60	24.48
31	14.46	15.66	17.54	19.28	21.43	25.39
32	15.13	16.36	18.29	20.07	22.27	26.30
33	15.82	17.07	19.05	20.87	23.11	27.22
34	16.50	17.79	19.81	21.66	23.95	28.14
35	17.19	18.51	20.57	22.47	24.80	29.05
36	17.89	19.23	21.34	23.27	25.64	29.97
37	18.59	19.96	22.11	24.07	26.49	30.89
38	19.29	20.69	22.88	24.88	27.34	31.81
39	20.00	21.43	23.65	25.70	28.20	32.74
40	20.71	22.16	24.43	26.51	29.05	33.66
50	27.99	29.71	32.36	34.76	37.69	42.94
60	35.53	37.48	40.48	43.19	46.46	52.29
70	43.28	45.44	48.76	51.74	55.33	61.70
80	51.17	53.54	57.15	60.39	64.28	71.14
90	59.20	61.75	65.65	69.13	73.29	80.62
100	67.33	70.06	74.22	77.93	82.36	90.13
110	75.55	78.46	82.87	86.79	91.47	99.67
120	83.85	86.92	91.57	95.70	100.6	109.2
130	92.22	95.45	100.3	104.7	109.8	118.8
140	100.7	104.0	109.1	113.7	119.0	128.4
150	109.1	112.7	118.0	122.7	128.3	138.0
160	117.7	121.3	126.9	131.8	137.5	147.6
170	126.3	130.1	135.8	140.8	146.8	157.2
180	134.9	138.8	144.7	150.0	156.2	166.9
190	143.5	147.6	153.7	159.1	165.5	176.5
200	152.2	156.4	162.7	168.3	174.8	186.2

.500	.250	.100	.050	.025	.010	.005	α / ν
.4549	1.323	2.706	3.841	5.024	6.635	7.879	1
1.386	2.773	4.605	5.991	7.378	9.210	10.60	2
2.366	4.108	6.251	7.815	9.348	11.34	12.84	3
3.357	5.385	7.779	9.488	11.14	13.28	14.86	4
4.351	6.626	9.236	11.07	12.83	15.09	16.75	5
5.348	7.841	10.64	12.59	14.45	16.81	18.55	6
6.346	9.037	12.02	14.07	16.01	18.48	20.28	7
7.344	10.22	13.36	15.51	17.53	20.09	21.95	8
8.343	11.39	14.68	16.92	19.02	21.67	23.59	9
9.342	12.55	15.99	18.31	20.48	23.21	25.19	10
10.34	13.70	17.28	19.68	21.92	24.72	26.76	11
11.34	14.85	18.55	21.03	23.34	26.22	28.30	12
12.34	15.98	19.81	22.36	24.74	27.69	29.82	13
13.34	17.12	21.06	23.68	26.12	29.14	31.32	14
14.34	18.25	22.31	25.00	27.49	30.58	32.80	15
15.34	19.37	23.54	26.30	28.85	32.00	34.27	16
16.34	20.49	24.77	27.59	30.19	33.41	35.72	17
17.34	21.60	25.99	28.87	31.53	34.81	37.16	18
18.34	22.72	27.20	30.14	32.85	36.19	38.58	19
19.34	23.83	28.41	31.41	34.17	37.57	40.00	20
20.34	24.93	29.62	32.67	35.48	38.93	41.40	21
21.34	26.04	30.81	33.92	36.78	40.29	42.80	22
22.34	27.14	32.01	35.17	38.08	41.64	44.18	23
23.34	28.24	33.20	36.42	39.36	42.98	45.56	24
24.34	29.34	34.38	37.65	40.65	44.31	46.93	25
25.34	30.43	35.56	38.89	41.92	45.64	48.29	26
26.34	31.53	36.74	40.11	43.19	46.96	49.64	27
27.34	32.62	37.92	41.34	44.46	48.28	50.99	28
28.34	33.71	39.09	42.56	45.72	49.59	52.34	29
29.34	34.80	40.26	43.77	46.98	50.89	53.67	30
30.34	35.89	41.42	44.99	48.23	52.19	55.00	31
31.34	36.97	42.58	46.19	49.48	53.49	56.33	32
32.34	38.06	43.75	47.40	50.73	54.78	57.65	33
33.34	39.14	44.90	48.60	51.97	56.06	58.96	34
34.34	40.22	46.06	49.80	53.20	57.34	60.27	35
35.34	41.30	47.21	51.00	54.44	58.62	61.58	36
36.34	42.38	48.36	52.19	55.67	59.89	62.88	37
37.34	43.46	49.51	53.38	56.90	61.16	64.18	38
38.34	44.54	50.66	54.57	58.12	62.43	65.48	39
39.34	45.62	51.81	55.76	59.34	63.69	66.77	40
49.33	56.33	63.17	67.50	71.42	76.15	79.49	50
59.33	66.98	74.40	79.08	83.30	88.38	91.95	60
69.33	77.58	85.53	90.53	95.02	100.4	104.2	70
79.33	88.13	96.58	101.9	106.6	112.3	116.3	80
89.33	98.65	107.6	113.1	118.1	124.1	128.3	90
99.33	109.1	118.5	124.3	129.6	135.8	140.2	100
109.3	119.6	129.4	135.5	140.9	147.4	151.9	110
119.3	130.1	140.2	146.6	152.2	159.0	163.6	120
129.3	140.5	151.0	157.6	163.5	170.4	175.3	130
139.3	150.9	161.8	168.6	174.6	181.8	186.8	140
149.3	161.3	172.6	179.6	185.8	193.2	198.4	150
159.3	171.7	183.3	190.5	196.9	204.5	209.8	160
169.3	182.0	194.0	201.4	208.0	215.8	221.2	170
179.3	192.4	204.7	212.3	219.0	227.1	232.6	180
189.3	202.8	215.4	223.2	230.1	238.3	244.0	190
199.3	213.1	226.0	234.0	241.1	249.4	255.3	200

表 **A.4** F 分布の上側 5 パーセント点 $F_{0.05}(\nu_1, \nu_2)$
$\alpha = 0.05$

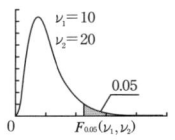

ν_2 \ ν_1	1	2	3	4	5	6	7	8	9
1	161.448	199.500	215.707	224.583	230.162	233.986	236.768	238.883	240.543
2	18.513	19.000	19.164	19.247	19.296	19.330	19.353	19.371	19.385
3	10.128	9.552	9.277	9.117	9.013	8.941	8.887	8.845	8.812
4	7.709	6.944	6.591	6.388	6.256	6.163	6.094	6.041	5.999
5	6.608	5.786	5.409	5.192	5.050	4.950	4.876	4.818	4.772
6	5.987	5.143	4.757	4.534	4.387	4.284	4.207	4.147	4.099
7	5.591	4.737	4.347	4.120	3.972	3.866	3.787	3.726	3.677
8	5.318	4.459	4.066	3.838	3.687	3.581	3.500	3.438	3.388
9	5.117	4.256	3.863	3.633	3.482	3.374	3.293	3.230	3.179
10	4.965	4.103	3.708	3.478	3.326	3.217	3.135	3.072	3.020
11	4.844	3.982	3.587	3.357	3.204	3.095	3.012	2.948	2.896
12	4.747	3.885	3.490	3.259	3.106	2.996	2.913	2.849	2.796
13	4.667	3.806	3.411	3.179	3.025	2.915	2.832	2.767	2.714
14	4.600	3.739	3.344	3.112	2.958	2.848	2.764	2.699	2.646
15	4.543	3.682	3.287	3.056	2.901	2.790	2.707	2.641	2.588
16	4.494	3.634	3.239	3.007	2.852	2.741	2.657	2.591	2.538
17	4.451	3.592	3.197	2.965	2.810	2.699	2.614	2.548	2.494
18	4.414	3.555	3.160	2.928	2.773	2.661	2.577	2.510	2.456
19	4.381	3.522	3.127	2.895	2.740	2.628	2.544	2.477	2.423
20	4.351	3.493	3.098	2.866	2.711	2.599	2.514	2.447	2.393
21	4.325	3.467	3.072	2.840	2.685	2.573	2.488	2.420	2.366
22	4.301	3.443	3.049	2.817	2.661	2.549	2.464	2.397	2.342
23	4.279	3.422	3.028	2.796	2.640	2.528	2.442	2.375	2.320
24	4.260	3.403	3.009	2.776	2.621	2.508	2.423	2.355	2.300
25	4.242	3.385	2.991	2.759	2.603	2.490	2.405	2.337	2.282
26	4.225	3.369	2.975	2.743	2.587	2.474	2.388	2.321	2.265
27	4.210	3.354	2.960	2.728	2.572	2.459	2.373	2.305	2.250
28	4.196	3.340	2.947	2.714	2.558	2.445	2.359	2.291	2.236
29	4.183	3.328	2.934	2.701	2.545	2.432	2.346	2.278	2.223
30	4.171	3.316	2.922	2.690	2.534	2.421	2.334	2.266	2.211
31	4.160	3.305	2.911	2.679	2.523	2.409	2.323	2.255	2.199
32	4.149	3.295	2.901	2.668	2.512	2.399	2.313	2.244	2.189
33	4.139	3.285	2.892	2.659	2.503	2.389	2.303	2.235	2.179
34	4.130	3.276	2.883	2.650	2.494	2.380	2.294	2.225	2.170
35	4.121	3.267	2.874	2.641	2.485	2.372	2.285	2.217	2.161
36	4.113	3.259	2.866	2.634	2.477	2.364	2.277	2.209	2.153
37	4.105	3.252	2.859	2.626	2.470	2.356	2.270	2.201	2.145
38	4.098	3.245	2.852	2.619	2.463	2.349	2.262	2.194	2.138
39	4.091	3.238	2.845	2.612	2.456	2.342	2.255	2.187	2.131
40	4.085	3.232	2.839	2.606	2.449	2.336	2.249	2.180	2.124
41	4.079	3.226	2.833	2.600	2.443	2.330	2.243	2.174	2.118
42	4.073	3.220	2.827	2.594	2.438	2.324	2.237	2.168	2.112
43	4.067	3.214	2.822	2.589	2.432	2.318	2.232	2.163	2.106
44	4.062	3.209	2.816	2.584	2.427	2.313	2.226	2.157	2.101
45	4.057	3.204	2.812	2.579	2.422	2.308	2.221	2.152	2.096
46	4.052	3.200	2.807	2.574	2.417	2.304	2.216	2.147	2.091
47	4.047	3.195	2.802	2.570	2.413	2.299	2.212	2.143	2.086
48	4.043	3.191	2.798	2.565	2.409	2.295	2.207	2.138	2.082
49	4.038	3.187	2.794	2.561	2.404	2.290	2.203	2.134	2.077
50	4.034	3.183	2.790	2.557	2.400	2.286	2.199	2.130	2.073
60	4.001	3.150	2.758	2.525	2.368	2.254	2.167	2.097	2.040
80	3.960	3.111	2.719	2.486	2.329	2.214	2.126	2.056	1.999
120	3.920	3.072	2.680	2.447	2.290	2.175	2.087	2.016	1.959
240	3.880	3.033	2.642	2.409	2.252	2.136	2.048	1.977	1.919
∞	3.841	2.996	2.605	2.372	2.214	2.099	2.010	1.938	1.880

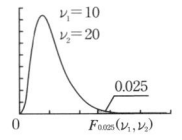

表 A.5　F 分布の上側 2.5 パーセント点 $F_{0.025}(\nu_1, \nu_2)$
　　　　$\alpha = 0.025$

ν_2 \ ν_1	1	2	3	4	5	6	7	8	9
1	647.789	799.500	864.163	899.583	921.848	937.111	948.217	956.656	963.285
2	38.506	39.000	39.165	39.248	39.298	39.331	39.355	39.373	39.387
3	17.443	16.044	15.439	15.101	14.885	14.735	14.624	14.540	14.473
4	12.218	10.649	9.979	9.605	9.364	9.197	9.074	8.980	8.905
5	10.007	8.434	7.764	7.388	7.146	6.978	6.853	6.757	6.681
6	8.813	7.260	6.599	6.227	5.988	5.820	5.695	5.600	5.523
7	8.073	6.542	5.890	5.523	5.285	5.119	4.995	4.899	4.823
8	7.571	6.059	5.416	5.053	4.817	4.652	4.529	4.433	4.357
9	7.209	5.715	5.078	4.718	4.484	4.320	4.197	4.102	4.026
10	6.937	5.456	4.826	4.468	4.236	4.072	3.950	3.855	3.779
11	6.724	5.256	4.630	4.275	4.044	3.881	3.759	3.664	3.588
12	6.554	5.096	4.474	4.121	3.891	3.728	3.607	3.512	3.436
13	6.414	4.965	4.347	3.996	3.767	3.604	3.483	3.388	3.312
14	6.298	4.857	4.242	3.892	3.663	3.501	3.380	3.285	3.209
15	6.200	4.765	4.153	3.804	3.576	3.415	3.293	3.199	3.123
16	6.115	4.687	4.077	3.729	3.502	3.341	3.219	3.125	3.049
17	6.042	4.619	4.011	3.665	3.438	3.277	3.156	3.061	2.985
18	5.978	4.560	3.954	3.608	3.382	3.221	3.100	3.005	2.929
19	5.922	4.508	3.903	3.559	3.333	3.172	3.051	2.956	2.880
20	5.871	4.461	3.859	3.515	3.289	3.128	3.007	2.913	2.837
21	5.827	4.420	3.819	3.475	3.250	3.090	2.969	2.874	2.798
22	5.786	4.383	3.783	3.440	3.215	3.055	2.934	2.839	2.763
23	5.750	4.349	3.750	3.408	3.183	3.023	2.902	2.808	2.731
24	5.717	4.319	3.721	3.379	3.155	2.995	2.874	2.779	2.703
25	5.686	4.291	3.694	3.353	3.129	2.969	2.848	2.753	2.677
26	5.659	4.265	3.670	3.329	3.105	2.945	2.824	2.729	2.653
27	5.633	4.242	3.647	3.307	3.083	2.923	2.802	2.707	2.631
28	5.610	4.221	3.626	3.286	3.063	2.903	2.782	2.687	2.611
29	5.588	4.201	3.607	3.267	3.044	2.884	2.763	2.669	2.592
30	5.568	4.182	3.589	3.250	3.026	2.867	2.746	2.651	2.575
31	5.549	4.165	3.573	3.234	3.010	2.851	2.730	2.635	2.558
32	5.531	4.149	3.557	3.218	2.995	2.836	2.715	2.620	2.543
33	5.515	4.134	3.543	3.204	2.981	2.822	2.701	2.606	2.529
34	5.499	4.120	3.529	3.191	2.968	2.808	2.688	2.593	2.516
35	5.485	4.106	3.517	3.179	2.956	2.796	2.676	2.581	2.504
36	5.471	4.094	3.505	3.167	2.944	2.785	2.664	2.569	2.492
37	5.458	4.082	3.493	3.156	2.933	2.774	2.653	2.558	2.481
38	5.446	4.071	3.483	3.145	2.923	2.763	2.643	2.548	2.471
39	5.435	4.061	3.473	3.135	2.913	2.754	2.633	2.538	2.461
40	5.424	4.051	3.463	3.126	2.904	2.744	2.624	2.529	2.452
41	5.414	4.042	3.454	3.117	2.895	2.736	2.615	2.520	2.443
42	5.404	4.033	3.446	3.109	2.887	2.727	2.607	2.512	2.435
43	5.395	4.024	3.438	3.101	2.879	2.719	2.599	2.504	2.427
44	5.386	4.016	3.430	3.093	2.871	2.712	2.591	2.496	2.419
45	5.377	4.009	3.422	3.086	2.864	2.705	2.584	2.489	2.412
46	5.369	4.001	3.415	3.079	2.857	2.698	2.577	2.482	2.405
47	5.361	3.994	3.409	3.073	2.851	2.691	2.571	2.476	2.399
48	5.354	3.987	3.402	3.066	2.844	2.685	2.565	2.470	2.393
49	5.347	3.981	3.396	3.060	2.838	2.679	2.559	2.464	2.387
50	5.340	3.975	3.390	3.054	2.833	2.674	2.553	2.458	2.381
60	5.286	3.925	3.343	3.008	2.786	2.627	2.507	2.412	2.334
80	5.218	3.864	3.284	2.950	2.730	2.571	2.450	2.355	2.277
120	5.152	3.805	3.227	2.894	2.674	2.515	2.395	2.299	2.222
240	5.088	3.746	3.171	2.839	2.620	2.461	2.341	2.245	2.167
∞	5.024	3.689	3.116	2.786	2.567	2.408	2.288	2.192	2.114

索　引

ア　行

一時的　99
一様
　　——最強力検定　135
　　——最強力不偏検定　156
一様最小分散不偏推定量　125
一様分布　20
一致推定量　128
因子分解定理　121

F
　　——検定　163
　　——統計量　163
F 分布　86
エルゴード的マルコフ連鎖　105

カ　行

回帰
　　——係数　81
　　——直線　81
χ^2
　　——検定　175
　　——適合度検定　175
　　——統計量　175
χ^2 分布　82
概収束　53
ガウス分布　73
確率　4
　　——関数　17
　　——空間　5
　　——測度　5
　　——分布　14
　　——密度関数　18

確率化検定　134
確率過程　88
確率行列　91
確率収束　53
確率ベクトル　27
確率変数　14
　　——の独立性　33
　　——の標準化　24
　　——の変換　75
仮説検定　117
可測
　　——関数　21
　　——集合　4
片側検定問題　139
加法法則　6
完全加法族　4

幾何分布　62
棄却域　134
期待値　21, 37
基本行列　109
帰無仮説　133
既約　98
吸収
　　——状態　98
　　——的マルコフ連鎖　108
共分散　38
極限分布　106

空事象　4
区間推定　129
組　96
　　——の性質　103
クラメール–ラオの不等式　126

グリベンコ–カンテリの定理　55

経験分布関数　55
経路　88
結合
　——確率関数　29
　——確率密度関数　30
　——分布　28
　——分布関数　28
　——モーメント　37
検出力　135
　——関数　135
検定
　——関数　133
　——統計量　117
　——の大きさ　135
高次推移確率　93
コーシー–シュワルツの不等式　48
コーシー分布　84

　　　　　　サ　行

再帰的　99
最小対比法　124
最尤
　——推定値　119
　——推定量　119
　——法　119
散布図　167

σ–加法族　4
事後確率　10
事象　4
　——の独立　8
指数分布　71
事前確率　10
周期　104
　——的　104
集合族　2
自由度　143
十分統計量　121
周辺
　——確率関数　31
　——確率密度関数　32

　——分布　28, 31
　——分布関数　31
受容域　134
条件つき
　——確率　8
　——確率関数　44
　——確率密度関数　45
　——期待値　48
　——分散　49
　——分布関数　48
状態
　——確率分布　94
　——空間　90
乗法法則　8
初期分布　94
信頼
　——区間　130
　——係数　130
　——限界　130
　——領域　130

推移
　——確率　90
　——行列　91
　——図　92
水準　135
推定　117
　——量　117
枢軸量　132
スティルチェス積分　20

正規分布　73
斉時的　90
積事象　4
積率　22
Z 変換　165
セミパラメトリック　116
全確率の公式　11
全事象　4

相関係数　38

　　　　　　タ　行

第 1 種の誤り　134

索　引

対数正規分布　78
大数の
　——強法則　53
　——弱法則　52
対数尤度関数　119
第 2 種の誤り　134
対立仮説　133
多項分布　69, 174
たたみ込み　47
単純仮説　137

チェビシェフの不等式　24
チャップマン–コルモゴロフの等式　94
中心極限定理　56, 72
中心積率　22

t
　——検定　157
　——統計量　157
t 分布　83
定常分布　107
点推定　129

統計量　81, 117
同時
　——確率関数　29
　——確率密度関数　30
　——分布　28
　——分布関数　28
　——モーメント　37
到達可能　96
同値関係　96
独立　8, 34
　——な確率変数列　50

ナ　行

二項分布　60
2 変量正規分布　78

ネイマン–ピアソンの基本定理　138

ノンパラメトリック　116

ハ　行

排反　4
パラメータ　116
　——空間　90, 117
パラメトリック　116

非確率化検定　134
非周期的　104
標準正規分布　57
標準偏差　22
標本　115
　——確率変数　115
　——中央値　124
　——抽出　115
　——平均　52, 124
　——変量　115
標本関数　88
標本空間　1
標本分布　81

フィッシャー情報量　126
複合仮説　137
負の二項分布　64
部分事象　4
不偏検定　156
不偏推定量　125
分割表　178
分散　22
分布　14
　——関数　15

平均　21, 37
ベイズの定理　10
ベルヌーイ試行列　60
ベルヌーイ分布　59

ポアソン分布　67
母関数　100
母集団　115
　——分布　115
母数　116
　——空間　117
ボレル集合族　13

ボンフェロニの不等式　11

マ 行

マルコフ
　——過程　89
　——性　89
　——連鎖　90

無作為標本　52

モーメント　22
　——母関数　42
モーメント法　124

ヤ 行

ヤコビアン　75

有意水準　135
有限加法族　3
有限マルコフ連鎖　90
尤度
　——関数　117
　——方程式　119
尤度比　142
　——検定　142
　——統計量　142

余事象　4

ラ 行

ラオ–ブラックウェルの定理　129
ランダム・ウォーク　113

離散型　17, 29
両側検定問題　154

累積分布関数　15

連結　96
連続型　18, 30
連続補正　58

ワ 行

和事象　4

著者略歴

久保木久孝
(くぼきひさたか)

1950年　福島県に生まれる
1976年　東京工業大学大学院理工学研究科修士課程修了
現　在　電気通信大学情報理工学部教授
　　　　理学博士

確率・統計解析の基礎　　　　　定価はカバーに表示

2007年3月20日　初版第1刷
2013年5月20日　　　第6刷

著　者　久保木久孝
発行者　朝　倉　邦　造
発行所　株式会社　朝倉書店
　　　　東京都新宿区新小川町6-29
　　　　郵便番号　162-8707
　　　　電　話　03(3260)0141
　　　　FAX　03(3260)0180
　　　　http://www.asakura.co.jp

〈検印省略〉

© 2007〈無断複写・転載を禁ず〉　　東京書籍印刷・渡辺製本

ISBN 978-4-254-12167-4　C 3041　　Printed in Japan

JCOPY 〈(社)出版者著作権管理機構 委託出版物〉

本書の無断複写は著作権法上での例外を除き禁じられています．複写される場合は，そのつど事前に，(社)出版者著作権管理機構（電話 03-3513-6969，FAX 03-3513-6979，e-mail: info@jcopy.or.jp）の許諾を得てください．

南山大 伏見正則著
シリーズ〈金融工学の基礎〉3
確 率 と 確 率 過 程
29553-5 C3350　　　　A 5 判 152頁 本体3000円

身近な例題を多用しながら，確率論を用いて統計現象を解明することを目的とし，厳密性より直観的理解を求める理工系学生向け教科書〔内容〕確率空間／確率変数／確率変数の特性値／母関数と特性関数／ポアソン過程／再生過程／マルコフ連鎖

早大 谷口正信著
シリーズ〈金融工学の基礎〉4
数理統計・時系列・金融工学
29554-2 C3350　　　　A 5 判 224頁 本体3600円

独立標本の数理統計学から説き起こし，それに基づいた時系列の最適推測論，検定および判別解析を解説し，金融工学への橋渡しを詳解したテキスト〔内容〕確率の基礎／統計的推測／種々の統計手法／確率過程／時系列解析／統計的金融工学入門

立命大 小川重義著
シリーズ〈金融工学の基礎〉6
確率解析と伊藤過程
29556-6 C3350　　　　A 5 判 192頁 本体3600円

確率論の基本，確率解析の実際，理論の実際的運用と発展的理論までを例を豊富に掲げながら平易に解説〔内容〕確率空間と確率変数／統計的独立性／ブラウン運動・マルチンゲール／確率解析／確率微分方程式／非因果的確率解析／数値解法入門

東工大 廣田 薫・九工大 生駒哲一著
数理工学基礎シリーズ4
確 率 過 程 の 数 理
28504-8 C3350　　　　A 5 判 240頁 本体3800円

常に複雑に変化してゆく情報を，確率論的立場から解析する数学モデルの一つである確率過程について，基本的考え方から実際までを詳述。〔内容〕確率／あいまい測度と評価／確率過程／定常線形過程／モデルの推定／状態空間モデルと状態推定

統数研 藤澤洋徳著
現代基礎数学13
確 率 と 統 計
11763-9 C3341　　　　A 5 判 224頁 本体3300円

具体例を動機として確率と統計を少しずつ創っていくという感覚で記述。〔内容〕確率と確率空間／確率変数／確率分布／確率変数の変数変換／大数の法則と中心極限定理／標本と統計的推測／点推定／区間推定／検定／線形回帰モデル／他

明大 岡部靖憲著
応用数学基礎講座6
確　率　・　統　計
11576-5 C3341　　　　A 5 判 288頁 本体4200円

確率論と統計学の基礎と応用を扱い，両者の交流を述べる。〔内容〕場合の数とモデル／確率測度と確率空間／確率過程／中心極限定理／時系列解析と統計学／テント写像のカオス性と揺動散逸定理／時系列解析と実験数学／金融工学と実験数学

東海大 伊藤雄二著
新数学講座10
確　　率　　論
11440-9 C3341　　　　A 5 判 304頁 本体5200円

第一人者により丁寧に学び易く解説された入門書。〔内容〕σ-加法族と確率測度／確率変数，分布関数，期待値／条件付き確率と独立／大数の法則／特性関数と確率変数列の法則収束／ポアソン極限定理と中心極限定理／ランダムウォーク／他

多摩大 鈴木雪夫著
新数学講座11
統　　計　　学
11441-6 C3341　　　　A 5 判 260頁 本体4000円

ベイズ統計学の立場から，分布論および回帰モデル，分類・判別モデル等モデル選択について例を用いて明快に解説。〔内容〕確率／確率変数／典型的な確率分布／統計的推論／線型回帰モデル／分類・判別モデル／統計的モデルの選択／他

早大 豊田秀樹監訳
数理統計学ハンドブック
12163-6 C3541　　　　A 5 判 784頁 本体23000円

数理統計学の幅広い領域を詳細に解説した「定本」。基礎からブートストラップ法など最新の手法まで〔内容〕確率と分布／多変量分布（相関係数他）／特別な分布（ポアソン分布／t分布他）／不偏性，一致性，極限分布（確率収束他）／基本的な統計的推測法（標本抽出／χ^2検定／モンテカルロ法他）／最尤法（EMアルゴリズム他）／十分性／仮説の最適な検定／正規モデルに関する推測／ノンパラメトリック統計／ベイズ統計／線形モデル／付録：数学／RとS-PLUS／分布表／問題解

上記価格（税別）は2013年4月現在